Justus von Liebig

Boden · Ernährung · Leben

Widmung

Diese neue Liebig-Textauswahl
ist insbesondere Carlo Paoloni und Dr. Emil Heuser
aber auch allen Liebig-Forschern und -Freunden
aus Vergangenheit, Gegenwart und Zukunft
als Dank gewidmet.

Justus von Liebig

Boden
Ernährung · Leben

Texte aus vier Jahrzehnten

Edition Siebeneicher
Paul Pietsch Verlag · Stuttgart

Herausgeber
Wilhelm Lewicki, Mannheim
Georg E. Siebeneicher, Neu-Ulm

ISBN 3-922201-06-7
1. Auflage 1989
Copyright © by Pietsch Verlag, Postfach 103743, 7000 Stuttgart 10
Ein Unternehmen der Paul Pietsch-Verlage GmbH & Co.
Sämtliche Rechte der Verbreitung – in jeglicher Form und
Technik – sind vorbehalten.
Gesamtherstellung: Studio-Druck, 7440 NT-Raidwangen
Printed in Germany

Inhaltsübersicht

Zur Einführung

Anfang 1789 veröffentlichte Antoine Lavoisier in Paris seine neuesten Erkenntnisse und in neuer Ordnung eine „moderne chemische Lehre" unter dem Titel „Traité élémentaire de chimie". Er leitete damit eine weltweite Revolution in chemischem Denken, Forschen, Handeln und Lehren ein. Lavoisiers Einfluß war noch unmittelbar wirksam, als Justus Liebig 1822/24, erst 20 Jahre alt, in Paris bei Dulong, Gay-Lussac, Thenard, Biot und Vauquelin die „neue Chemie", eine neue chemische Algebra studierte.

Diese Revolution veredelte und vertiefte Liebig und trug sie mit seiner Begeisterungsfähigkeit, seinem intuitiven und analytischen Forschergeist, seinem ausgeprägten Sinn für geistige und chemische Synthese bei hoher schriftstellerischer Begabung, seit 1824 Professor der Chemie in Gießen, in den Geist und die Herzen seiner Studenten, Kollegen und Freunde.

Als im Herbst 1839 Liebigs Analytisches Laboratoirum in Gießen von dem Architekten J.P. Hofmann, dem Vater des berühmten Chemikers August Wilhelm von Hofmann, fertiggestellt war, konnte sich Liebig verstärkt seiner schriftstellerischen Tätigkeit widmen und seine Forschung auf dem Gebiet der Pflanzen- und Tierernährung in einem der modernsten chemischen Laboratorien, begleitet von einer internationalen Spitzenmannschaft von Assistenten und Studenten, auf breiterer Basis fortsetzen. Auch standen ihm freundschaftlich verbunden zwei Verleger zur Seite: Eduard Vieweg in Braunschweig und C.F. Winter in Heidelberg und Leipzig.

Obwohl Liebig mit seinen Büchern die Welt in Bezug auf die Erkenntnis der Lebensvorgänge veränderte, sich für eine bodenschonende Pflanzenernährung, eine gesunde, wissenschaftlich orientierte Ernährung von Mensch und Tier einsetzte, Begründer des heute noch praktizierten experimentellen Chemieunterrichts ist und seine Bücher an der Spitze der wissenschaftlichen Bestseller standen, ist das heutige Angebot an Original-Liebig-Literatur äußerst gering. Fragen wir heute im Buchhandel nach Justus von Liebigs Standardwerken wie seiner *Agrikulturchemie, Tierchemie* oder seinen *Chemischen Briefen,* so werden wir nur ein bedauerndes „Reprints vergriffen" als Antwort bekommen. Die selten im Antiquariat angebotenen Liebig-Bücher sind nur zu Liebhaberpreisen zu haben.

Nur wenige unermüdliche Liebig-Forscher, wie William Brock (Leicester), Wilhelm Conrad (Darmstadt), Joseph F. Fruton (Yale-Univ.), Siegfried Heilenz (Gießen), Emil Heuser (Leverkusen, unermüdlicher Sammler von Liebigs Schriften und führender Liebig-Forscher unserer Zeit), Christoph Meinel (Hamburg/Berlin), Carlo Paoloni (Genua-Nervi, Altmeister und einziger Liebig-Bibliograph), Wolfgang und Margarete Schneider (Braunschweig) setzen die Tradition der Liebig-Forschung unter den heutigen Fragestellungen fort, u.a. durch Herausgabe bisher unbekannter Korrespondenzen Liebigs. Dazu kommen einige Dissertationen, eine ausgezeichnete dreisprachige Beschreibung des Liebig-Museums in Gießen. Reprints mit guten Kommentaren und Registern der Briefwechsel zwischen Liebig und seinem lebenslangen treuen Freund Friedrich Wöhler (1829-1873) sowie mit Jöns Jacob Berzelius zwischen 1831 und 1845 sind im Buchhandel verfügbar.

Mit wachsender Verantwortung unserer Generation zur Erhaltung der Natur wird Liebig heute als Prophet und Kämpfer für eine gesunde Umwelt mit geschlossenen Stoffkreisläufen vielfach zitiert und neu entdeckt. Um diesem Besinnungsprozeß für die

90er Jahre unseres Jahrhunderts Liebigs Urgedanken wieder zugänglich zu machen, wurde dieses Buch durch die Initiative von Georg E. Siebeneicher zusammengestellt, kommentiert und herausgegeben. Diese Auswahl aus Liebigs Werken, vor allem aus der 7. Auflage (1862) seiner *Agrikulturchemie* und aus den seit 1842 zunächst anonym in der *Augsburger Allgemeinen* erschienenen *Chemischen Briefen,* wird ergänzt durch Auszüge aus Briefen an Friedrich Wöhler, Theodor Reuning, C.F. Winter und andere. Über Pflanzenernährung, Landbau, Ernährung von Tier und Mensch geht es zu weiteren naturkundlichen Überlegungen bis zu geschichtlichen Betrachtungen. So war es schwer, die Texte streng nach Themen zu ordnen. Sie wurden nach den im Titel des Bandes angedeuteten Themenkreisen *Boden und Landbau, Ernährung und Physiologie* zusammengestellt. Übergreifende Themen wurden unter dem Abschnitt *Leben* zusammengefaßt. Im wissenschaftlichen und schriftstellerischen Leben Liebigs lag der Schwerpunkt bei Fragen der Pflanzenernährung und Düngung und des Landbaues im allgemeinen; dem entspricht die Auswahl der Texte in dieser Anthologie.

Die Texte sind unverändert, sie wurden nur in Rechtschreibung und Zeichensetzung an die heutigen Regeln angepaßt. Die Zwischenüberschriften stehen bei Liebig geschlossen in den Inhaltsübersichten der *Agrikulturchemie* und der *Chemischen Briefe;* sie wurden hier in die Texte selbst gestellt und zu diesem Zweck gekürzt. Hie und da wurden Zwischenüberschriften aus dem laufenden Text herausgezogen. Auslassungen wurden durch zusammenfassende Hinweise gekennzeichnet, einige wenige Anmerkungen an Ort und Stelle angebracht.

Jedermann kann in dieser Anthologie die Liebigschen Originaltexte im Zusammenhang kennenlernen und als Denk- und Argumentationshilfe heranziehen. Für weitere Vertiefung sei empfohlen, die Originalschriften Liebigs in großen Bibliotheken, im Liebig-Museum in Gießen oder in der Sammlung Heuser oder Lewicki (Mannheim) einzusehen. In der Liebigiana der Bayerischen Staatsbibliothek München befindet sich der größte Teil aus Liebigs handschriftlichem und gedrucktem Nachlaß. Er ist für jeden Besucher zur Einsicht freigegeben, einschließlich der umfangreichen Liebig-Ikonographie.

Wohin auch unser Blick in Liebigs Schriften fällt, immer fesselt Liebig durch flüssige, anschauliche Schreibweise. Er macht naturkundliche Zusammenhänge einem breiten Publikum als Bestandteil des täglichen Lebens verständlich. Seine Texte dürften nicht nur dem Chemiker eine wohltuende Ergänzung zum Studium der täglich auf ihn einströmenden Fachliteratur sein.

Prof. Dr. Wilfried Werner, Bonn, Prof. Dr. Konrad Mengel, 1. Vorsitzender der Gesellschaft Liebig-Museum e. V., Gießen, und Privatdozent Dr. Jürgen Debruck danken die Herausgeber für die Beiträge, kritische Mithilfe und Ermutigung zur Herausgabe dieser ersten Liebig-Auswahl. Dr. Günther-Klaus Judel, Giessen, sei für das sorgfältige Korrekturlesen gedankt. Dem Paul Pietsch Verlag, Stuttgart, ist das Erscheinen dieses Buches in der Reihe klassischer Werke von Sir Albert Howard, R.H. Francé und F.H. King zu verdanken.

Als Ur-ur-ur-Enkel von Justus Liebig (Stamm Johanna Liebig und Carl Thiersch) danke ich auch im Namen aller Liebig-Nachfahren für die freundliche Einladung, an diesem Buch mitzuarbeiten und als Mitherausgeber verantwortlich zeichnen zu dürfen.

Möge das Buch dem aufgeschlossenen Leser erhellende Einblicke in die Entwicklungsgeschichte der modernen Naturwissenschaft vermitteln und ein Gefühl der Dankbarkeit und Ehrung gegenüber den Pionieren erwecken.

Mannheim, Ostern 1989   Wilhelm Lewicki

Wilfried Werner

Justus von Liebig und die modernen Auffassungen von einer umweltverträglichen Mineralstoffernährung der Pflanze

Vortrag anläßlich der Mitgliederversammlung der *Gesellschaft Liebig-Museum* am 3. Mai 1985. Aus *Gießener Universitätsblätter* XIX, 1/1986.

In der Sendereihe „Zeitzeichen" wurde vom Westdeutschen Rundfunk am 12. Mai 1983 eine Betrachtung zum 180. Geburtstag Justus von Liebigs ausgestrahlt. In dieser Sendung wurden nicht so sehr die bahnbrechenden Erkenntnisse Liebigs zur Mineraldüngung herausgestellt, durch deren Nutzung die Ernährungssicherung der wachsenden Bevölkerung erst möglich wurde, als vielmehr der Eindruck erweckt, daß die Lehren Liebigs heute in der Landwirtschaft ohne Rücksicht auf mögliche ökologische Schäden umgesetzt werden. Der fachlich nicht vorbelastete Hörer konnte aus dieser Sendung eigentlich nur den Schluß ziehen, daß die Mineraldüngung in der Regel mit unerwünschten Nebeneffekten verbunden sei und daher die aktuellen Auswirkungen der Lehren Liebigs weit eher als negativ denn als positiv angesehen werden müßten. Selbst wenn es das primäre Ziel dieser Sendung gewesen sein sollte, ungünstige Folgewirkungen einer unsachgemäßen Mineraldüngung und damit die möglichen Grenzen in der Nutzung der Erkenntnisse Liebigs aufzuzeigen, so konnte sie durch die vorgenommene Pauschalierung und Vereinfachung dem Anspruch des Hörers auf objektive Informationen keinesfalls gerecht werden.

Es könnte noch eine ganze Reihe von typischen Beispielen dieses Informationsstils aufgeführt werden, durch den in der öffentlichen Meinung etwa folgendes Bild über den Einsatz der „Kunstdünger" oder „Chemie-Dünger" erzeugt wurde:

Die Landwirtschaft ist dabei, mit Hilfe der Agrarchemie, d. h. auch der Lehren Liebigs über die Mineraldüngung, die Nahrungsmittel und das Wasser zu vergiften und die Bodenfruchtbarkeit zu zerstören. Dieses Bild ist falsch! Es ist ein Zerrbild, das es zu entzerren und zugleich transparenter zu machen gilt.

Heute, und gerade hier an der Wirkungsstätte Liebigs, kommt es mir daher auf eine Gewichtung *aller* von Liebig zur Verbesserung der mineralischen

Ernährung der Pflanze erkannten Möglichkeiten und vorgeschlagenen Maßnahmen an. Vor allem geht es dabei auch um die Beantwortung der Frage, ob es überhaupt Widersprüche zwischen den damaligen Erkenntnissen und Lehren Liebigs und den heutigen Vorstellungen über die Mineralstoffernährung der Pflanze im Rahmen einer ökologischen, d. h. umweltfreundlichen Pflanzenproduktion gibt.

Liebigs Vorstellungen zum Ausgleich der Nährstoffbilanz

Es war ein sehr logischer Weg von der Erkenntnis Liebigs: „Die ersten Quellen der Nahrung der Pflanzen liefert ausschließlich die anorganische Natur" (1; 3) zu seinem die Pflanzenernährung revolutionierenden Postulat: „Wir können die Fruchtbarkeit unserer Felder in einem stets gleichbleibenden Zustand erhalten, wenn wir ihren Verlust jährlich wieder ersetzen, eine Steigerung der Fruchtbarkeit, eine Erhöhung ihres Ertrages ist aber nur dann möglich, wenn wir mehr wiedergeben, als wir ihnen nehmen" (1; 163). Liebig ging es also von vornherein nicht nur um die Erhaltung der Bodenfruchtbarkeit, sondern er sah in der Verbesserung der Mineralstoffversorgung der Böden zugleich auch die einzige Möglichkeit zur Erhöhung der Bodenfruchtbarkeit und damit der Ernten.

Zufuhr mineralischer Düngemittel

Liebig sah in der Zufuhr mineralischer Düngemittel eine wichtige, aber durchaus nicht die einzige Maßnahme zur Aufrechterhaltung der Mineralstoffbilanz, wie es vielfach dargestellt wurde und wird. Denn mit seiner Aussage: „Als Prinzip des Ackerbaus muß angenommen werden, daß der Boden in vollem Maße wieder erhalten muß, was ihm genommen wird", verbindet er unmittelbar folgende wesentliche Erkenntnis: „In welcher Form dieses Wiedergeben geschieht, ob in Form von Exkrementen oder von Asche oder Knochen, dies ist wohl ziemlich gleichgültig" (1; 167).

Er sah jedoch sehr klar, daß selbst bei weitgehend geschlossenem innerbetrieblichen Nährstoffkreislauf ein voller Ausgleich der Bilanz nicht möglich ist, da über die für den Markt hergestellten Produkte eine gewisse Nährstoffmenge aus dem Betrieb abfließt. „Auch bei sorgfältiger Verteilung und Sammlung des Düngers ist ein Verlust einer gewissen Menge phosphorsaurer Salze unvermeidlich; denn wir führen jedes Jahr in dem Getreide und dem gemästeten Vieh ein bemerkbares Quantum aus…" (1; 163). Hieraus ergab sich wiederum für ihn als zwingende Perspektive die Mineraldüngung: „Es wird eine Zeit kommen, wo man den Acker… mit phosphorsauren Salzen düngen wird, die man in chemischen Fabriken bereitet…" (1; 167). Die Auffassung

Liebigs über die Bedeutung der Mineraldüngung ist also so zu sehen, daß er sie zum vollen Ausgleich der Mineralstoffbilanz bei einem gegebenen Fruchtbarkeitszustand des Bodens sowie zur Verbesserung der Bodenfruchtbarkeit für unabdinglich hält.

„Recycling" der Exkremente

Die Rückführung der dem Boden entzogenen Nährstoffe über organische Dünger hat für Liebig jedoch absolute Priorität. Dies bezieht sich bei ihm nicht nur auf die Wirtschaftsdünger aus der Tierproduktion, sondern auch auf die menschlichen Exkremente. Was wir heute mit „Recycling" bezeichnen, war in bezug auf die Nährstoffe für Liebig bereits ein außerordentlich ernstes Anliegen. Er weist warnend darauf hin, „daß ein jedes Land dadurch verarmen muß, wenn die Bevölkerung die sich in den Städten anhäufenden Produkte der Stoffwechsel nutzlos verloren gehen lassen" (2; 141). In einem Brief an Wöhler vom 29. 11. 1859 schreibt er sehr drastisch: „Die Bedingungen der Fruchtbarkeit aller Länder verschwinden in den Kloaken Londons." Er macht Vorschläge und entwirft Projekte, wie man z. B. die in größeren Städten über unterirdische Abzugskanäle in die Flüsse abgeleiteten Exkremente des Menschen sammeln (sozusagen in Kläranlagen) und zu einem Dünger verarbeiten könnte. Vor allem geht es ihm hierbei um den in den Exkrementen enthaltenen Stickstoff. Bereits in seinem grundlegenden Werk schreibt er 1840: „Die Exkremente der Menschen lassen sich, wenn durch ein zweckmäßges Verfahren die Feuchtigkeit entfernt und das freie Ammoniak gebunden wird, in eine Form bringen, welche die Versendung auch auf weite Strecken hin erlaubt" (1; 176).

Dieses Anliegen Liebigs eines konsequenten Recyclings der in den menschlichen Exkrementen vorhandenen Nährstoffe hat an Aktualität nichts verloren. Inzwischen sind 80 % der bundesdeutschen Bevölkerung an Kläranlagen angeschlossen. Jährlich gelangen rund 100 000 t P_2O_5 und 400 000 t N aus menschlichen Exkrementen in Kläranlagen. Nur rund 35 % der dort anfallenden 47 Mio. t Klärschlamm werden heute einer landwirtschaftlichen Verwertung zugeführt.

Nutzung der Nährstoffe in Ernterückständen

Liebig weist in mehreren Schriften darauf hin, daß die Ernterückstände ganz wesentlich zur Aufrechterhaltung der Nährstoffbilanz beitragen können, vor allem bei Kulturen, bei denen in den eigentlichen Ernteprodukten relativ wenig Nährstoffe enthalten sind. So propagiert er bereits 1840, daß man in Weinbergen nicht nur das Laub der Reben, sondern ganz konsequent auch das Holz (nach Zerkleinerung) in den Boden einarbeiten sollte. Damit würde das entzogene Kali weitgehend dem Boden wieder zugeführt. Er belegt an Beispielen, daß mit dem Wein als eigentlichem Ernteprodukt eine nur sehr geringe Menge an Alkali ausgeführt wird und nimmt an, daß diese geringe Menge jährlich durch Verwitterung dem Boden wieder zufließe (1; 347).

Besondere Bedeutung mißt Liebig den Ernterückständen der Futtergewächse zu, die „vermittels ihrer in die Erde tiefeindringenden vielverzweigten Wurzeln die im Untergrund zerstreuten Nährstoffe aufnehmen" (2, Einl.; 145). Den Anbau von Futtergewächsen empfiehlt Liebig somit auch zur besseren Nutzung von Nährstoffreserven des Bodens.

Ein großer Teil der aus dem Untergrund aufgenommenen Nährstoffe „häuft sich in den Blättern und Stengeln des Klees oder den Wurzelstöcken der Rüben an, und dieser dient sodann in letzter Form als Mist, die Ackerkrume daran reicher zu machen" (2, Einl.; 145).

Obgleich sich Liebig vor allem in seinen früheren Schriften sehr stark gegen die Nutzung von Nährstoffreserven des Bodens wendet und dies als Raubwirtschaft bezeichnet, so verkennt er doch nicht, daß der fruchtbare Boden durch Verwitterungsprozesse selbst dazu beitragen kann, die Bilanz an aufnehmbaren Nährstoffen zu verbessern, ja unter Umständen sogar auszugleichen. Auf die direkten Möglichkeiten des Landwirts, durch verschiedenartige Anbaumaßnahmen die Mobilisierung von Bodennährstoffen zu verbessern, weist Liebig in seinen Schriften immer wieder hin. Hierauf wird an späterer Stelle noch eingegangen.

Er macht jedoch auch immer wieder klar, daß die Nutzung der Nährstoffreserven des Bodens nur begrenzt sei. Den „Wiederersatz der in den Ernten den Feldern entzogenen Stoffe bis auf den Zeitpunkt hinausverschieben, wo ein Zusatz an assimilierbarem Nährstoff im Boden durch Brachliegen nicht mehr stattfindet", bedeutet für Liebig eine „leichtfertige Beschönigung der Raubwirtschaft, welche den Nachkommen eine Pflicht zuschiebt, die man selbst aus Mangel an Erkenntnissen nicht zu erfüllen weiß oder aus Bequemlichkeit nicht erfüllen will". Liebig hält also eine fachlich – zumindest temporär – vertretbare Maßnahme aus ethisch-moralischen Gründen langfristig nicht für richtig (2, Einl.; 148).

Nährstoffdynamik und -verfügbarkeit

Wo liegen nun die Gemeinsamkeiten in der Auffassung Liebigs über die Rolle der Mineraldüngung als Produktionsmittel im landwirtschaftlichen Betrieb und den heutigen modernen wissenschaftlichen Vorstellungen und Erkenntnissen über die Stellung der Mineraldüngung im Rahmen einer umweltfreundlichen integrierten Pflanzenproduktion? Diese integrierte Betrachtungsweise umfaßt die vielfältigen Steuerungsmöglichkeiten der mine-

ralischen Ernährung der Pflanze über Düngung und standortgerechte Anbau-
und Bewirtschaftungsmaßnahmen. Sie erfordert somit die Einbeziehung der
neuesten Erkenntnisse über die Nährstoffdynamik im Boden und der diese
beeinflussenden Parameter in die Bewirtschaftungsmaßnahmen mit dem Ziel,
eine optimale Nutzung der mineralischen Nährstoffe – sei es aus der Düngung
oder dem Bodenvorrat – zu erreichen. Lassen Sie mich Ihnen nun einen
Überblick über die heutigen Auffassungen zur Nährstoffdynamik im Boden
und der sie beeinflussenden Faktoren und Maßnahmen geben und diese an
den Vorstellungen Liebigs messen.

Das Ziel aller Maßnahmen ist es, den Nährstoffgehalt und die Nährstoffmo-
bilität im Boden auf ein Niveau zu bringen und es dort zu halten, bei dem die
Pflanze sich während der gesamten Vegetationszeit – auch in den Perioden
höchster Aufnahmeintensität und dies selbst in witterungskritischen Perioden
– optimal mit Nährstoffen versorgen kann. Da die Pflanze sich aus der
Bodenlösung ernährt, muß der Nährstoffvorrat des Bodens quantitativ und
vor allem auch qualitativ, d. h. durch entsprechende Löslichkeitskriterien, in
der Lage sein, die Bodenlösung mit ausreichender Geschwindigkeit laufend
mit Nährstoffen aufzufüllen.

Auch Liebig hatte diese Zusammenhänge sehr klar erkannt und faßt sie
1865 wie folgt zusammen: „Ein Boden ist nur dann vollkommen fruchtbar für
eine Pflanzenart, wenn jeder Teil seines Querschnittes, der mit der Pflanzenwurzel in Berührung ist, die für den Bedarf der Pflanze erforderliche Menge
Nahrung in einer Form enthält, welche den Wurzeln gestattet, sie in jeder
Periode der Entwicklung der Pflanze in der richtigen Zeit und in richtigen
Verhältnissen aufzunehmen" (3; 67).

Und daß bei bestimmten Kulturen in bestimmten Zeiten hohe Nährstoff-
mengen aufgenommen werden, d. h. in mobiler Form im Boden vorliegen
und schnell an die Bodenlösung nachgeliefert werden müssen, stellt er am
Beispiel der Turnip-Rübe heraus, für die er aus Versuchen je nach Wachs-
tumsperioden eine tägliche Aufnahme zwischen 1,0 und 1,4 kg P_2O_5/ha errechnet (3; 23).

Liebigs Betrachtungen über die Nährstoffbilanz waren also nicht nur quantitativ, sondern schlossen von Anfang an den qualitativen Aspekt, d. h. die
Nährstoffdynamik und -mobilität mit ein. So wußte Liebig sehr genau, daß
sich zugeführte Nährstoffe – in welcher Form auch immer – im Boden in
bodeneigene Bindungsformen umsetzen und als solche zur Wirkung kommen:
„Man überfährt das Feld mit flüssigen oder festen Düngestoffen, welche Näh-
stoffe enthalten, die sich sogleich, wenn sie sich in Lösung befinden, oder nach
und nach, wenn sie eine gewisse Zeit zur Lösung brauchen, mit den Erdteilen,
mit denen sie in Berührung sind, verbinden und diese sättigen, und es ist
eigentlich diese mit Düngestoffen an der äußersten Oberfläche oder an inneren Stellen gesättigte Erde, mit welcher der Landwirt düngt, d. h. mit welcher

er die entzogenen Nährstoffe ersetzt" (3; 149). Und an anderer Stelle: „Die Ackerkrume zersetzt alle Kali-, Ammoniak- und die löslichen phosphorsauren Salze und es empfängt das Kali, das Ammoniak und die Phosphorsäure in dem Boden immer dieselbe Form, von welchem Salz sie auch stammen mögen..." (3; 119).

Liebig hatte auch erkannt, daß die Nährstoffe im Boden aus dem chemisch gebundenen Vorrat in eine physikalische Bindungsform übergehen können, und daß vor allem diese in physikalischer Bindung im Boden vorliegenden Nährstoffe über eine hohe Nachlieferungsgeschwindigkeit in die Bodenlösung verfügen. „In diesem Zustand der physikalischen Bindung besitzen die Nahrungsmittel offenbar die für den Pflanzenwuchs allergünstigste Beschaffenheit; denn es ist klar, daß die Wurzeln der Pflanzen an allen Orten, wo sie mit der Erde in Berührung sind, die ihnen nötigen Nahrungsstoffe in diesem Zustand ebenso verteilt und vorbereitet finden, wie wenn diese Stoffe im Wasser gelöst wären, aber für sich nicht beweglich und mit einer so geringen Kraft festgehalten, daß die kleinste lösende Ursache welche hinzukommt, hinreicht, um sie zu lösen und übergangsfähig in die Pflanze zu machen" (3; 74). Die Brache bringt nach Liebig einen Übergang von chemisch gebundenen Nährstoffen in die mobilere physikalische Bindung: „Nicht die Summe der Nährstoffe wird mit der Brache vermehrt, sondern die Anzahl der ernährungsfähigen Teile derselben" (3; 77).

Einflußarten auf die Nährstoffdynamik im Boden

Die Nährstoffversorgung der Pflanze wird nach den heutigen Erkenntnissen nicht nur vom Nährstoffangebot über die Düngung, sondern in starkem Maße auch von spezifischen Eigenschaften der Pflanze selbst, von Bodeneigenschaften und von Klimafaktoren beeinflußt. Alle diese Faktoren können direkt oder indirekt auf die vielfältigen Prozesse der Nährstoffdynamik positiv oder negativ einwirken (Darst. 1). Abhandeln möchte ich die positiven Wirkungen der Einflußfaktoren Pflanze und Boden, da hier der Landwirt selbst steuernd eingreifen kann. Zugleich ist zu untersuchen, welche Vorstellungen Liebig über diese Einflußmöglichkeiten äußerte.

Nährstoffaneignungsvermögen der Pflanze

Wir wissen heute, daß jede Pflanze aufgrund ihrer Wurzelaktivität ein spezifisches Nährstoffaneignungsvermögen besitzt, das kausal sowohl mit der *Morphologie der Wurzel,* als auch mit den *Wurzelausscheidungen* zusammenhängt. Letztere wirken über eine Mobilisierung von Nährstoffen im Boden, während durch die morphologischen Wurzeleigenschaften (Verteilung, Länge, Zahl der Wurzelhaare) eine Verbesserung der räumlichen Verfügbarkeit der Nährstoffe zustandekommt (Darst. 2).

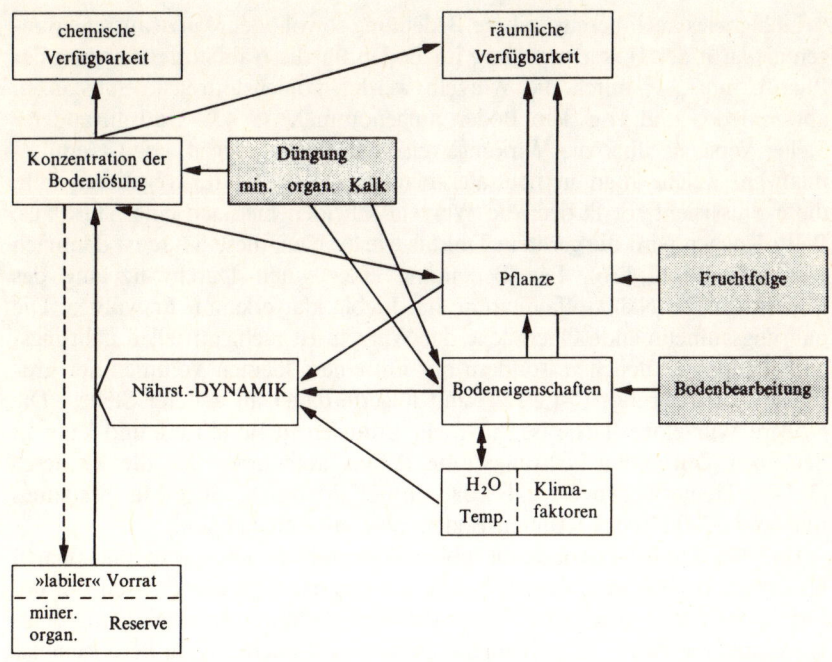

Darstellung 1: Bestimmungsfaktoren der Nährstoffdynamik und -verfügbarkeit

Sind diese Zusammenhänge nun wirklich neue Erkenntnisse? Die Pflanze senkt durch ihre Nährstoffaufnahme in unmittelbarer Nähe der Wurzel die Konzentration der Bodenlösung stark herab, wodurch ein Konzentrationsgradient entsteht, der die Zudiffusion von Nährstoffen aus benachbarten Bodenzonen oder die Anlieferung von Nährstoffen aus dem labilen Vorrat auslöst. Durch den Aufbau einer Verarmungszone um die Pflanzenwurzel, wie man sie erst in den letzten Jahren durch Einsatz radioaktiv markierter Mineralstoffe bei Phosphat und Kalium nachweisen konnte, greift also die Pflanze sehr direkt in das Nährstoffgleichgewicht und somit die Nachlieferung ein.

Die Existenz dieser *Verarmungszone,* die wir als relativ junge Erkenntnis ansehen, war im Prinzip bereits Liebig bekannt: „An jeder Wurzelfaser haftet ein Zylinder von Erdteilchen wie ein Hof und aus diesen Erdteilchen empfängt die Pflanze die Phosphorsäure, das Kali etc. ...“(3; 100). Und schließlich: „Denn jede Wurzelfaser ist umgeben von einem Erdzylinder, dessen innere der Wurzel zugekehrte Wand von der abwärts dringenden Wurzelspitze oder den abwärts sich ansetzenden Zelloberflächen gleichsam abgenagt worden ist...“ (3; 123).

Liebig wies auch bereits auf die Bedeutung sowohl der Wurzelausscheidungen als auch der *Wurzelverteilung* im Boden für die Nährstoffversorgung der Pflanze hin: „... durch die Wurzeln werden kohlenstoffreiche Substanzen abgeschieden und von dem Boden aufgenommen" (2; 43). Und an anderer Stelle: Versuche über die Wirkungsweise der Wurzel zeigen, „daß Gemüsepflanzen, welche man in neutraler blauer Lackmustinktur vegetieren läßt, diese Flüssigkeit rot färben; die Wurzeln scheiden hiernach eine Säure aus. Beim Kochen wird die gerötete Tinktur wieder blau; diese Säure ist demnach Kohlensäure" (2; 136). Die Bedeutung einer guten Durchwurzelung des Bodens für die Nährstoffaufnahme hat Liebig klar erkannt. Er wußte: „Die nahrungsaufnehmende Oberfläche der Wurzeln ist nicht mit allen nahrungsenthaltenden Erdteilchen, sondern nur mit einem kleinen Volumen der Erdmasse in Berührung..." (3; 122) und folgerte daher an anderer Stelle: „Die größere Wurzeloberfläche ist mit mehr Erdteilen in Berührung und kann in derselben Zeit mehr Nahrungsstoffe daraus aufnehmen als die kleinere" (3; 142). Heute wissen wir z. B., daß an der Ernährung eines Maisbestandes nur etwa 15–20 % des Krumen-Bodenvolumens beteiligt sind.

Daß bei der Rübenkultur die obere Bodenschicht reicher an Phosphaten sein muß, begründet er ebenfalls mit der Wurzelverzweigung: „Denn in der ersten Hälfte der Vegetationszeit ist die Wurzelverzweigung weit geringer als später und die Wurzel ist mit einem kleineren Volumen Erde in Berührung als später, und wenn sie daraus ebensoviel Nahrung empfangen soll wie aus dem größeren, so muß das erstere in eben dem Verhältnis mehr davon enthalten als die aufsaugende Wurzeloberfläche kleiner ist" (3; 25). Bei dieser der Wurzelverzweigung eingeräumten Bedeutung für die Nährstoffaufnahme der Pflanze beklagt er, daß „der Durchmesser und die Länge der Wurzelfasern bei keiner Pflanze bekannt ist, und wir uns demnach auf Schätzungen beschrän-

Darstellung 2: Wurzelaktivität und Nährstoffverfügbarkeit

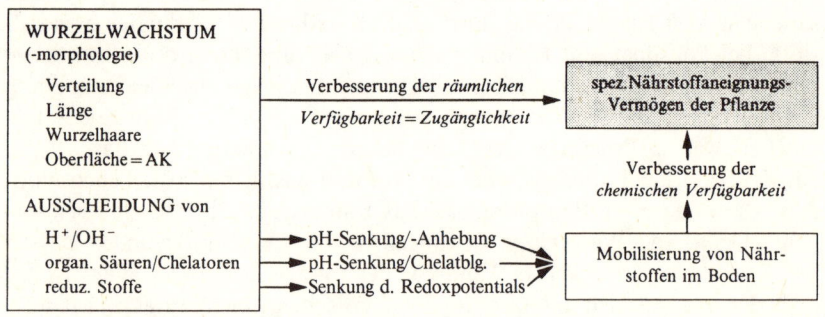

ken müssen" (3; 123). „Die Bekanntschaft mit der Durchwurzelung der Gewächse ist die Grundlage des Feldbaus", schreibt er an anderer Stelle. „Alle Arbeiten, welche der Landwirt auf seinen Boden verwendet, sollten genau der Natur und Beschaffenheit der Wurzel der Gewächse angepaßt sein, damit der den Boden in der rechten Weise für die Entwicklung und Tätigkeit der Wurzeln zubereite" (3; 13).

Bodeneigenschaften und Nährstoffverfügbarkeit

Die Bedeutung chemischer und physikalischer Bodeneigenschaften für die mineralische Ernährung der Pflanze war auch schon Liebig bekannt. Allerdings hatte er die Bedeutung des *Humus* für den Boden in der anfänglichen Frontstellung zwischen seiner Mineralstofftheorie und der Humustheorie zunächst verkannt. Er glaubte, daß organische Dünger ersetzbar seien durch Materien, die ihre (anorganischen) Bestandteile enthalten (1; 163). Allerdings scheute er sich später nicht, diesen Irrtum zu revidieren. „Der Humus ernährt die Pflanze nicht dadurch, daß er im löslichen Zustand von derselben aufgenommen und als solcher assimiliert wird, sondern weil er eine langsame und andauernde Quelle von Kohlensäure darstellt, welche als das Lösungsmittel gewisser für die Pflanze unentbehrlicher Bodenbestandteile und als Nahrungsmittel die Wurzel der Pflanze in vielfacher Weise mit Nahrung versieht". Und weiter: „Der Humus enthält zuletzt als der Rückstand verwesender Pflanzenstoffe allen Stickstoff dieser Vegetabilien und stellt infolge fortschreitender Zellzersetzung eine im Boden stets gegenwärtige Stickstoffquelle dar" (2; 45 u. 46). Die Bodenreaktion und ihre Regulierung durch *Kalkung* ist eine weitere für die Nährstoffdynamik bedeutsame chemische Bodeneigenschaft. Auch diese Erkenntnis ist nicht neu, sondern Liebig wies bereits auf diese Zusammenhänge hin, indem er Kalk und gebrannten kalkhaltigen Ton als chemische Hilfsmittel bezeichnete, „welche dem Landwirt zu Gebote stehen, um die in seinem Feld vorrätigen Pflanzennahrungsstoffe, die phosphorsauren Erdsalze, das Kali und die Kieselsäure verbreitbar und den Pflanzen zugängig zu machen" (3; 88).

Wenn wir heute bei der Beurteilung der Nährstoffverfügbarkeit eines Bodens neben der *chemischen Verfügbarkeit,* die jahrelang im Vordergrund der Betrachtungen stand, in zunehmendem Maße auch die *räumliche Verfügbarkeit* berücksichtigen und über Düngungs- und Bewirtschaftungsmaßnahmen versuchen, diese beiden Faktoren gleichermaßen zu optimieren, dann sollten wir uns vor Augen halten, daß gerade dies schon vor mehr als 100 Jahren ein ernstes Anliegen Liebigs war. In einer seiner späten Schriften führt er aus: „Hohe Erträge sind ganz sichere Merkzeichen des aufnahmefähigen Zustands der Nährstoffe durch die Wurzel und ihrer *Zugänglichkeit* im Boden" (3; 203). Aufnahmefähiger Zustand der Nährstoffe ist gleichbedeutend

mit ihrer chemischen Verfügbarkeit, Zugänglichkeit der Nährstoffe ist gleichbedeutend mit räumlicher Verfügbarkeit. Der Begriff „Zugänglichkeit der
Nährstoffe" ist also nicht das Ergebnis neuerer Erkenntnisse, wie meist angenommen wird, sondern er ist bereits von Liebig geprägt worden.

Fruchtfolgegestaltung und Bodenbearbeitung

Dem Landwirt stehen zur Beeinflussung der Nährstoffdynamik und
-verfügbarkeit nicht nur Düngungsmaßnahmen zur Verfügung, sondern auch
die Maßnahmen einer standortspezifischen Fruchtfolgegestaltung und Bodenbearbeitung. Die Düngungsmaßnahmen führen direkt zu einer Erhöhung der
Nährstoffkonzentration der Bodenlösung und des labilen Vorrats (Mineraldüngung) bzw. indirekt, über Verbesserung chemischer und physikalischer
Bodeneigenschaften, sowohl in Richtung einer verbesserten chemischen Verfügbarkeit, als auch, über eine Begünstigung der Durchwurzelung, zu besserer
räumlicher Nährstoffverfügbarkeit (organische Düngung, Kalkung).

Mit Liebig bringt man im allgemeinen nur den Maßnahmenkomplex
„Düngung" in Verbindung und hierbei wiederum vorrangig die mineralische
Düngung. Ein näheres Studium der Schriften Liebigs zeigt jedoch, daß er sich
nicht minder über die Möglichkeiten zur Verbesserung der Mineralstoffernährung der Pflanze über die organische Düngung (s. oben) sowie die Bodenbearbeitung bewußt war. Bereits in der ersten Auflage seines Werkes führte Liebig
aus, daß die *Wechselwirtschaft* ein System der Feldwirtschaft ist, „dessen
Hauptaufgabe es ist, einen möglichst hohen Ertrag mit dem kleinsten Aufwand von Dünger zu erzielen" (1; 144). Er machte mehrere Ursachen für die
Erfolge des *Fruchtwechsels* verantwortlich: Den unterschiedlichen Nährstoff-
bedarf aufeinanderfolgender Kulturen (1; 141), die Mobilisierung von
Nährstoffen aus tieferen Bodenschichten durch tiefwurzelnde Futtergewächse
(2, Einl.; 145) und die Steigerung des Humusgehaltes (1; 156). In dieser Beziehung wird vor allem gewissen Pflanzen wie Luzerne und Esparsette eine
besondere Bedeutung beigemessen. Die noch wichtigere Rolle der Leguminosen, die Nutzung von Luftstickstoff über die Symbiose mit Knöllchenbakte-
rien, war Liebig noch nicht bekannt; sie wurde erst 1877 von Hellriegel und
Willfahrt entdeckt.

Bodenbearbeitungsmaßnahmen zur Erhöhung der Mobilität und der
Zugänglichkeit der Nährstoffe hat Liebig an vielen Stellen seiner Schriften als
außerordentlich wichtig herausgestellt: „Wenn von zwei gleichen Feldern das
eine gut, das andere schlecht bearbeitet worden ist und beide auf ganz gleiche
Weise gedüngt worden sind, so liefert das gut bearbeitete einen höheren
Ertrag. Von zwei Landwirten, von denen der eine sein Feld besser kennt und
zweckmäßiger bebaut als der andere, würde der erste mit weniger Dünger in

einer gegebenen Zeit ebenso hohe Ernten, oder mit derselben Menge höhere Ernten erzielen als der andere" (3; 138). Ähnlich ist eine Aussage zu verstehen, daß „ein im Verhältnis ärmerer, aber wohlkultivierter Boden bessere Ernten liefern kann als ein reicher, wenn die physikalische Beschaffenheit der Wurzeltätigkeit und -entwicklung günstiger ist" (3; 93). Aus dieser Erkenntnis beschwört er den Landwirt, „die größte Sorgfalt darauf zu verwenden, daß die physikalische Beschaffenheit seines Bodens auch den feinsten Wurzeln gestattet, an die Orte zu gelangen, wo sich die Nahrung befindet. Der Boden darf durch seinen Zusammenhang ihre Ausbreitung nicht hindern" (3; 92).

Wie ungeheuer wichtig Liebig neben den Nährstoffgehalten gerade auch die *physikalischen Bodeneigenschaften* für die Fruchtbarkeit ansieht, läßt sich kaum besser als mit folgendem Zitat belegen: „Von den zur Fruchtbarkeit eines Bodens notwendigen physikalischen Bedingungen, welche der Chemiker nicht mit in die Rechnung bringt, rührt es her, daß die Kenntnisse des Gehaltes an mineralischen Nahrungsstoffen einer Ackererde nur einen sehr bedingten Wert hat, daß der Gehalt an mineralischen Nahrungsstoffen keinen Schluß rückwärts auf die Güte des Bodens gestattet" (1:192).

Vielleicht zeigen gerade die meine Ausführungen abschließenden Zitate, welche Bedeutung Liebig der Fruchtfolge und der richtigen Bodenbearbeitung für die Ernährung der Pflanze beimißt: „Die Kunst des Landwirts besteht hiernach im wesentlichen darin, daß er diejenigen Pflanzen auszuwählen weiß und in einer gewissen Ordnung aufeinander folgen läßt, die sein Feld ernähren, und daß er alle ihm zu Gebote stehenden Mittel auf seinem Feld zur Anwendung bringt, wodurch die chemisch gebundenen Nährstoffe wirksam werden", d. h. in einen mobilen Zustand gelangen. Für Liebig ist es klar, daß auf von Natur aus fruchtbaren Böden „der Landwirt, indem er die Ursachen wirken läßt, welche die chemische und physikalische Beschaffenheit seines Bodens verbessern, mehr und günstigeren Einfluß auf die Erhöhung seiner Erträge ausüben kann, als durch Zufuhr von Nahrungsstoffen" (3; 131). Und etwas später: „Wenn also die mechanischen Mittel ausreichen, um den Vorrat an Nährstoffen so gleichmäßig zu verbreiten, daß die Pflanzen der darauffolgenden Kultur ebensoviel allerorts im Boden vorfinden wie in der vergangenen, so würde die weitere Zufuhr von Nährstoffen durch Düngung eine Verschwendung sein" (3; 138).

Zumindest für einige Jahre sieht er die Möglichkeit, durch Fruchtfolge und Bodenbearbeitung die Nährstoffversorgung der Pflanzen zu verbessern und die Erträge zu steigern bzw. zu erhalten. Er hält es andererseits aber für zwingend notwendig, langfristig die Nährstoffbilanz des Bodens zu beachten; denn: „Die höheren Ernten sind nicht dadurch bedingt, daß das Feld an Nährstoffen reicher wurde, sondern sie beruhen auf der Kunst, es früher ärmer daran zu machen" (2; 146).

Schlußfolgerung

Es kann kein Zweifel daran bestehen, daß die Mineralstofftheorie und die Erfindung der Mineraldünger die bedeutendsten und bahnbrechendsten Leistungen Liebigs waren. Darüber hinaus hat Liebig – und dies zu verdeutlichen war die Absicht meines Vortrags – eine Reihe von Erkenntnissen über die Zusammenhänge zwischen Mineralstoffverfügbarkeit und Bodenbearbeitungs- und Fruchtfolgemaßnahmen aufgezeigt, mit denen man ihn gegenwärtig nur selten in Verbindung bringt. Diese Erkenntnisse sind weitgehend identisch mit unseren heutigen Auffassungen über die Mineralstoffernährung der Pflanze und den neueren Vorstellungen über die Rolle der organischen und mineralischen Düngung im Zusammenwirken mit standortgerechter Fruchtfolge und Bodenbearbeitung im Rahmen einer umweltfreundlichen Pflanzenproduktion. Somit ist aus dem Aspekt der aktuellen Diskussion über bedarfsgerechte und zugleich umweltverträgliche Düngungsmaßnahmen ein sorgfältiges Studium der grundlegenden Schriften Liebigs überaus lohnend. Es ist faszinierend, mit welcher Genialität, Kühnheit und Weitsicht Liebig seinerzeit Tatsachen erkannt, Zusammenhänge formuliert und Folgerungen gezogen hat, die eigentlich bereits die wesentlichen Elemente der heutigen *integrierten Pflanzenproduktion* beinhalten.

Wenn also heute vereinzelt Umweltprobleme im Zusammenhang mit unsachgemäßen Düngungsmaßnahmen auftreten, dann ist dies nicht eine Folge der Lehren Liebigs, sondern eine Folge davon, daß diese Lehren und Erkenntnisse häufig nicht in ihrer Gesamtheit gesehen und in die Praxis umgesetzt werden. Aus der Sicht Liebigs würde sich sogar die Frage stellen, ob düngungsbedingte ökologische Probleme nicht hätten vermieden oder früher erkannt werden können, wenn die wissenschaftliche Arbeit der einschlägigen Disziplinen noch konsequenter nach einer Devise ausgerichtet worden wäre, die Liebig bereits 1840 in seinem Hauptwerk formulierte und die man als Leitfaden seiner eigenen Arbeit ansehen kann: *„Einer jeden Wirkung entspricht eine Ursache; suchen wir die Ursachen uns deutlich zu machen, so werden wir die Wirkungen beherrschen"* (1; 167).

Literatur
Die Quellenangaben beziehen sich auf die folgenden Arbeiten Liebigs:
1. *Justus von Liebig:* Die organische Chemie in ihrer Anwendung auf Agricultur und Physiologie. 1. Auflage, Verlag Vieweg, Braunschweig 1840.
2. Ders.: Die Chemie in ihrer Anwendung auf Agricultur und Physiologie, 8. Auflage, Teil 1: Der chemische Prozeß der Ernährung der Vegetabilien. Braunschweig 1865.
3. Ders.: Die Chemie in ihrer Anwendung auf Agricultur und Physiologie, 8. Auflage, Teil 2: Die Naturgesetze des Feldbaus. Braunschweig 1865.

Georg E. Siebeneicher

Die Rolle des Stickstoffs in Liebigs Auffassungen von der Pflanzenernährung

Justus von Liebig wird in der Regel als Chemiker und Begründer der Mineralstoffernährung der Pflanze zitiert. War er auch ein moderner Pflanzenphysiologe und Pflanzenbauer? Als solchen hat ihn Prof. Dr. Wilfried Werner vorstehend dargestellt. Mit Recht – denn schon Liebig hat nicht nur in Nährstoffeinheiten gedacht, im Gegenteil, er hat die wichtigsten Wachstumsfaktoren in seine Überlegungen einbezogen: Bodeneigenschaften, Bodenbearbeitung, Fruchtfolge, Nährstoffaneignungsvermögen der Pflanze, Wurzelsystem, Nutzung der Ernterückstände und nicht zuletzt den Kreislauf der Stoffe, heute meist „Recycling" genannt.

Zu allen diesen Punkten und gerade auch zum Recycling gibt Prof. Werner eindrucksvolle Belege aus Liebigs Werken. Auf einen Fragenkomplex jedoch, den der Rolle des Stickstoffs in der Pflanzenernährung, hat er nur zweimal kurz hingewiesen: auf eine Stelle, wo es Liebig um den in den menschlichen Exkrementen enthaltenen Stickstoff geht, und auf eine weitere, wo er den Humus als „eine im Boden stets gegenwärtige Stickstoffquelle" darstellt. Liebigs Auffassungen zum Stickstoff ergeben sich aus vielen Stellen seiner Werke. Aufgrund der zentralen Rolle des Stickstoffs als Pflanzennährstoff einerseits und der heutigen düngungsbedingten Umweltprobleme andererseits, sollen Liebigs Auffassungen hierzu eigens betrachtet werden.

Liebigs Lehre vom Kreislauf der Stoffe

In den Jahren nach Erscheinen der ersten Auflage der „Chemie in ihrer Anwendung auf Agrikultur und Physiologie" (im folgenden kurz „Agrikulturchemie" genannt), also nach 1840, tobte ein erbitterter Kampf der „Stickstöffler" gegen die Vertreter der Mineralstofflehre, der Anhänger Liebigs, die in ihm ihren Kronzeugen sahen.

Wie war es zu diesem Streit gekommen? Liebig war in seinen Forschungen und Schriften über den Kreislauf Boden – Pflanze – Tier und Mensch – landwirtschaftlicher Betrieb hinausgegangen und hatte einerseits die Atmosphäre, andererseits aber auch die Städte einbezogen. Sein Denken in diesem erweiterten Kreislauf spiegelt sich in einer Reihe von Gegensatzpaaren, auf die er sich immer wieder bezieht: Bodenbestandteile – atmosphärische Elemente; feuerbeständige – luftförmige Nährmittel; unverbrennliche – verbrennliche Elemente; fixe – flüchtige Stoffe; Aschenbestandteile – verwesende Bestandteile; unersetzliche – ersetzliche Elemente; nährende – treibende Stoffe.

Der Leser dieser Auswahl von Texten Liebigs wird an vielen Stellen auf diese Gegensatzpaare stoßen: beispielsweise im 41. der „Chemischen Briefe" mit Hinweis auf Bodenbestandteile und Nahrungsstoffe aus der Atmosphäre (3; 314); im 38. Brief spricht er von luftförmigen und feuerbeständigen Stoffen (3; 385, hier S. 142); in „Theorie und Praxis in der Landwirtschaft" von Nahrungs- und Reizmitteln (4; 14, hier S. 192). In letztgenannter Schrift unterscheidet er auch besonders deutlich zwischen „atmosphärischen Nahrungsmitteln" und „Bodenbestandteilen" (4; 16, hier S. 192).

Verbrennliche und unverbrennliche Stoffe

Sehen wir nun, wie Liebig diese Gegensatzpaare ableitet und wie er mit ihnen arbeitet. Im Kapitel „Ursprung und Assimilation des Stickstoffs" in seiner *Agrikulturchemie* nennt er als Stickstoffquellen „aufgelöste atmosphärische Luft", das heißt Ammoniak und Salpeter, und zeigt eindringlich, wie der Stickstoff, der bei der Veraschung organischer Materialien in die Luft entweicht, in der Pflanzenernährung eine grundsätzlich andere Rolle spielt als die Elemente, die sich in der Asche wiederfinden, also vor allem Kalium und Phosphate. Während Liebig nicht müde wird, vor den Folgen von Kali- und Phosphatverlusten zu warnen, nämlich durch die „Ausfuhr" von Getreide und Fleisch aus dem Betrieb, schildert er ebenso lebhaft und anschaulich, wie das „Inventarium an Stickstoff" zunimmt. Er fragt: „Wo kommt... der Stickstoff her?" und antwortet: „Die Quelle, aus welcher der Stickstoff dem Boden und der Pflanze fortwährend zufließt, ist die Atmosphäre."

Liebig beschreibt die Wandlungen des ursprünglich atmosphärischen Stickstoffs in Form von Salzen und auf dem Weg durch die lebenden und sich später zersetzenden pflanzlichen und tierischen Organismen, wie der Stickstoff als organischer Dünger wirkt, besonders konzentriert in den flüssigen Ausscheidungen. (Jauche enthält Stickstoff allerdings vorwiegend in mineralischer Form.) Er bringt Beispiele aus der Literatur und Tabellen, die den Ammoniakgehalt der Luft belegen, wie er sich in Stadt und Land unterscheidet, wie er in Regenwasser, im Sommer und Winter verschieden, im Tau und im Schnee, im Brunnen- und Mineralquellwasser enthalten ist (1; 54–82, hier S. 54/55).

Liebig schildert, wie der Ammoniakgehalt der Luft durch Verwesung der Organismen immer wieder ergänzt wird und wie Stickstoff auch in pflanzlichen Körpern ungedüngter Flächen, z. B. im Saft von Birken und Ahornen, aus Niederschlägen über Ammoniaksalze nachweisbar ist (1; 65).

Was Liebig in den zitierten Kapiteln der „Agrikulturchemie" in wissenschaftlich-allgemeinverständlicher Form ausführt, das bringt er in seinen „Chemischen Briefen" volkstümlich erzählend mit drastischen Beispielen aus Landwirtschaft und Gewerbe, Haushalt und Geschichte – siehe 47. Brief: „Ammoniak als Nahrungsmittel der Pflanze" (4; 379, hier S. 104/105).

Er polemisiert gegen die Vertreter der Stickstofftheorie, die die Düngemittel nach ihrem Stickstoffgehalt bewerten, und beanstandet ihre Versuchsanstellungen: sie hätten doch „mit derselben Ammoniakmenge, die sich im Guano befand", vergleichende Versuche anstellen sollen.

An industriell aufbereitete Düngemittel aber denkt Liebig anscheinend zuletzt, vielmehr geht er ausführlich auf gewerbliche Rückstände wie Rübenmelasse ein. Die Zuckerfabrik Waghäusel liefere jährlich 100 000 kg Kalisalze aus Melasserückständen! In ihnen seien die Nährstoffe verfügbar. Bei den Guanosorten, bei Poudrette und Stallmist zeigt er, wie sie je nach Stickstoffgehalt, vor allem aber durch die Begleitstoffe wirken. Menschenexkremente enthielten die mit Korn und Fleisch entzogenen Bestandteile *vollständig,* im Guano dagegen fehle Kali! Hier verstärkt Liebig seine Beweisführung und nennt als praktische Beispiele die Pfälzer und Bergsträßer Weinbauern und die Tabakpflanzer des hessischen und badischen Odenwaldes – bis hin zu Beispielen aus der Geschichte: Rom, Sizilien, Sardinien, die fruchtbaren Kulturen dieser Länder sieht er als Gegensatz zu den Gebieten mit Großgrundbesitz, wo Raubwirtschaft am Acker und an der Bodenfruchtbarkeit herrsche.

Scharfe, wissenschaftlich begründete Polemik findet sich besonders in der Streitschrift „Über Theorie und Praxis in der Landwirtschaft" aus dem Jahre 1856. Damit wollte Liebig „einen Beitrag leisten zur Lösung der Fragen über die besten Mittel und Wege, um einer gegebenen Fläche Land *dauernd* den höchsten Ertrag an Korn und Fleisch abzugewinnen"; er beantwortet die Erwiderungen der „Herren Lawes und Gilbert in Rothamsted und des Herrn Dr. E. Wolff in Hohenheim" auf die 5. Auflage der „Agrikulturchemie" von 1843 (4; VII–VIII).

Liebig führt hier den Begriff der Stickstoffernte ein. Anhand einer Übersicht zeigt er, daß man „in den verschiedenen Kulturgewächsen eine sehr ungleiche Menge Stickstoff" erntet: 100 Gewichtsteile im Roggen – bis 390 im Klee und 470 in Turnips-Rüben, und er betont ausdrücklich – und läßt es im Druck hervorheben! – daß diese Höchstbeträge bei Klee und Rüben erzielt wurden, „ohne stickstoffhaltigen Dünger zu empfangen". Auch hier wieder unterscheidet er zwischen stickstoffhaltigen Düngern und sonstigen, wie Asche, Gips oder schwefelsaurer Knochenerde.

In dieser Streitschrift stellt Liebig die unterschiedliche pflanzenphysiologische Bedeutung von Stickstoff einerseits und Mineralien andererseits klar heraus und führt Laborstudien und geographische Beobachtungen an. Kein Zweifel: „Alle Nahrungsstoffe der Pflanzen sind unorganische Substanzen" – aber die einen, aus der Luft stammenden, sind zugleich „Reizmittel", die anderen stammen aus dem Boden. Dem Wechselspiel zwischen beiden Stoffgruppen widmet sich Liebig hier eingehend; und was die Bodenarten und die Bodenbeschaffenheit angeht, so begründet er seine Ansichten wie ein moderner Pflanzenbauer, er spricht von der „Quantität der im Boden vorhandenen übergangsfähigen mineralischen Nahrungsmittel".

Hier steigert sich Liebig auch schriftstellerisch, indem er in wenigen Sätzen das ganze System der Landwirtschaft darstellt, einschließlich betriebswirtschaftlicher Zusammenhänge, wie sie sich im Interessenkonflikt zwischen Grundbesitzer und Pächter ergeben können (53, hier S. 194/195).

Von der alten zur neuen Humustheorie

Alexander von Humboldt, Sennebier, Priestley, de Saussure, Ingenhouss*), Boussingault, Sprengel und andere hatten die Grundzüge des Stoffwechsels der Pflanze weitgehend aufgeklärt. Das war der Stand des Wissens um die Wende vom 18. zum 19. Jahrhundert. In der Landwirtschaft aber glaubte man noch, die Pflanze nehme den Kohlenstoff aus dem Humus bzw. den Humussäuren unmittelbar auf. Erst Liebig verhalf den wissenschaftlichen Erkenntnissen zum Durchbruch, indem er aus dem Puzzlespiel von Einzeldarstellungen ein überzeugendes Gesamtbild formte und dies mit schriftstellerischer Meisterschaft und polemischer Schärfe wiedergab. Der große englische Bodenkundler Sir John Russell schrieb hierzu 1937: „Liebigs Spott bewirkte, was weder de Saussures noch Boussingaults Logik bewirkt hatte: er tötete endlich die Humustheorie. Nur der Kühnste würde danach noch gewagt haben zu behaupten, daß Pflanzen ihren Kohlenstoff aus einer anderen Quelle als Kohlendioxid beziehen würden..." (Zitiert nach Bradfield in „Liebig and after Liebig", Washington D.C. 1942, S. 49, übersetzt vom Herausgeber.)

Dabei unterschätzte Liebig die Bedeutung des Humus als Quelle für Kohlendioxid und Stickstoff keineswegs. Im Gegenteil, ab der 7. Auflage (1862) seiner „Agrikulturchemie" sind zwei Kapitel eigens diesem Thema gewidmet: „Der Ursprung und die Assimilation des Kohlenstoffs" und „Ursprung und Verhalten des Humus". Zum Kohlenstoff sagt er: „Der Humus ernährt die Pflanze nicht, weil er im löslichen Zustand von derselben aufgenommen wird, sondern weil er eine langsame und andauernde Quelle von Kohlensäure darstellt..." Und zum Stickstoff heißt es: „Der Humus enthält zuletzt, als Rückstand verwesender Pflanzenstoffe, allen Stickstoff dieser Vegetabilien und stellt infolge fortschreitender Zersetzung eine im Boden stets gegenwärtige Stickstoffquelle dar" (1; 37, hier S. 51). Ausführlicher behandelt er den Zusam-

---

*) Richtig eigentlich: Ingen-Housz.

menhang zwischen Humus und Ammoniak im Kapitel „Der Ursprung und die Assimilation des Stickstoffs" (1; 54–82, hier ab Seite 52).

Ist die Formulierung „Von der alten zur neuen Humustheorie" nicht dennoch übertrieben? Hören wir, wie Liebig die Bedeutung des Stallmistes und anderer Humusstoffe wiederholt hervorhebt. In dieser Textauswahl findet sich im Absatz „Exkremente vermehren den Gehalt des Bodens an assimilierbaren Stickstoffverbindungen" (Seite 56) die nachdrückliche Ermahnung „... bei Vermeidung allen Verlustes in dem Dünger".

Auch im zweiten Band der „Agrikulturchemie", im Kapitel „Ammoniak und Salpetersäure" weist er nachdrücklich auf den Stallmist hin. Als Stickstoffquelle führt er wieder die Atmosphäre an und rechnet dann aus, wieviel Stickstoff jeweils aus der Fruchtfolge mit Futtergewächsen und aus dem Stallmist komme, wie der fehlende Stickstoff „mit bewußter Sparsamkeit" zu ergänzen sei, und zwar aus „natürlichen Quellen". Er errechnet in Geld und Ertragszuwachs an Korn den Bedarf für das Königreich Sachsen, für Österreich, England und Wales und kommt zum Schluß, man werde „es völlig eitel finden, die Erträge eines Landes durch Ammoniakzufuhr steigern zu können."

Auch hier wieder praktische Ratschläge, Ammoniak im Stallmist „sorgfältig zusammenzuhalten" und „unnötige Verluste zu vermeiden".

Der Stickstoffreichtum sei durch gute Bodenkultur zu vermehren, er ergänze sich aus Regenwasser und Luft, es bestehe „ein Kreislauf des Stickstoffs ähnlich wie der des Kohlenstoffs", der dem Landwirt die Möglichkeit biete, „sein wirksames Stickstoffkapital im Boden zu vermehren". Die biologische Stickstoffbindung war Liebig noch nicht bekannt; umso bemerkenswerter ist, daß er schon von einem Stickstoffkreislauf spricht. Auch vor Stickstoffüberdüngung warnt Liebig bereits, indem er hinweist auf „Vergeilung bei erstem Wachstum", auf weiche wasserreiche Blätter und Halme, weil die Pflanzen „in ihrem übereilten Wachstum" nicht genug Kieselsäure und Kalk aufnehmen konnten, so daß es ihnen an „Festigkeit und Widerstandsfähigkeit gegen äußere fremde Ursachen" fehle.

Ganz ähnlich wie später beispielsweise Mitscherlich und Scheffer (s. Seite 29 bzw. 30) betont Liebig die Wichtigkeit des Bodenstickstoffs – und damit des Humus – für Qualität und Ertragssicherheit.

Liebig somit Begründer einer neuen Humustheorie? Das scheint sehr wohl belegbar. Wir müssen jedoch von den späteren Auflagen der „Agrikulturchemie", beginnend mit der 7. Auflage von 1862, das heißt vom „späten Liebig", ausgehen. Leider wurde nur die 1. Auflage von 1840 ins Englische übersetzt.[*)] Von dieser Auflage her ist das Liebig-Bild in der Welt weitgehend bestimmt.

[*)] Übersetzt wurde allerdings der zweite Band „Naturgesetze des Feldbaues" der 7. A. der „Agrikulturchemie" von 1862 („The Natural Laws of Husbandry", London bzw. New York 1863).

Auch ein Autor wie Sir Albert Howard zitiert Liebig nach der 1. Auflage der „Agrikulturchemie". Der berühmte amerikanische Humusforscher Waksman jedoch versucht, Liebig gerecht zu werden – siehe Waksman: „Liebig – The Humus Theory and the Role of Humus in Plant Nutrition" in „Liebig and after Liebig", Washington D.C. 1942. Waksman zitiert hier Howard mit den vermittelnd wirkenden Worten: „Liebig kam nicht darauf, daß zwar die Humustheorie in der damaligen Aussage falsch, der Humus aber richtig sein könnte." (Übersetzt vom Herausgeber.)

War Liebig Gegner der Stickstoffdüngung?

Viele der angeführten Textstellen sprechen für seine Auffassung, auch die Kulturpflanzen könnten ihren Stickstoffbedarf im Kreislauf der Stoffe decken: aus wirtschaftseigenen Düngern, Wurzelrückständen, Pflanzenresten und über Futterpflanzen, die das umlaufende Stickstoffkapital aus der Atmosphäre ergänzen. „Die Kulturen empfangen von der Atmosphäre die nämliche Quantität Stickstoff wie die wild wachsenden, wie die Bäume und Sträucher; er ist voll ausreichend für alle Zwecke der Feldwirtschaft."

In einem Versuchsbeispiel weist er ausdrücklich auf stickstofffreie Guanosorten wie Jarvis- und Baker-Guano hin, um deren Phosphatwirkung hervorzuheben. Liebig wurde daher dafür verantwortlich gemacht, daß ganze Schiffsladungen mit Chilesalpeter unverkäuflich blieben. Es ging also auch um wirtschaftliche Belange. (Siehe Briefwechsel Liebig – Güssefeld S. 119.)

Nicht zuletzt spielten persönliche Motive in die Auseinandersetzungen um die Stickstoffdüngung hinein. Liebig hatte in der 1. Auflage seiner „Agrikulturchemie" nur Alexander von Humboldt zitiert, ja das Werk ihm gewidmet. Erst in späteren Auflagen hat er die vielen Vorläufer in der Pflanzenernährungslehre genannt und zitiert. Durch die Schärfe seines Stiles und seinen kühnen Gedankenflug forderte Liebig seine Gegner geradezu heraus. Genau dies aber sicherte ihm den Publikumserfolg und machte sein Buch zu einem Bestseller.

Hinzu kam, daß Liebig nicht Landwirt war. Seine Gegner konnten ihm Fehler nachweisen. Er kaufte sich schließlich am Rande der Stadt Gießen einige Hektar Land mit armem Boden und stellte selbst Versuche an („Liebig-Höhe", siehe Fußnote S. 96).

Im Laufe der Jahre berichtigte Liebig seine Auffassung in der Frage der Stickstoffdüngung, ohne von seiner Grundauffassung abzugehen – siehe sein Brief an Reuning vom 29. 2. 1864. Dieser Brief beantwortet zugleich die hier gestellte Frage: „War Liebig Gegner der Stickstoffdüngung?"

Bei dem Streit um die Stickstoffdüngung ist zudem zweierlei zu bedenken: An stickstoffreichen Handelsdüngern gab es zunächst nur Guano, später auch

Chilesalpeter. Ammoniaksalze aus dem ammoniakhaltigen Gaswasser der Gaswerke wurden erst ab etwa 1890 großtechnisch hergestellt und in die Landwirtschaft eingeführt, viele Jahre nach Liebigs Tod also. Von synthetischen Stickstoffdüngern ganz zu schweigen.

Die biologische Stickstoffbindung schließlich wurde erst 1886 entdeckt. Liebig urteilte nach Indizien.

Von Liebig bis Virtanen

Die Jahre bis zum Ende des Jahrhunderts

Zu Liebigs Freunden gehörte Julius Kühn, Professor der Agrikultur in Halle. 1878 legte er auf einem Feld der Universität den Versuch „Ewiger Roggenbau" an. Dieser Versuch und ähnliche Versuche in Rothamsted, Grignon bei Paris und Göttingen bestätigten Liebigs Lehre, daß die Bodenbestandteile ersetzt werden müssen. Im Laufe der Jahrzehnte aber ergab sich auf den Parzellen ohne Stallmistdüngung ein Humusschwund und damit an organisch gebundenem Stickstoff – je nach Klima, Lage und Boden der Versuchsfelder. Gerade der physikalische Zustand der Böden erwies sich im Hinblick auf Wasserhaltekraft und Widerstand gegen Erosion als immer wichtiger, bei inzwischen technisierter Landwirtschaft auch wegen der Befahrbarkeit der Böden. Und was Liebigs Auffassung zur Stickstoffdüngung betraf, so brachte das Jahr 1886 mit Hermann Hellriegels Bericht über die biologische Stickstoffbindung der Leguminosen vor der Versammlung Deutscher Naturforscher und Ärzte einen Triumph für Liebig! Im übrigen konnten diese Versuche zum Problem der Stickstoffdüngung von vornherein wenig aussagen, denn Liebig war ausgegangen vom Stickstoffkreislauf in einer Wirtschaftsweise mit Wechselwirtschaft und Futterpflanzen, darunter Leguminosen, die die Stickstoffbilanz aus dem unerschöpflichen atmosphärischen Bestand immer wieder ergänzen.

Im damals weitverbreiteten tausendseitigen Nachschlagewerk für praktische Landwirte „Illustriertes Landwirtschafts-Lexikon" (2. Auflage 1888) wird im dreiseitigen Artikel zum Stichwort „Dünger, Düngerwirkung" zwischen den „verbrennlichen oder in höherer Temperatur flüchtigen Kohlenstoff- oder Stickstoffverbindungen" und den feuerfesten Pflanzennährstoffen, die „im Dünger als Aschenbestandteile deshalb ihre große Bedeutung" haben, unterschieden. Selbst die Wortwahl erinnert an Liebig.

Im ebenfalls sehr bekannten „Gartenbuch für Anfänger" von Böttner, das bis Mitte unseres Jahrhunderts viele Auflagen erlebte, heißt es noch in der 7. Auflage von 1906: „In jedem Humus ist viel Stickstoff enthalten, und zwar in gebundener Form", und: „Im Gegensatz zum Stickstoff stehen alle übrigen Nährstoffe, die als Aschenbestandteile nachzuweisen sind. Man nennt sie die mineralischen Nährstoffe." Auch hier wieder Liebigs Begriffe, bis hin zu seiner Wortwahl.

Liebigs Auffassungen hatten sich durchgesetzt: Man unterschied zwischen Stickstoff einerseits und mineralischen Nährstoffen andererseits. Sinngemäß verhielt es sich bei seinen Lehren zur Tierphysiologie und Fütterung.

Vom natürlichen Stickstoffkreislauf zu synthetischen Stickstoffsalzen

Doch im Laufe der Jahre drehte sich der Wind. Auf der Winterversammlung der Deutschen Landwirtschaftsgesellschaft 1903 wurde wohl noch über Abfallstoffe und Bodenbiologie gesprochen und unter Punkt 5 der Tagesordnung ein Loblied auf die Wirtschaftsweise von Dr. Schultz auf Gut Lupitz mit Hülsenfrüchten, Gründüngung und Kali-Phosphat-Düngung gesungen. Im Mittelpunkt aber stand der umfangreiche Bericht „Unter welchen Umständen und durch welche Mittel ist der Ammoniakstickstoff zu höchstmöglicher Wirkung zu bringen?" von „Herrn Geh. Hofrat Dr. Wagner – Darmstadt", Direktor der dortigen Versuchsanstalt. (Jahrbuch der Deutschen Landwirtschaftsgesellschaft Band 18, Berlin 1903.)

Wenige Jahre später, 1908, war der Wind vollends umgeschlagen. In seinem Vortrag „Die Bedeutung des Luftstickstoffs für die praktische Landwirtschaft" vor der Vollversammlung des Deutschen Landwirtschaftsrates („in Anwesenheit von Kaiser Wilhelm II.") beklagte der eben schon zitierte Paul Wagner das absehbare Versiegen der Salpeterlager. Er spricht über die unerschöpfliche Stickstoffquelle der atmosphärischen Luft, über „vermehrte Gründüngungskultur" und „größere Anspannung der stickstoffsammelnden Kraft aller Bakterienarten". Aber die Kraft der Bakterien reicht nach Wagner nicht aus, „ein weites Tor zum Stickstoffmagazin der Luft zu öffnen", dazu brauche es eine viel stärkere Kraft. „Blicken wir wieder auf die Natur. Wie macht sie es, wenn der Bakterienstickstoff nicht reicht für ihre Pflanzen? Ein energisches Mittel, sie greift zum Blitz. Sie läßt Blitze durch die Lüfte fahren, die elektrische Kraft bindet den Stickstoff der Luft mit dem Sauerstoff der Luft zu Salpetersäure."

Prof. Wagner preist dann den im Hochspannungslichtbogen in Norwegen nach Birkeland und Eyde gewonnenen Kalksalpeter („Norgesalpeter") und das Kalkstickstoffverfahren nach Frank und Caro. Gegen Ende seines Vortrages schließlich sagt er: „Elektrische und chemische Kraft also sind imstande, den Stickstoff der Luft zu binden, ihn mit Kraft zu beladen, mit Nährkraft für die Pflanzen und mit Explosivkraft für unsere Geschosse, damit er uns dient im Frieden und im Krieg." (Zitiert nach Ludwig Schmitt: „Wenn die Ährenfelder rauschen", Frankfurt/M. 1957.)

In dem Band „Die Stickstoffwerke der Badischen Anilin- und Sodafabrik" (1921) heißt es sinngemäß: „... ist die Erschöpfung der Lager dieses Düngesalzes (Salpeter) in absehbarer Zeit zu erwarten. Da außerdem noch für technische Zwecke, wie für die Herstellung von Munition und Sprengstoffen, sowie für die verschiedenartigsten chemischen Fabrikationen (Farbstoffe, Heilmittel usw.) Ammoniak und Salpeter alljährlich in beträchtlichen Mengen verbraucht werden, so wurde das Problem, eine neue Quelle für Stickstoffverbindungen zu erschließen, ein immer wichtigeres und drängenderes."

Damit waren neue Kräfte ins Spiel gekommen. Liebigs Lehre vom natürlichen Kreislauf des Stickstoffs mit gasförmiger Phase und „Humusphase", vom Wechselspiel der von grundauf verschiedenen, aus der Luft und aus dem Boden stammenden Elemente, war völlig verschoben worden. Auch die Begriffe seiner Gegensatzpaare wie eingangs skizziert tauchten nicht mehr auf.

Vom Stickstoffmangel zur Überdüngung mit Stickstoff

Schon bald war die Rede von der Gefahr, mit Stickstoff zu überdüngen. Eilh. Alfred Mitscherlich, der große Lehrer des Pflanzenbaues (o. ö. Professor und Direktor des Pflanzenbauinstituts der Universität Königsberg i. Pr.), behandelt in seiner Schrift „Ein Leitfaden der künstlichen Düngemittel" (Berlin 1925) die Probleme der Stickstoffdüngung und die Vorteile des Humus als Stickstoffquelle: Allzugroße Stickstoffgaben führen nach Mitscherlich beim Getreide Lager und Ertragsdepressionen herbei, und wörtlich: „Da dieses Lagergetreide nicht eintritt, wenn ein Boden von Haus aus stickstoffreich ist, sondern nur eintritt, wenn wir ihn mit stärkeren Gaben von leichtlöslichen Stickstoffsalzen düngen, so liegt hier noch ein Problem vor uns..."

Weltweite Erforschung des Stickstoffkreislaufes

Weltweit war die Diskussion um den Stickstoff als Nährstoff des großen Kreislaufes im Sinne Liebigs indessen weitergegangen; insbesondere nach Entdeckung der biologischen Stickstoffbindung durch Hellriegel und Willfarth 1886, überhaupt nach Erforschung der biologischen Abschnitte des Stickstoffkreislaufes. Eine wichtige Station in dieser Entwicklung war das Erscheinen des Werkes „Das Edaphon. Untersuchungen zur Ökologie der bodenbewohnenden Mikroorganismen" von R. H. Francé im Verlag der Deutschen Mikrobiologischen Gesellschaft 1911 (siehe Verlagsanzeige im Anhang).

Michael Fedorov – ab 1929 Assistent und ab 1950 Professor und Lehrstuhlinhaber für Mikrobiologie am Timirjazev-Institut für Landwirtschaft in Moskau – weist in seinem Werk „Biologische Bindung des atmosphärischen Stickstoffs" 729 nichtrussische und 557 russische Arbeiten aus den Jahren ab etwa 1890 bis etwa 1940 nach. (Deutsche Übersetzung Berlin 1960.)

Wie im Ersten so mußte auch im Zweiten Weltkrieg, insbesondere in den ersten Jahren danach, die Landwirtschaft ohne synthetischen Stickstoffdünger auskommen und sich auf den natürlichen Stickstoffkreislauf besinnen. Das spiegelt sich in der Fachpresse, siehe u. a. „Mitteilungen für die Landwirtschaft" Nr. 45/1944, S. 986. Nur drei kurze Zitate aus dem umfangreichen Leitartikel von „Bauer Dr. Albert Brummenbaum, Reichshauptabteilungsleiter II im Reichsnährstand": „Es gibt heute... kaum eine wichtigere Aufgabe, als die restlose Erschließung der Nährstoffquellen einer ganzen Dorfflur. – Das eine aber ist sicher, daß der vermehrte Anbau von Leguminosen jeder Art wesentlich dazu beiträgt, den Stickstoffhaushalt des Betriebes zu entlasten. – Diese Lage zwingt uns..., alles vorhandene Leguminosensaatgut restlos zu erfassen, insbesondere bei Bohnen und Erbsen, gegen Anrechnung auf die Getreidekontingente."

Ein Ereignis in der Fachwelt war der vor geladenen Gästen am 15. 11. 1946 gehaltene Vortrag von Prof. Dr. F. Scheffer: „Erhaltung und Mehrung der Bodenfruchtbarkeit" (Sonderdruck Hannover 1946). Scheffer bespricht u. a. die Stickstoffbilanzen der bereits erwähnten Daueranbauversuche ganz im Sinne Liebigs und betont, daß die Pflanzen immer auf den Bodenstickstoff zurückgreifen, daß sie zum Aufbau ihrer Substanz den Stickstoff aus langsam fließenden Quellen besser verwerten als denjenigen aus leichtlöslichen Stoffen.

Wie Liebig 100 Jahre zuvor spricht auch Scheffer vom Raubbau an bodengebundenen Nährstoffen; er bezieht sich auf Liebig und fordert, nicht nur die entzogenen Nährstoff*mengen* sondern auch die Nährstoff*formen* zu ersetzen: „... also in einer Form, wie sie bisher nur im landwirtschaftlichen Betrieb über Stallmist, Kompost, Gründüngung und Wurzelhumus erzeugt wird."

Auffassungen im Sinne Liebigs finden sich nicht zuletzt bei Prof. Dr. h.c. h.c. Artturi Virtanen, dem finnischen Nobelpreisträger für Chemie von 1945. In Gebieten mit einem hohen Anteil an natürlichem Grünland und einem geringeren Anteil an Getreidebau entfernt man sich weniger weit von dem natürlichen Kreislauf des Stickstoffs – wie eben in Finnland. „Die biologische Stickstoffbindung ist neben der Kohlendioxid-Assimilation ein Prozeß von fundamentaler Bedeutung für das gesamte Leben auf unserer Erde" – so Virtanen auf dem III. Weltkongreß für Düngungsfragen, Heidelberg 1957, und sinngemäß in seinen Vorträgen auf den Nobelpreisträger-Tagungen Lindau 1952 und 1961 (Angew. Chemie 65, 1/1953 bzw. Naturwissenschaftliche Rundschau 10/1961).

Rückbesinnung auf Liebig

Die zitierten und viele weitere Textstellen dieser Auswahl zeigen, wie Liebig naturwissenschaftliche Einzelheiten und landbauliche Erfahrungen in große zeitliche und weltweite Zusammenhänge einordnete. Denken wir nur an seine Studien zur Abfallwirtschaft der Stadt London und zum Landbau Ostasiens sowie seine Kritik an der Großlandwirtschaft des Altertums. Es liegt deshalb nahe, dieses Denken in großen Zusammenhängen in seinem Sinne auch auf die heutige Situation anzuwenden.

Nach dem Zweiten Weltkrieg lag Europas Landwirtschaft weitgehend darnieder, es bestand akuter Nahrungsmangel, Europa war von Zufuhren aus Übersee stark abhängig. Die Europäer begründeten, zunächst in der EG der fünf Staaten, ein System staatlicher Preis- und Abnahmegarantien für Getreide und Zucker, später auch für Raps, sowie für Milch und Rindfleisch. Das gelang trotz aller Schwierigkeiten, da sie den Zusammenschluß auch aus politischen Gründen wollten.

Für die Fruchtfolge unerläßliche Arten wie Gründüngungspflanzen, Hafer und Hülsenfrüchte gerieten durch diese Garantien für eine bestimmte Gruppe von Erzeugnissen ins Hintertreffen. Alle Zweige des Landbaues, selbst die Pflanzenzüchter, befaßten sich vorzugsweise mit Arten, die dank staatlicher Garantien maximale Reinerträge versprachen. Das von den Hausvätern her über Thaer und die Erforscher der Pflanzenernährung von Priestley und Boussingault bis Sprengel und Liebig wohlbegründete landbauliche System mit Wechselwirtschaft bzw. Fruchtfolge war damit erschüttert. Die Folgen blieben nicht aus.

Ertragsdepressionen, Pflanzenkrankheiten

Ende der fünfziger Jahre noch hatte ein führender Agrikulturchemiker die Bodenuntersuchung auf Stickstoff für überflüssig erklärt, „weil der Stickstoff in seinen verschiedenen Formen im Boden unter dem Einfluß der Kleinlebewesen und Atmosphärilien im Gegensatz zu anderen Nährstoffen außerordentlichen Veränderungen unterworfen ist . . . . Das Bedürfnis für Stickstoffuntersuchungen im Boden wird von den Landwirtschaftlichen Versuchsanstalten aus noch weiteren Gründen verneint." Es folgt die Begründung, übrigens mit Bezugnahme auf den schon oben zitierten Paul Wagner. (Ludwig Schmitt: „Vom Segen der Düngung", 2. A. 1958, S. 142.)

Schon zwei Jahrzehnte später aber waren Methoden zur Bodenuntersuchung auf Stickstoff eingeführt worden; und sie wurden immer mehr verfeinert, weil Ertragsdepressionen und Qualitätsschäden durch Stickstoff-Überdüngung sich mehrten. Der Mechanismus der Preis- und Absatzgarantien hatte besonders in Gebieten wie im Pariser Becken riesige Ertragsreserven mobilisiert. Man wollte sich schon aus wirtschaftlichen Gründen nicht ein- oder gar überholen lassen.

Man versuchte, die Stickstoffdüngung zu „optimieren": die N_{min}-Methode nach Wehrmann und Scharpf wurde ab etwa 1976 angewandt; die EUF-(Elektro-Ultrafiltrations-)Methode nach Köttgen und Jung, überprüft und bis zur Praxisreife von Dr. K. Németh entwickelt, wurde in den 80er Jahren eingeführt und mit dieser zum ersten Mal eine Aussage über den Vorrat an organisch gebundenem Stickstoff im Boden und die Nachwirkung über eine Vegetationszeit hinaus ermöglicht; eine „komplexe Pflanzen-Analyse" zur Kontrolle des Ernährungszustandes während der Vegetation wurde ausgearbeitet; schließlich steuerte man die Stickstoffdüngung durch Computer; Nitrifikationshemmer kamen auf den Markt; eigene Anweisungen zur Gülledüngung wurden herausgebracht und in einigen Ländern der Bundesrepublik Deutschland sogar Gülleverordnungen erlassen; die Düngeempfehlungen hinsichtlich Stickstoff und Kali insbesondere bei der Zuckerrübe wurden stark zurückgenommen.

Aber nicht genug mit Schäden durch Stickstoffüberdüngung – angestrebte Höchstgaben zur Erzielung von Höchsterträgen machten die Pflanzen besonders für Pilzkrankheiten anfällig. In Fachbüchern gab es daher eigene Abschnitte wie „Wechselwirkung zwischen Stickstoffdüngung und flankierenden Maßnahmen des Pflanzenschutzes" mit Empfehlungen für bessere Standfestigkeit des Getreides durch Wachstumsregulatoren und zur Bekämpfung von Krankheiten durch systemisch wirkende Fungizide. (Buchner und Sturm: „Gezielter Düngen", 2. Auflage Frankfurt/M. 1985.) Man erwog sogar, nicht nur den Stickstoffdünger sondern auch die Fungizide zu besteuern, um die Überschüsse an EG-Getreide, Milch und Rindfleisch in den Griff zu bekommen.

Stickstoffdüngung und Qualität

Schäden durch Stickstoffdüngung hatte schon Liebig angedeutet. André Voisin, Paris-Alfort, bezog sich auf Liebig, der die Sonderrolle der einzelnen Nährelemente beim Aufbau der verschiedenen pflanzlichen Substanzen wie Stützgewebe und Samen aufgeklärt hatte, wenn er die Forscher ermahnte, sich nun den Zusammenhängen zwischen Düngung und Qualität der Nahrungspflanzen zuzuwenden („Die Weidetetanie", München 1963). Prof. Werner Schuphan, Geisenheim, untersuchte an der Bundesanstalt für Qualitätsforschung pflanzlicher Erzeugnisse, wie steigende Stickstoffgaben die biologische Eiweißwertigkeit, beispielsweise bei Kartoffeln, beeinflussen. Sinngemäß wurde in Rothamsted festgestellt, daß die Weizenqualität bei hohen Stickstoffgaben und relativem Mangel an Schwefel abfällt, und zwar über den anteilmäßigen Gehalt an wichtigen Aminosäuren.

In den achtziger Jahren bearbeitete die Versuchsanstalt für Obst- und Gemüsebau in Köln-Auweiler den Einfluß der Stickstoffdüngung auf den Nitrat-, Vitamin-C- und Zuckergehalt je nach Gemüsearten, d.h. Blatt-, Wurzel- oder Fruchtgemüse.

Alle diese Forschungen bestätigten indessen nur, was Prof. Virtanen schon 1957 auf dem III. Weltkongreß für Düngungsfragen in Heidelberg vorgetragen hatte: Durch starke Stickstoffdüngung wird der Anteil an „Amiden und freien, nicht essentiellen Aminosäuren sowie Nukleotiden und Stickstoffverbindungen von nicht näher bekannter Struktur" vermehrt, der Anteil der essentiellen Aminosäuren im Rohprotein aber herabgesetzt.

„Agrarpolitik schädigt die Umwelt"

Solche und ähnliche Schlagzeilen beherrschten in den siebziger und achtziger Jahren mehr und mehr die Presse. Vielerlei Umweltprobleme wurden diskutiert: „Wird die Ozonschicht durch Stickstoffdünger gefährdet?" – „Nitrate belasten das Grundwasser" und andere Probleme in Zusammenhang mit landwirtschaftlichen Verfahren wurden tagtäglich behandelt.

Die zulässigen Nitratwerte für Trinkwasser wurden herabgesetzt. Ganze Maßnahmenkataloge wurden erarbeitet, um den Stickstoffeintrag ins Grundwasser zu verringern.

Dies alles, weil man – letztlich aus politischen und interessenpolitischen Gründen – ein System errichtet hatte, bei dem Höchsterträge und damit der Stickstoff als Wachstumsmotor (vor allem) für Getreidearten und Mais eine übergroße Rolle spielten.

Damit war man zugleich von Liebig abgegangen, der den Stickstoffbedarf der Pflanzen in der Regel aus den Quellen des natürlichen Kreislaufs decken wollte.

Aber auch schon seine Vorgänger hatten auf das schier unlösbare Problem optimaler Stickstoffdüngung hingewiesen. So der Schweizer Samuel Engel, gew. Landvogt zu Aarberg 1762: „Was denn den Salpeter insbesondere antrifft, so habe ich mich desselben oft mit gutem Erfolge bedient, und er tut Wunder in dem Pflanzenbau, wo er mit Vorsicht gebraucht wird. Aus allem diesem folgere ich, daß der Salpeter nützlich oder schädlich ist, je nachdem er gebraucht wird. Ne quid nimis, nichts zuviel. Sobric et caute, mäßig und mit Vorsicht, sind zwei Grundregeln, die in dem Ackerbau ebenso wahr und gewiß sind als in allen anderen Fällen." (Zitiert nach Lau, Schweizer Gärtnerzeitung 1973, S. 588.)

Nicht vergessen sei einer der konsequentesten Liebig-Nachfolger: Prof. Dr. Erich Reinau (1884–1965), sozusagen Spezialist für die aus der Atmosphäre stammenden Nährelemente Kohlenstoff und Stickstoff. Mit Lundegårdh und Bornemann gehört er zu den Erforschern des Kohlenstoff-Kreislaufes, siehe u. a. sein Buch „Praktische Kohlensäuredüngung in Gärtnerei und Landwirtschaft" (1927). Er hat sich auch bemüht, Kohlensäure-Briketts für Gewächshäuser in die Praxis einzuführen. Die Stickstoff-Frage hat er in einer Aufsatzfolge „Die dreifache Tragödie des Stickstoffs" (garten organisch 1986, Hefte 1–3) „absichtlich und unverhohlen dramatisiert".

Vor diesen Gefahren für Ertragssicherheit, Pflanzengesundheit und Nahrungsqualität warnten im Laufe der 70er und 80er Jahre immer mehr Wissenschaftler. „Der Stickstoffdüngung kommt eine Sonderstellung zu" – so Prof. Hermann Kick auf der 33. Hochschultagung in Bonn, mit Hinweis u.a. auf den Bodenstickstoff.

1981 brachte eine Fachzeitschrift eine Aufsatzfolge „Was haben uns Pioniere des Landbaues heute noch zu sagen?" Prof. Konrad Mengel, *Justus-Liebig-Universität* Gießen, berichtete in dieser Folge über Liebig und über einen Versuch, an dem dieser sicherlich sein Freude gehabt hätte: In einem Weidelgras/Rotklee-Gemenge zeigte das Gras der mit Kali nicht gedüngten Variante Stickstoffmangel-Erscheinungen, während in der mit Kali gedüngten Variante der Kleeanteil zunahm und das mit dem Rotklee wachsende Gras sich üppig entwickelte. („Der Landbote" Nr. 7/1981.)

Zuvor schon hatte Prof. Mengel das Thema in einem wissenschaftlichen Blatt entsprechend behandelt, zugleich – sozusagen zwischen den Zeilen zu lesen – als wohlwollender Kritiker der Biologisch-Dynamischen Wirtschaftsweise. Wenn diese Betriebe (im Sinne Liebigs) sich auf den biologischen Stickstoffkreislauf verlassen wollten, dann müßten sie die Bodenmineralien, vor allem Kali und Kalk, durch Mineraldüngung ergänzen. Das gelte insbesondere für Marktfruchtbetriebe auf ärmeren Böden. Er belegt dies durch einen langjährigen Kalimangel-Versuch und die Boden- und Pflanzenanalysendaten eines biologisch-dynamisch wirtschaftenden Betriebes. (Kali-Briefe, Büntehof, Nr. 14/1979.)

Allzeit treue Liebig-Schüler waren die Anhänger biologischer Wirtschaftsmethoden. So schreibt Dr. Nicolaus Remer, einer der bekanntesten Berater der Biologisch-Dynamischen Wirtschaftsweise, 1957 mit deutlicher Sympathie über „Liebig und die historische Entwicklung in der Landwirtschaft" (Lebendige Erde 1957, Nr.1/2). Und Dr. Hans Heinze sagt 1975 in derselben Zeitschrift in einem Aufsatz „Vom Stickstoffwirken in Natur und Kultur", der Stickstoff habe auch Justus von Liebig während seines Lebens manche Schwierigkeiten bereitet, sei doch dieses Element über jedem Quadratmeter

Boden mit etwa 8000 kg enthalten und doch habe man für das Wachstum der Kulturpflanzen immer zu wenig davon. Aus dem Stickstoffkreislauf würden über die Erde hin etwa 90 Prozent der von Menschen für das Wachstum der Kulturpflanzen benötigten Stickstoffmengen geliefert. „Weil das so ist", sagt Heinze, „konnte sich Justus von Liebig so schwer entschließen, eine mineralische Stickstoffdüngung allgemein zu empfehlen".

Ein führender Vertreter der Biologisch-Dynamischen Wirtschaftsweise der siebziger und achtziger Jahre, Dr. Wolfgang Schaumann, spricht in allen Lehrgängen ausführlich über Liebig. Die Zusammenhänge zwischen Umweltschutz, Pflanzenqualität und Stickstoffdüngung, insbesondere das Nitratproblem, hat er in Aufsatzfolgen eingehend behandelt (Lebendige Erde 1971, Nr. 1/2 und 1972, Nr. 3/4), und auf Liebig ist er in „Justus von Liebig und die Frage der Stickstoffdüngung" eigens eingegangen (Lebendige Erde 1978, Nr. 1).

Vertreter biologischer Wirtschaftsverfahren arbeiten inzwischen mit der Wissenschaft an Forschungsvorhaben zusammen. Prof. Günter Kahnt, Stuttgart-Hohenheim, berichtet über den biologisch-dynamischen Versuchsbetrieb Ensmahd auf der Schwäbischen Alb: Die Fruchtfolge wird hier mit Leguminosen angereichert, und deren Erträge werden durch Kali- und Phosphatdüngung verbessert; vorübergehender Stickstoffmangel oder Stickstofflücken werden über billige, schnell wirkende Dünger wie Rapsschrot ausgeglichen. Düngerarten also, die zu Liebigs Zeiten bekannt waren. (Nach Süddeutscher Rundfunk, 30. 8. 1988.)

Als eine Rückkehr zum „wahren Liebig" schließlich erweist sich ein neueres Verfahren zur Gülleaufbereitung, das über besseres Wurzelwachstum zugleich das Nitratproblem angeht. Liebig hatte sich auch mit dem Verhältnis der Nahrungsaufnahme einer Pflanze zu ihrer Wurzeloberfläche befaßt, so mit der Durchwurzelung des Untergrundes durch Pflanzen wie Rüben und Luzerne (3; 441–443, hier S. 101). Das eben angedeutete Verfahren zur Gülleaufbereitung scheint unmittelbar an Liebig anzuschließen: Frische Gülle ist wurzeltoxisch, fermentierte, mit wertvollen Tonmineralien aufbereitete Gülle dagegen fördert das Wurzelwachstum, die Pflanzen bilden mehr Wurzelmasse – bei Welschem Weidelgras gut 15% mehr –, sie durchdringen eine größere Bodentiefe und entnehmen Stickstoff auch dem Bodenvorrat; es geht kein Nitrat mehr ins Grundwasser. Die Stickstoffbilanz wird ausgeglichen. (Ulrich Kröner: „Pflanzenbau am Scheideweg – das Nitratproblem ist lösbar", garten organisch/Organischer Landbau, Nr. 3/1988.)

Zusammenfassung – Schlußbetrachtung

Hier wurde versucht, Geschichte und Wirkungsgeschichte von Liebigs Auffassung über die Rolle des Stickstoffs in der Pflanzenernährung zu skizzieren. Sie sind so widersprüchlich und scheinbar verworren wie der Kreislauf dieses Elementes selbst.

Erstaunlich an der Geschichte ist, daß ihr Held an seiner Grundauffassung nie zweifelte, obwohl die entscheidenden Stationen des Stickstoffkreislaufes zu seiner Zeit noch nicht aufgeklärt waren. Wenn Liebig noch Hermann Hellriegels Vortrag 1886 in Berlin hätte hören können! Wenn er den Einfluß des pH und der Spurenelemente für seinen Gedankengang noch hätte verwerten können – oder gar die neuesten Forschungen über das Kaskadensystem chemischer Reaktionen bei freilebenden Stickstoffbindern, das nur dann arbeitet, wenn sie keinen leicht verwertbaren Stickstoff verfügbar haben. (Siehe *Nachr. Chem. Tech. Lab.* 1986, Nr. 4, S. 312.)

Liebig urteilte nach tausendfältig bestätigten, unwiderlegbaren Laborergebnissen, unverrückbaren Beobachtungen in Natur und Landwirtschaft, Geschichtsstudien und den sich aus alledem ergebenden unabweisbaren gedanklichen Schlüssen.

Man wird einwenden, das Ertragsniveau habe zu Liebigs Zeiten viel niedriger gelegen als heute. Gerade dieses Thema hätte vermutlich seine schriftstellerische Brillanz, seine Gedankenschärfe und seinen Sarkasmus herausgefordert: Die weit über dem Durchschnitt liegenden Erträge einiger westeuropäischer Gunstgebiete, die Verschleuderung von Überschüssen mitsamt den mineralischen Bodenbestandteilen usw. usf.

Im übrigen war er Wissenschaftler und nicht Landwirtschaftsberater. Drastisch äußert er sich zum Widerstreit der Interessen beider: Eine Sache, die kurzfristig Geld bringe, mache ihren Weg von allein; letztlich entscheide jedoch die wissenschaftliche Wahrheit. Was dauerte, galt ihm mehr als das, was unterging – die 4000jährige Agrargeschichte Ostasiens mehr als die kurze des späten Römerreiches.

So mancher Leser dieser Liebig-Auswahl aber wird diesem Streit um den Stickstoff weniger Beachtung schenken und sich lieber vom Schriftsteller Liebig fesseln lassen, wie er eine Fülle naturkundlicher, landbaulicher und geschichtlicher Einzelheiten in funkelndem Stil überlegen ausbreitet.

Literatur
Die Quellenangaben beziehen sich auf folgende Werke Liebigs:
1. Justus von Liebig: Die Chemie in ihrer Anwendung auf Agricultur und Physiologie. 7. Auflage 1862. 1. Band
2. desgl. 2. Band
3. Chemische Briefe. Wohlfeile Ausgabe 1865
4. Über Theorie und Praxis in der Landwirtschaft. 1856
5. Justus von Liebig und Theodor Reuning. Briefwechsel über landwirtschaftliche Fragen 1854–1873. Dresden 1884
Weitere Literaturangaben im Text

Boden

Einleitung in die Naturgesetze des Feldbaues

Als 1862 die 7. Auflage der Agrikulturchemie *erschien, waren seit Erscheinen der 6. Auflage 16 Jahre vergangen. Liebig war inzwischen – 1852 – von Gießen nach München übergesiedelt, hatte in umfangreichen Studien das Versagen seines Patentdüngers aufgeklärt, landbauliche Versuche ausgewertet und sich in der 1856 erschienenen Streitschrift* Über Theorie und Praxis in der Landwirtschaft *mit seinen Kritikern auseinandergesetzt. In diesen Jahren hat er sich überhaupt intensiv mit landwirtschaftlichen Fragen befaßt, erschien doch 1859 die erste Auflage der 14 „Naturwissenschaftlichen Briefe über die moderne Landwirtschaft", die er dann in die* Chemischen Briefe *einfügte. 1861 hielt er auch zwei akademische Reden* Wissenschaft und Landwirtschaft, *die zweite „zur Feier des Allerhöchsten Geburtstages Seiner Majestät des Königs Maximilian II".*

Was lag näher, als all' diesen Stoff für die 7. Auflage der Agrikulturchemie *zu verwerten. Sie erschien 1862 in zwei Bänden, doppelt so umfangreich wie die 6. Auflage. Liebig schaltete dem ersten Band eine rund 150 Seiten umfassende „Einleitung in die Gesetze des Feldbaues" vor. Aus einem Kapitel dieser Einleitung folgt hier eine Auswahl, in der alle wichtigen landbaulichen Themen berührt werden: Boden und Bodenbearbeitung, Verwitterung, Drainierung, Stallmistwirtschaft – bis hin zu einem Ausblick auf die Geschichte, selbst ein Bibelzitat fehlt nicht. Die Herausgeber erlauben sich daher, diese ausgewählten Abschnitte mit dem Titel dieser eben genannten Einleitung zu überschreiben.*

Wie mechanische Bearbeitung auf den Boden wirkt

Es gehört keine besondere Auseinandersetzung dazu, um einleuchtend zu machen, daß die Bearbeitung der Felder, auch durch die vollkommensten mechanischen Mittel nicht ausreicht, um den Acker ertragsfähig zu erhalten; nach einer Reihe von Jahren fallen die Ernten auch auf den fruchtbarsten Feldern, und sie können nur durch Düngung wieder hergestellt werden; die Verbesserung der physikalischen Beschaffenheit und die Drainierung der Felder verstärken die Wirkung seines Stallmistes, das heißt, er erzielt auf einem drainierten Felde mit derselben Mistmenge höhere Ernten, oder mit weniger Mist eine Zeitlang ebenso hohe Ernten wie vorher. Diesen Wahrnehmungen gemäß bezeichnet der Landwirt die Fruchtwechsel- oder Stallmistwirtschaft, sowie die Drainierung der Felder als Fortschritte des Feldbaues, was sie für sich betrachtet nicht sind*).

Daß die Arbeit an sich den Boden nach und nach immer ärmer machen und zuletzt erschöpfen muß, sieht ein Jeder ein, man weiß, daß man damit dem Felde nichts gibt, sondern in den Ernten immer nimmt; daß aber die Düngung mit selbsterzeugtem Stallmist und die Drainierung Äquivalente der mechanischen Bearbeitung sind, ist nicht so leicht verständlich.

Um dies einzusehen, muß man ins Auge fassen, was man durch die mechanische Arbeit bezweckt; zunächst die gleichförmige Mischung der Erdteile, welche Nährstoffe an die Pflanzen der vorangegangenen Ernte abgegeben haben und ärmer daran geworden sind, mit anderen, die ihren vollen Gehalt noch besitzen; weiterhin macht die Bearbeitung, daß Teile von Nährstoffen verbreitbar im Boden und aufnahmefähig von den Wurzeln der nachfolgenden Pflanzen gemacht werden, die es vorher nicht waren; dies geschieht durch die chemische Wirkung der Atmosphäre und des Wassers, nicht durch den Pflug und die Egge; diese Werkzeuge machen nur, daß Luft und Erdteile in Berührung miteinander kommen. Es gehört eine gewisse Dauer der Einwirkung der Atmosphäre oder Zeit dazu, um eine gegebene Menge Nährstoffe im Boden in den Zustand der Verbreitbarkeit und Aufnahmefähigkeit überzuführen; durch eine weiter getriebene Pulverisierung und häufigeres Pflügen wird der Luftwechsel im Innern der porösen Erdteile befördert und die Oberfläche der Erdteile, auf welche die Luft einwirken soll, vergrößert und erneuert; aber es ist leicht verständlich, daß die Mehrerträge des Feldes nicht proportional der auf das Feld verwendeten Arbeit sein können, sondern daß sie in *einem weit kleineren* Verhältnis steigen**).

Die Erträge des Feldes wachsen nicht proportional der darauf verwendeten Arbeit

Die doppelte Arbeit kann nicht machen, daß eine doppelte Anzahl von Teilen der Nährstoffe aufnahmefähig werden, welche die einfache Arbeit in einer gegebenen Zeit wirksam macht; die Quantität dieser Stoffe ist nicht in allen Feldern gleich groß; und auch in denen, in welchen sich ein genügender Vorrat befindet, ist der Übergang derselben in den wirkungsfähigen Zustand nicht unmittelbar von der Arbeit, sondern von äußeren Agentien abhängig, die wie die Luft in ihrem Sauerstoff- und Kohlensäuregehalt begrenzt sind

---

*) In dieser und den folgenden Auseinandersetzungen sind selbstverständlich Felder verstanden, welche die Bedingungen enthalten, welche bewirken, daß ein Feld durch Bearbeitung, Drainierung und Brache an Ertragsvermögen zunimmt.

**) Dieses Gesetz ist von John Stuart Mill zuerst in seinen *Principles of Political Economy* Vol. I, p. 17 in folgender Weise ausgesprochen: „That the produce of land increases ceteris paribus in a diminishing ratio to the increase of the labours employed is the universal law of agricultural industry"; merkwürdig genug, da ihm dessen Grund unbekannt war.

und welche ihrer Quantität nach in eben dem Verhältniss wie die Arbeit vermehrt werden müßten, wenn diese letztere einen proportionellen Nutzeffekt hervorbringen sollte. Die Mehrerträge, welche viele Felder durch die Bearbeitung liefern, stehen darum eher im Verhältnisse zur Arbeit, wenn die *Dauer* der Einwirkung der Atmosphäre und des Wassers auf die Erdteile verlängert wird. Der Landwirt weiß, wenn er seiner Arbeit Zeit zusetzt, daß es ihm in der Regel gelingt, Mehrerträge zu erzielen, welche proportional seiner Arbeit, oft noch höher sind. Auf diesen naturgesetzlichen Beziehungen der Atmosphäre und des Wassers zu dem Boden und dessen Bearbeitung beruht die Brache.

Wenn ein bestimmtes Maß von Arbeit demnach macht, daß ein gegebenes Feld in einem Jahr eine größere Menge von Nährstoffen an die darauf wachsenden Pflanzen abgibt als ohne die Arbeit, und es dem Landwirt gelingt, die Wirkungen der Atmosphäre auf das Feld in eben dem Verhältniss zu steigern wie seine Arbeit, so wird eine weitere Erhöhung der Erträge die Folge sein und unter sonst gleichen Umständen im Verhältnis zu dem Grade stehen, in welchem er beide, Arbeit und Atmosphäre, auf sein Feld wirken läßt. Man wird jetzt leicht den Einfluß der Drainierung auf das Steigen der Erträge der Felder verstehen.

Die Drainierung wirkt wie eine eigene Form mechanischer Bodenbearbeitung

Das im Boden stehende oder bewegliche Wasser schließt die Berührung der Luft mit den tieferen Erdschichten ab und hindert die nützliche Wirkung derselben auf die Erdteilchen. Die Drainierung bewirkt nicht nur den Abfluß dieses Wassers und macht die Erdmasse der Luft von oben nach abwärts zugänglich, sondern was viel wichtiger ist, sie gestattet die Herstellung einer schwachen aber dauernden Luftzirkulation in allen Erdschichten von den Röhren aufwärts.

Da wie bemerkt, das Pflügen des Feldes außer der Mischung der Erdteile den Zweck hat, Luft und Erde miteinander in Berührung zu bringen, und durch das Legen eines unterirdischen Röhrensystems die Wirkung der Luft auf die Erdteile der Zeit nach verstärkt wird, d. h., da im Innern eines drainierten Feldes eine sehr viel größere Anzahl von Luftteilchen mit Erdteilchen in einer gegebenen Zeit miteinander in Wechselwirkung kommen, so versteht man, daß ein drainiertes Feld in einer kürzeren Zeit die nämliche günstige Beschaffenheit für den Pflanzenwuchs wieder empfängt, als wie ein nicht drainiertes in der Brache. Der Pflug bringt die Erdteilchen in Bewegung und vermehrt ihre Berührung mit den Luftteilchen; die Drainierung bewirkt eine Bewegung der Luftteilchen und vermehrt ihre Berührung mit den Erdteilchen, so zwar, daß die mechanische Arbeit und Drainierung im Enderfolg eine und dieselbe Wirkung auf das Feld besitzen, beide verstärken die Wirkung der Atmosphäre auf das Feld.

Ein drainiertes Feld gibt bei gleicher Bearbeitung und unter sonst gleichen Verhältnissen mehr Nährstoffe an die darauf wachsenden Pflanzen ab, als ein nicht drainiertes.

Durch die Stallmistwirtschaft wird die Ackerkrume auf Kosten des Untergrundes bereichert

Die Stallmistwirtschaft, welche auf der Düngung mit dem auf dem Gute selbst erzeugten Stallmist beruht, ist wie oben bemerkt nur eine eigene Form von Arbeit.

Wenn dem Landwirt neben der Drainierung mechanische Wege und Mittel zu Gebote ständen, um die in seinem Acker ungleich verteilten und zerstreuten Pflanzennährstoffe zu sammeln, in die Höhe zu heben und in der Ackerkrume anzuhäufen, so würde es nicht zweifelhaft sein, daß dies durch seine Arbeit geschieht. Durch den Anbau der Futtergewächse bezweckt der Landwirt in der Regel nichts anderes; vermittelst ihrer in die Erde tief eindringenden, vielverzweigten Wurzeln nehmen sie die in dem Untergrund zerstreuten Nährstoffe auf, ein großer Teil davon häuft sich in den Blättern und Stengeln des Klees oder den Wurzelstöcken der Rüben an, und dieser dient sodann in letzter Form als Mist, die Ackerkrume reicher daran zu machen.

Durch die Einverleibung der organischen Bestandteile des Stallmistes im Boden entsteht, infolge der Verwesung derselben in der Erde selbst, eine andauernde Bildung von Kohlensäure, welche an der Verwitterung, Auflösung und Diffusion der Nährstoffe im Boden den mächtigsten Anteil nimmt, und es werden dadurch die Wirkungen des Pflugs und der Atmosphäre verstärkt und beschleunigt.

Von zwei gleichen Stücken eines Feldes liefert das eine, dessen Ackerkrume durch Düngung mit Stallmist auf Kosten seiner tieferen Schichten bereichert worden ist, einen höheren Ertrag als das andere, an allen Früchten, die ihre Nahrung vorzugsweise den oberen Schichten des Bodens entziehen; und von zwei gleichen mit gleichviel Stallmist gedüngten Feldern, von denen das eine drainiert ist, das andere hingegen nicht, liefert das erstere einen höheren Ertrag als das andere, weil durch den Luftwechsel im drainierten Felde die Kohlensäurebildung erneuert und ihre Wirkung vervielfacht wird; dem in beiden Fällen gewonnenen höheren Ernteertrag entspricht selbstverständlich ein größerer Verlust an Nährstoffen im Feld, und alle diese Mittel helfen dem Landwirt nur dazu, einen größeren Bruchteil von der im Boden vorhandenen Summe hinwegzunehmen; da man aber nicht mehr davon in der Form von Feldfrüchten nehmen kann, als dem vorhandenen Vorrat entspricht und dessen Quantität begrenzt ist, so versteht man, daß die Steigerung der Erträge, welche durch die Bearbeitung des Bodens erzielt wird, wozu hier die Drainierung und der Stallmistbetrieb gerechnet werden müssen, naturgemäß keine Dauer haben kann. Die höheren Ernten sind nicht dadurch bedingt, daß das Feld an Nährstoffen reicher wurde, sondern sie beruhten auf der Kunst, es früher ärmer daran zu machen.

Der Verfasser vertieft den Gedanken, indem er mit Vorgängen in Industrie- und Gewerbebetrieben vergleicht und fährt dann fort:
Die weiseste Einrichtung hat den Nährstoffen der Gewächse in der Erde eine solche Form gegeben, daß sie nur ganz allmählich und langsam und nur durch die Arbeit des Menschen aufnahmefähig für die Pflanzen werden. Wäre die ganze Summe derselben im Boden von Anfang an geeignet zur Ernährung gewesen, so würden sich Menschen und Tiere ins Ungemessene vermehrt haben, und die Geschichte der Menschheit hätte nur eine kurze Dauer gehabt; eben darin, daß der Mensch mit all' seiner Macht die Erde ihrer Fruchtbarkeit in der kürzesten Zeit, wie er in seiner Torheit gern möchte, nicht berauben kann, liegt das Geheimnis der Fortdauer der Generationen!

Verwitterung beeinflußt die gebundenen Nährstoffe des Bodens

Was durch den Verwitterungsprozeß an Nährstoffen jährlich wirksam wird und der vorhandenen Menge im Boden zuwächst, ist für den Zuwachs der Bevölkerungen bestimmt, und es ist geradezu die Verletzung eines der weisesten Naturgesetze, wenn die gegenwärtige Generation glaubt, ein Anrecht auf deren Zerstörung zu besitzen.

Was im Umlaufe ist, gehört der Gegenwart an und ist für sie bestimmt; was der Boden in seinem Schoße birgt, ist ihr Vermögen nicht, denn dies gehört den künftigen Geschlechtern*).

Der Wissenschaft gegenüber – welche zu bestimmen weiß, bis zu welcher Zeit der für die ewige Fortdauer des Menschengeschlechts verhältnismäßig so geringe Vorrat von Lebensbedingungen in dem fruchtbarsten Boden reicht, wenn auch jährlich demselben nur kleine Mengen ohne Ersatz genommen werden, – behauptet die Praxis, dieser Vorrat werde nie ein Ende haben; aber gerade für diese Meinung geht ihr alles Wissen ab; sie hat die Erfahrung für sich, wie es heute war, nicht wie es in Zukunft sein wird; sie kann sagen, daß noch sehr viele Felder hohe Ernten geben, daß noch viele in ihren Erträgen gesteigert werden können, daß die Erde groß und Hunderte von Millionen

*) Moses I. Kap. 4.12. „Wenn du den Acker bauen wirst, soll er dir fort (auf einmal?) sein Vermögen nicht geben."

Acker fruchtbares Feld von der Hand des Menschen noch nicht berührt worden seien und nur seiner Pflege warten, um eine Fülle von Früchten zu liefern. Dies ist alles richtig und man kann ohne alles Bedenken annehmen, daß die Gefahren für die Fortdauer der Menschen überhaupt auf der Erde in so weiter Ferne liegen, daß wir uns darum vorläufig keine Sorgen zu machen brauchen; es handelt sich hier aber um viel näher liegende Dinge und zwar um die präzise Beantwortung der Frage, wie sich die Verhältnisse in den europäischen Ländern gestalten werden, wenn die Erträge der Felder von Jahr zu Jahr geringer werden, oder die Englands, wenn die Zufuhr von Kornfrüchten und Dünger eine Grenze erreicht hat, oder die Verhältnisse in Bayern und Ungarn, wenn die Ausfuhr von Getreide ab- und zuletzt ein Ende nimmt.

Niemand kann vernünftigerweise die Meinung hegen, daß die göttliche Vorsehung die europäischen Nationen, die gegenwärtigen Träger der Kultur und Zivilisation der Welt, ähnlich wie die alten Griechen und Römer, nach der Erfüllung einer gewissen Mission, zum Untergange, zum Verfall in Armut, Rohheit und Barbarei, bestimmt und darum die Idee in den Geist der Bevölkerung verpflanzt habe, daß die Erde unerschöpflich an ihren Gaben und für die Fortdauer des Menschengeschlechts durch Naturgesetze gesorgt sei. Wenn aber eine auch nur oberflächliche Bekanntschaft mit den Naturwissenschaften jeden nachdenkenden Mann zu überzeugen vermag, daß dergleichen Gesetze nicht bestehen, so sollte man denken, daß die Vernunft den Bevölkerungen gebiete, alle ihnen zu Gebote stehenden Mittel anzuwenden, um ihre Zukunft sicher zu stellen, und ihnen die Pflicht auferlege, sich durch die genaueste Prüfung der Tatsachen, welche die Wissenschaft und die Geschichte darbieten, eine vollständige Klarheit über den gegenwärtigen Betrieb und den künftigen Zustand des Feldbaues zu verschaffen. Eine solche über ganze Länder und nicht bloß auf einzelne Felder oder Landstriche ausgedehnte Untersuchung dürfte sehr bald herausstellen, welches Vertrauen der Ansicht des praktischen Mannes zu schenken ist, daß die Felder nie aufhören werden, Ernten zu liefern, oder der des Düngerhändlers und Düngerfabrikanten, daß in der Welt an Düngstoffen niemals Mangel sein werde.

Der Landwirt wird durch diese Untersuchungen die volle Gewißheit erlangen, daß ihm nur ein Weg offen steht, das Ertragsvermögen seiner Felder für alle Zukunft zu sichern und dies ist der, daß er in seinem Betrieb das Gesetz des Ersatzes streng im Auge behält; und die Bevölkerungen werden willig werden, ihrerseits dem Landwirt diesen Weg bahnen zu helfen, welcher ihm die Möglichkeit darbietet, sein Ziel zum Besten des Ganzen zu erreichen.

Die Chemie in ihrer Anwendung auf Agrikultur und Physiologie. 7. Auflage 1862. 1. Band, Einleitung, Seiten 141-151.

Ursprung und Verhalten des Humus

Es ist viel über den Gegensatz der Humustheorie nach Thaer und der Mineral-stofftheorie nach Liebig geschrieben worden. Wer aber liest, was die beiden großen Forscher selbst hierzu gesagt haben, findet keinen Gegensatz, sondern allenfalls zeitbedingte Unterschiede ihrer Auffassungen, überwiegend aber weit-gehende Übereinstimmung.

Bei den Auseinandersetzungen zwischen Liebig und seinen Gegnern spielte zudem persönliche Erregung mit; sie rührte zum Teil daher, daß Liebig nicht Landwirt war, die Landwirte aber belehren wollte. Er hat später selbst Feldver-suche angestellt und ab der 6. Auflage, besonders aber in der 7. Auflage der Agrikulturchemie *seine landbaulichen Auffassungen berichtigt und ergänzt.*

Es ist Liebig vorgeworfen worden, er habe seine Vorgänger in der Pflanzen-ernährungslehre nicht hinreichend zitiert. Auch hier hat er sich berichtigt, wie seine Hinweise auf Ingenhouss und Boussingault im hier folgenden Abschnitt zeigen.

Die Verwesung – ein langsamer Oxidationsprozeß

Es ist in dem zweiten Teil auseinandergesetzt, daß alle Pflanzen und Pflan-zenteile mit dem Aufhören des Lebens zwei Zersetzungsprozesse erleiden, von denen man den einen *Gärung* oder *Fäulnis*, den anderen *Verwesung* nennt.

Es ist gezeigt worden, daß die Verwesung einen langsamen Verbrennungs-prozeß bezeichnet, den Vorgang also, wo die verbrennlichen Bestandteile des verwesenden Körpers sich mit dem Sauerstoffe der Luft verbinden.

Die Verwesung des Hauptbestandteiles aller Vegetabilien, der Holzfaser, zeigt eine Erscheinung eigentümlicher Art. Mit Sauerstoff in Berührung, mit Luft umgeben, verwandelt sie nämlich den Sauerstoff in ein ihm gleiches Volumen kohlensaures Gas; mit dem Verschwinden des Sauerstoffs hört die Verwesung auf.

Wird dieses kohlensaure Gas hinweggenommen und durch Sauerstoff ersetzt, so fängt die Verwesung von neuem an, d. h. der Sauerstoff wird wieder in Kohlensäure verwandelt.

Humus – in Verwesung begriffene Holzfaser

Die Holzfaser besteht nun aus Kohlenstoff und den Elementen des Wassers; von allem anderen abgesehen, geht ihre Verwesung vor sich, wie wenn man reine Kohle bei sehr hohen Temperaturen verbrennt, gerade so, als ob kein Wasserstoff und Sauerstoff mit ihr in der Holzfaser verbunden wäre.

Die Vollendung dieses Verbrennungsprozesses erfordert eine sehr lange Zeit; eine unerläßliche Bedingung zu seiner Unterhaltung ist die Gegenwart von Wasser; Alkalien fördern ihn, Säuren verhindern ihn, alle antiseptischen Materien, schweflige Säure, Quecksilbersalze und brenzliche Öle heben ihn gänzlich auf.

Die in Verwesung begriffene Holzfaser ist der Körper, den wir Humus nennen.

Moder: Entstehung, Vorkommen

In demselben Grade, wie die Verwesung der Holzfaser vorangeschritten ist, vermindert sich ihre Fähigkeit zu verwesen, d. h. das umgebende Sauerstoffgas in Kohlensäure zu verwandeln; zuletzt bleibt eine gewisse Menge einer braunen oder kohlenartigen Substanz zurück, die man Moder nennt; sie ist das Produkt der vollendeten Verwesung der Holzfaser. Der Moder macht den Hauptbestandteil aller Braunkohlenlager und des Torfes aus. Bei Berührung mit Alkalien, Kalk, Ammoniak fährt die Verwesung des Moders fort.

Humus des Bodens – eine Kohlensäurequelle

In einem Boden, welcher der Luft zugänglich ist, verhält sich der Humus genau wie an der Luft selbst; er ist eine langsame, äußerst andauernde Quelle von Kohlensäure.

Liebig bringt hier in einer Fußnote eine Tabelle nach Boussingault über den wechselnden Kohlensäure- bzw. Kohlendioxidgehalt der Bodenluft: Die Atmosphäre enthält nur etwa 0,5 % Kohlendioxid, frisch gedüngter Sandboden etwa 2 %, derselbe Boden kurz nach dem Regen jedoch etwa 10 %. Es folgen die entsprechenden Zahlen für weitere Bodenarten und -zustände. Liebig schildert dann, wie sich die Pflanze zunächst aus dem Samen ernährt, um Wurzeln zu bilden, wie die Wurzeln und später die Blätter die Ernährung der Pflanze übernehmen, und wie bei diesem Prozeß von der Keimung an „in der Kultur durch Bearbeitung und Auflockerung der Erde der Luft ein möglichst ungehinderter Zutritt verschafft wird."

Kohlensäureaufnahme durch die Blätter aus der Luft

Ist die Pflanze völlig entwickelt, sind ihre Organe der Ernährung völlig ausgebildet, so bedarf sie der Kohlensäure des Bodens nicht mehr. In den heißen Sommermonaten, wo der Mangel an Feuchtigkeit die Zufuhr von

Nahrungsstoff aus dem Boden hemmt, schöpft sie den Kohlenstoff ausschließlich aus der Luft.

Wir wissen bei den Pflanzen nicht, welche Höhe und Stärke ihnen die Natur angewiesen hat, wir kennen nur das gewöhnliche Maß ihrer Größe. Als große wertvolle Seltenheiten sieht man in London und Amsterdam Eichbäume, von chinesischen Gärtnern gezogen, von anderthalb Fuß Höhe, deren Stamm, Rinde, Zweige und ganzer Habitus ein ehrwürdiges Alter erkennen lassen, und die kleine Teltower Rübe wird in einem Boden, wo ihr frei steht, so viel Nahrung aufzunehmen, als sie kann, zu einem mehrere Pfund schweren Dickwanst.

Wie die Aufnahmeorgane der Pflanzen an Oberfläche und Masse zunehmen

In einer gegebenen Zeit steht die Zunahme einer Pflanze an Masse im Verhältnis zu der Anzahl und der Oberfläche der Organe, welche bestimmt sind, Nahrung zuzuführen. Bei gleicher Oberfläche verhält sich in zwei Pflanzen die Zunahme wie die Zeiten der tätigen Aufsaugung. Die Nadelholzpflanzen, deren Oberfläche sich den größten Teil des Jahres hindurch in Tätigkeit befindet, nehmen unter gleichen Bedingungen mehr auf als die Laubholzpflanzen, die ihre Blätter im Herbst verlieren. Mit jedem Blatt gewinnt die Pflanze einen Mund und Magen mehr.

Der Tätigkeit der Wurzeln, Nahrung aufzunehmen, wird durch Mangel eine Grenze gesetzt; ist sie im Überfluß vorhanden, und wird sie zur Ausbildung der vorhandenen Organe nicht völlig verzehrt, so kehrt dieser Überschuß nicht in den Boden zurück, sondern er wird in der Pflanze zur Hervorbringung von neuen Organen verwendet. Die fortdauernde Zufuhr an Kohlensäure durch einen an Humus reichen Boden muß auf die fortschreitende Entwicklung der Pflanze den entschiedensten Einfluß äußern, vorausgesetzt, daß die übrigen Bedingungen zur Assimilation des Kohlenstoffs sich vereinigt finden.

Neben der vorhandenen Zelle entsteht eine neue; neben dem entstandenen Zweig und Blatt entwickelt sich ein neuer Zweig, ein neues Blatt; ohne Überschuß an Nahrung wären diese nicht zur Entwicklung gekommen. Der in dem Samen entwickelte Zucker und Schleim verschwindet mit der Entwicklung der Knospen, grünen Triebe und Blätter.

Ausgebildete Blätter – ihr Verhalten und ihre Funktion

Mit der Ausbildung, mit der Anzahl der Organe, der Zweige und Blätter, denen die Atmosphäre Nahrung liefert, wächst in dem nämlichen Verhältnis ihre Fähigkeit, Nahrung aufzunehmen und an Masse zuzunehmen, denn diese Fähigkeit nimmt im Verhältnis wie ihre Oberfläche zu.

Die *ausgebildeten* Blätter, Triebe und Zweige bedürfen zu ihrer eigenen Erhaltung der Nahrung nicht mehr, sie nehmen an Umfang nicht mehr zu; um als Organe fortzubestehen, haben sie ausschließlich nur die Mittel nötig, die Funktion zu unterhalten, zu der sie die Natur bestimmt hat, sie sind nicht ihrer selbst wegen vorhanden.

Wir wissen, daß diese Funktion in ihrer Fähigkeit besteht, die atmosphärischen Nahrungsstoffe einzufangen und unter dem Einfluß des Lichtes, bei Gegenwart von Feuchtigkeit, ihre Elemente sich anzueignen. Diese Funktion ist unausgesetzt, von der ersten Entwicklung an, in Tätigkeit, sie hört nicht auf mit ihrer völligen Ausbildung.

Aber die neuen, aus dieser unausgesetzt fortdauernden Assimilation hervorgehenden Produkte, sie werden nicht mehr für ihre eigene Entwicklung verbraucht, sie dienen jetzt zur weiteren Ausbildung des Holzkörpers und aller ihr ähnlich zusammengesetzten festen Stoffe, es sind die Blätter, welche jetzt die Bildung des Zuckers, des Amylons, der Säuren vermitteln. So lange sie fehlten, hatten die Wurzeln diese Verrichtung in Beziehung auf diejenigen Materien übernommen, welche der Halm, die Knospe, das Blatt und die Zweige zu ihrer Ausbildung bedurften.

Die in Pflanzen gebildeten organischen Stoffe während Blüte und Fruchtbildung

In dieser Periode des Lebens nehmen die Organe der Assimilation aus der Atmosphäre mehr Nahrungsstoffe auf, als sie selbst verzehren, und mit der fortschreitenden Entwicklung des Holzkörpers, wo der Zufluß an Nahrung immer der nämliche bleibt, ändert sich die Richtung, in der sie verwendet wird, es beginnt die Entwicklung der Blüte; und mit der Ausbildung der Frucht ist bei den meisten Pflanzen der Funktion der Blätter eine Grenze gesetzt, denn die Produkte ihrer Tätigkeit finden keine Verwendung mehr. Sie unterliegen der Einwirkung des Sauerstoffs, wechseln infolge derselben gewöhnlich ihre Farbe und fallen ab.

In der Periode der Blüte und Fruchtbildung entstehen in allen Pflanzen infolge einer Metamorphose der vorhandenen Stoffe eine Reihe von neuen Verbindungen, welche vorher fehlten, von Materien, welche Bestandteile der sich bildenden Blüte, Frucht oder des Samens ausmachen.

Wurzelausscheidungen

Metamorphosen vorhandener Verbindungen gehen in dem ganzen Lebensakt der Pflanzen vor sich, und infolge derselben gasförmige Sekretionen durch die Blätter und Blüten, feste Exkremente in den Rinden und wahrscheinlich auch von flüssigen löslichen Stoffen durch die Wurzeln. Diese Sekretionen finden statt unmittelbar vor dem Beginne und während der Dauer der Blüte, sie vermindern sich nach der Ausbildung der Frucht; durch die Wurzeln

werden kohlenstoffreiche Substanzen abgeschieden und von dem Boden aufgenommen.

In diesen Stoffen, welche unfähig sind, eine Pflanze zu ernähren, empfängt
der Boden den größten Teil des Kohlenstoffs wieder, den er den Pflanzen im
Anfang ihrer Entwicklung in der Form von Kohlensäure gegeben hatte.

Ernterückstände bereichern den Boden

Die in dem Boden zurückgelassenen organischen Stoffe gehen durch den
Einfluß der Luft und Feuchtigkeit einer fortschreitenden Veränderung entge-
gen; indem sie der Fäulnis und Verwesung unterliegen, erzeugt sich aus ihnen
wieder der Nahrungsstoff einer neuen Generation, sie gehen in *Humus* über.
Die im Herbst fallenden Blätter im Wald, die alten Wurzeln der Graspflanzen
auf den Wiesen verwandeln sich durch diese Einflüsse ebenfalls in Humus.
Der Kohlenstoff der Wurzeln der jährigen Gewächse, der Getreide und
Gemüsepflanzen stammt zweifellos zum größten Teile aus der Atmosphäre.

Diese Wurzeln bleiben nach der Ernte in dem Boden unserer Äcker und
gehen im Winter durch Fäulnis und Verwesungsprozesse in Humus, in die
Materie also über, welche einer neuen Vegetation Kohlensäure zu liefern
vermag. In dieser Form empfängt der Boden im ganzen an Kohlenstoff mehr
wieder, als der verwesende Humus als Kohlensäure abgab.

Aller pflanzlicher Kohlenstoff stammt von der Kohlensäure der Luft

Im allgemeinen erschöpft keine Pflanze in ihrem Zustand der normalen
Entwicklung den Boden in Beziehung auf seinen Gehalt an Kohlenstoff; sie
macht ihn im Gegenteil reicher daran. Wenn aber die Pflanzen dem Boden
den empfangenen Kohlenstoff wiedergeben, wenn sie ihn daran reicher
machen, so ist klar, daß diejenige Menge, die wir in irgend einer Form bei der
Ernte dem Boden nehmen, daß diese ihren Ursprung der Atmosphäre verdankt. Die einfache Betrachtung, daß das Wasser eines Brunnens in einem an
Dammerde und damit an verwesenden Pflanzenstoffen reicher Garten farblos
und kristallhell ist und keine Humussäure oder ein humussaures Salz enthält,
daß in dem Wasser unserer Wiesenquellen, Bäche und Flüsse, der an alkalischen Basen reichen Säuerlinge keine Humussäure nachweisbar ist, zeigt, daß
die fruchtbare Gartenerde keine wirkliche Humussäure enthält, oder daß die
letztere durch Vermittlung des Wassers nicht in die Pflanzen übergeht, daß
also die gewöhnliche Ansicht über die Wirkungsweise des Humus auf einem
Irrtum beruht. Aus dem Gehalt des Wassers, was sich in einem Loch auf einer
Wiese sammelt, an Kohlensäure und an den darin löslichen Basen, aus dem
Gehalt der meisten Brunnenwasser an Kohlensäure geht die Wirkung des
Humus und der verwesenden Pflanzenstoffe auf die Vegetation auf eine klare
und unzweideutige Weise hervor. Alle diese Wasser sind ursprünglich Regen-

wasser gewesen, welches, durch den humushaltigen Boden gleich einem Filter sickernd, die durch dessen Verwesung entstandene Kohlensäure aufnimmt; das Wasser empfängt durch diese Kohlensäure das Vermögen, gewisse Mineralien im Boden zu zersetzen und deren Bestandteile löslich und aufnehmbar für die Pflanzenwurzeln zu machen, und es übt diese Kohlensäure hierdurch einen mächtigen Einfluß auf die Fruchtbarkeit des Bodens aus. Der Humus ernährt die Pflanze nicht, weil er im löslichen Zustand von derselben aufgenommen und als solcher assimiliert wird, sondern weil er eine langsame und andauernde Quelle von Kohlensäure darstellt, welche als das Lösungsmittel gewisser für die Pflanze unentbehrlicher Bodenbestandteile und auch als Nahrungsmittel die Wurzeln der Pflanze, so lange sich im Boden die Bedingungen zur Verwesung (Feuchtigkeit und Zutritt der Luft) vereinigt finden, in vielfacher Weise mit Nahrung versieht.

Der Humus als Stickstoffquelle

In den heißen Klimaten sind die grünenden Gewächse mehrenteils solche, die nur einer Befestigung in dem Boden bedürfen, um ohne Mitwirkung sich zu entwickeln. Wie verschwindend ist bei den Kaktus-, Sedum- und Sempervivumarten die Wurzel gegen die Masse, gegen die Oberfläche der Blätter*), und in dem dürresten, trockensten Sande sehen wir die milchsaftführenden Gewächse zur vollsten Entwicklung gelangen; die aus der Luft aufgenommene, zu ihrer Existenz unentbehrliche Feuchtigkeit wird durch die Beschaffenheit der Blätter und des Saftes selbst vor der Verdunstung geschützt; Kautschuk, Wachs bilden, wie in den öligen Emulsionen, während der Verdunstung an der Oberfläche des Saftes eine Art undurchdringlicher Hülle, sie strotzen von Saft. Wie in der Milch die sich bildende Haut der Verdunstung eine Grenze setzt, so in diesen Pflanzen der Milchsaft. Der Humus enthält zuletzt, als der Rückstand verwesender Pflanzenstoffe, allen Stickstoff dieser Vegetabilien und stellt infolge fortschreitender Zersetzung eine im Boden stets gegenwärtige Stickstoffquelle dar.

Die Chemie in ihrer Anwendung auf Agrikultur und Physiologie. 7. Auflage 1862. 1. Band, Seiten 37-46.

---

*) Der Kaktus, welcher wahrscheinlich durch die Spanier nach Sizilien kam, ist für diese Insel und besonders für Palermo und die Ätnabevölkerung, was für uns die Kartoffeln sind. Die ergiebige saftreiche und kühlende Frucht, welche dem Fremden anfänglich so fade dünkt, gewährt namentlich den niederen Klassen drei Monate lang die einzige sehr beliebte Nahrung.
Wie man bei uns von Getreidefeldern spricht, so überzieht die Gebirge bei Palermo der Kaktus, und er ist hier um so wichtiger, als er in den alles Humus beraubten Felsspalten, in den Schlacken und Rissen der Lavaströme des Ätna leicht Wurzel faßt und seine verwesenden Blätter nach und nach eine für andere Pflanzen fruchtbare Erde schaffen (Ausland. S. 274. 3. Okt. 1842).

Ursprung und Assimilation des Stickstoffs*)

Das Kapitel „Der Ursprung und die Assimilation des Stickstoffs" ist mit etwa 30 Seiten schon dem Umfang nach eines der gewichtigsten in der Agrikultur-chemie, *erst recht aber aufgrund seiner inhaltlich bedeutsamen, ja für Liebig schicksalhaften Fragen. Der Streit um die Stickstoffdüngung hat ihn jahrelang beschäftigt – siehe „Die Rolle des Stickstoffs in Liebigs Auffassungen von der Pflanzenernährung" in der Einleitung zu dieser Auswahl, mit Hinweisen auf das folgende Kapitel ab Seite 22.*

In dem humusreichsten Boden kann die Entwicklung der Vegetabilien nicht gedacht werden ohne das Hinzutreten von Stickstoff oder einer stickstoffhal-tigen Materie.

In welcher Form und wie liefert die Natur dem vegetabilischen Eiweiß, dem Kleber, den Früchten und Samen diesen für ihre Existenz durchaus unent-behrlichen Bestandteil?

Auch diese Frage ist einer einfachen Lösung fähig, wenn man sich erinnert, daß Pflanzen zum Wachsen, zur Entwicklung gebracht werden können in Mischungen von ausgeglühter Erde mit Torfasche oder Kohlenpulver beim Begießen mit Regenwasser.

Das Regenwasser kann den Stickstoff nur in der Form von aufgelöster atmosphärischer Luft oder in der Form von Ammoniak und Salpetersäure enthalten.

Wir haben, wie man später sehen wird, keine Beweise für die Meinung, daß der Stickstoff der Atmosphäre Anteil an dem Assimilationsprozesse der Tiere oder Pflanzen nimmt, im Gegenteil wissen wir, daß viele Pflanzen Stickstoff aushauchen, den die Wurzeln in der Form von Luft oder aufgelöst im Wasser aufgenommen hatten.

---

*) „Herr Liebig, der nur dem Ammoniak oder seinen Salzen (aus der Salpetersäure) die Übertragung des Stickstoffs auf die Pflanze zuschreibt, sagt, daß dasselbe immer im destillierten Wasser enthalten sei." – Wir werden die Nützlichkeit des Ammoniaks als Bestandteil des Düngers, Mergels, Tons usw. nicht bestreiten, wir wollen nur sagen, daß es hauptsächlich verwendet wird, nicht um sich isoliert mit den Pflanzen zu verbinden, *sondern als Auflösungsmittel des Humus und der im Boden und der Luft enthaltenen organischen Materien.* Um aber diese verschiedenen Quellen (Ammoniak und Salpetersäure) mitwirken zu lassen, müssen wir von der Erfahrung abgehen, indem noch keine Beobachtung bewiesen hat, daß die Pflanzen unmittelbar Ammoniak oder Salpeter-säure assimilieren. – „Daß die Pflanzen ihren Stickstoff beinahe gänzlich durch die Absorption der löslichen organischen Substanzen empfangen, geht aus den angeführten Beobachtungen hervor." – (Th. de Saussure, Bibliothèque universelle T. XXXVI. p. 430, auch Ann. d. Chem. u. Pharm. T. 42, p. 275, 1842.).

Wir haben auf der anderen Seite zahllose Erfahrungen, daß, wenn die anderen notwendigen Bedingungen mitwirken, der Ertrag eines Feldes die Menge der stickstoffhaltigen Produkte des Pflanzenlebens, welche eine gegebene Fläche Land hervorbringt, in einer bestimmten Beziehung steht zu der Menge des aufgenommenen Stickstoffs, der ihren Wurzeln in der Form von Ammoniak durch verwesende tierische Körper zugeführt wird.

Ammoniak – Quelle des Stickstoffs in den Pflanzen

Das Ammoniak steht in der Mannigfaltigkeit der Metamorphosen, die es bei Berührung mit anderen Körpern einzugehen vermag, dem Wasser, was sie (d. h. die Mannigfaltigkeit dieser Metamorphosen, wie Wasserdampf, Schnee, Graupel, Eis. Herausgeb.) in einem so eminenten Grade darbietet, in keiner Beziehung nach. In reinem Zustande im Wasser in hohem Grade löslich, fähig, mit allen Säuren lösliche Verbindungen zu bilden, fähig, in Berührung mit anderen Körpern, seine Natur als Alkali gänzlich aufzugeben und die verschiedenartigsten direkt einander gegenüberstehenden Formen anzunehmen: diese Eigenschaften finden wir in keinem anderen stickstoffhaltigen Körper wieder.

Liebig bringt in zwei Absätzen Beispiele, wie Ammoniak die verschiedensten Verbindungen eingeht: Harnstoff, kristallinische Körper, Farbstoffe und weitere organische Stoffe wie Chinin oder Nikotin. Er fährt dann fort:
Dieses Verhalten reicht nicht allein hin, um die Meinung zu rechtfertigen, daß das Ammoniak es ist, was allen Vegetabilien ohne Ausnahme den Stickstoff in ihren stickstoffhaltigen Bestandteilen liefert. Betrachtungen anderer Art geben nichtsdestoweniger dieser Meinung einen Grad der Gewißheit, der jede andere Form der Assimilation des Stickstoffs gänzlich ausschließt.

Ausfuhr von Stickstoff in den landwirtschaftlichen Produkten

Fassen wir in der Tat den Zustand eines wohlbewirtschafteten Gutes ins Auge von der Ausdehnung, daß es sich selbst zu erhalten vermag, so haben wir darauf eine gewisse Summe von Stickstoff, was wir in der Form von Tieren, Menschen, Getreide, Früchten, in der Form von Tier- und Menschenexkrementen in ein Inventarium gebracht uns vorstellen wollen. Das Gut wird bewirtschaftet ohne Zufuhr von Stickstoff in irgend einer Form von außen.
Jedes Jahr nun werden die Produkte dieser Ökonomie ausgetauscht gegen Geld und andere Bedürfnisse des Lebens, gegen Materialien, die keinen Stickstoff enthalten. Mit dem Getreide, mit dem Vieh führen wir aber ein bestimmtes Quantum Stickstoff aus, und diese Ausfuhr erneuert sich jedes Jahr ohne den geringsten Ersatz; in einer gewissen Anzahl von Jahren nimmt

das Inventarium an Stickstoff noch überdies zu. Wo kommt, kann man fragen, der jährlich ausgeführte Stickstoff her?

Fortwährende Stickstoffquelle ist die Atmosphäre

Der Stickstoff in den Exkrementen kann sich nicht reproduzieren, die Erde kann keinen Stickstoff liefern, es kann nur die Atmosphäre sein, aus welcher die Pflanzen und infolge davon die Tiere ihren Stickstoff schöpfen.

Es wird in dem zweiten Teil entwickelt werden, daß die letzten Produkte der Fäulnis und Verwesung stickstoffhaltiger tierischer Körper in zwei Formen auftreten, in den gemäßigten und kalten Klimaten vorzugsweise in der Form der Wasserstoffverbindung des Stickstoffs, als Ammoniak, unter den Tropen am häufigsten in der Form seiner Sauerstoffverbindung, der Salpetersäure, daß aber der Bildung der letzteren an der Oberfläche der Erde stets die Erzeugung der ersteren vorangeht. Ammoniak ist das letzte Produkt der Fäulnis animalischer Körper, Salpetersäure ist das Produkt der Verwesung des Ammoniaks. Eine Generation von einer Milliarde Menschen erneuert sich alle dreißig Jahre; Milliarden von Tieren gehen unter und reproduzieren sich in noch kürzeren Perioden. Wo ist der Stickstoff hingekommen, den sie im lebenden Zustand enthielten?

Keine Frage läßt sich mit größerer Sicherheit und Gewißheit beantworten. Die Leiber aller Tiere und Menschen geben nach dem Tod durch ihre Fäulnis allen Stickstoff, den sie enthalten, in der Form von Ammoniak an die Atmosphäre zurück. Selbst in den Leichen auf dem Kirchhof des Innocenz in Paris, 60 Fuß unter der Oberfläche der Erde, war aller Stickstoff, den sie in den Adipocire (Fettgewebe, Hrsgeb.) zurückbehielten, in der Form von Ammoniak enthalten; es ist die einfachste, die letzte unter allen Stickstoffverbindungen, und es ist der Wasserstoff, zu dem der Stickstoff die entschiedenste, die überwiegendste Verwandtschaft zeigt.

Der Stickstoff der Tiere und Menschen ist in der Atmosphäre als Ammoniak enthalten, in der Form eines Gases, was sich mit Kohlensäure zu einem flüchtigen Salz verbindet, ein Gas, was sich im Wasser mit außerordentlicher Leichtigkeit löst, dessen flüchtige Verbindungen ohne Ausnahme die nämliche Löslichkeit besitzen.

Gehalt der Atmosphäre an Ammoniak

Als Ammoniak kann sich der Stickstoff in der Atmosphäre nicht behaupten, denn mit jeder Kondensation des Wasserdampfes zu tropfbarem Wasser muß sich alles Ammoniak verdichten, jeder Regenguß muß die Atmosphäre in gewissen Strecken von allem Ammoniak befreien. Das Regenwasser muß zu allen Zeiten Ammoniak enthalten; im Sommer, wo die Regentage weiter voneinander entfernt stehen, mehr als im Winter oder Frühling; der Regen des ersten Regentages muß davon mehr enthalten, als der des zweiten; nach anhaltender Trockenheit müssen Gewitterregen die größte Quantität Ammoniak der Erde wieder zuführen. Die Analysen der Luft haben aber bis jetzt diesen, in derselben nie fehlenden Ammoniakgehalt nicht angezeigt: ist es denkbar, daß er unseren feinsten und genauesten Instrumenten entgehen konnte? Gewiß ist diese Quantität für einen Kubikfuß Luft verschwindend, dessen ungeachtet ist sie, die Summe des Stickstoffgehaltes von Tausenden von Milliarden Tieren und Menschen, mehr als hinreichend, um die einzelnen Milliarden der lebenden Geschöpfe mit Stickstoff zu versehen.

Liebig berechnet nun aus dem Ammoniakgehalt der Luft bzw. des Wasserdampfes, wieviel Stickstoff im Regenwasser enthalten sein müsse. Er bringt dazu Tabellen und zitiert mehrere Autoren.

Das Thema wird an Beispielen, wie Weinrebe, Rübenzuckerfabrikation, Ahorn- und Birkensaft, Weizenkleber weiter ausgeführt. Unsere Auswahl fährt fort mit der Behandlung von Harn und Guano als Stickstoffträgern.

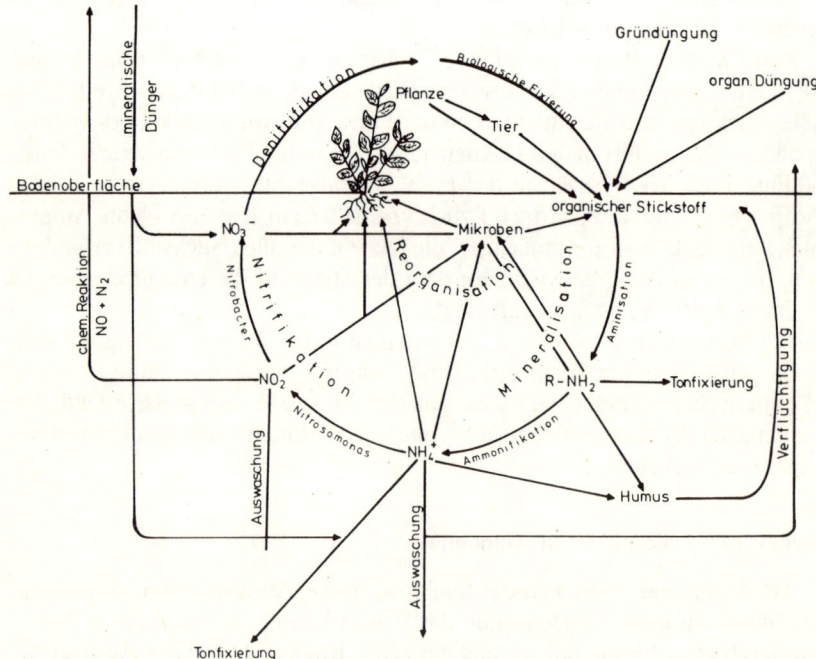

Stickstoff-Kreislauf (n. Guiot, 1971)
Aus E. von Boguslawski: Ackerbau, 1981

Wie Harn und Guano auf die Vermehrung der stickstoffhaltigen Pflanzenteile wirken

Die Wirkung des animalischen Düngers ist, wie später gezeigt werden soll, sehr zusammengesetzt, in Beziehung auf seinen Stickstoffgehalt wirkt er aber nur durch Ammoniakbildung; in gefaultem Menschenharn ist der Stickstoff als kohlensaures, phosphorsaures, salzsaures Ammoniak, und in keiner anderen Form, als in der Form eines Ammoniaksalzes enthalten.

In Flandern wird der gefaulte Urin mit dem größten Erfolg als Dünger verwendet. In der Fäulnis des Urins erzeugen sich im Überfluß, man kann sagen ausschließlich, Ammoniaksalze, denn unter dem Einfluß der Wärme und Feuchtigkeit verwandelt sich der Harnstoff, welcher in dem Urin vorwaltet, in kohlensaures Ammoniak. An der Peruanischen Küste wird der Boden, der an und für sich im höchsten Grade unfruchtbar ist, vermittelst eines Düngers, des *Guano**), fruchtbar gemacht, den man auf mehreren Inselchen des Südmeeres sammelt. In einem Boden, der einzig und allein aus Sand und Ton besteht, genügt es, dem Boden nur eine kleine Quantität Guano beizumischen, um darauf die reichsten Ernten von Mais zu erhalten. Der Boden enthält außer Guano nicht das geringste einer anderen organischen Materie, und dieser Dünger besteht vorzugsweise aus *harnsaurem, phosphorsaurem, oxalsaurem, kohlensaurem Ammoniak* und einigen Erdsalzen (Boussingault, Ann. de chim. et de phys. LXX. p. 319).

Das Ammoniak in seinen Salzen hat also diesen Pflanzen den Stickstoff geliefert. Was man in dem Getreide aber Kleber nennt, heißt in dem Traubensaft, in den Pflanzensäften *vegetabilisches Eiweiß*, in dem Samenlappen der Leguminosen *vegetabilisches Kasein*; obwohl dem Namen und dem Verhalten nach verschieden, sind doch diese Körper in ihrer Zusammensetzung identisch.

Stickstoffgehalt der festen und flüssigen Tierexkremente

Der Urin des Menschen und der fleischfressenden Tiere enthält die größte Menge Stickstoff; teils in der Form von phosphorsauren Salzen, teils in der Form von Harnstoff; der letztere verwandelt sich durch Fäulnis in doppelt kohlensaures Ammoniak, d. h. er nimmt die Form des Salzes an, was wir im Regenwasser finden.

Der Urin des Menschen ist das kräftigste Düngmittel für alle an Stickstoff reichen Vegetabilien; der Urin des Hornviehs, der Schafe, der Pferde ist bei gleichen Volumen minder reich an Stickstoff, aber immer noch unendlich reicher als die festen Exkremente dieser Tiere.

---

*) Der Guano stammt auf diesen Inseln von zahllosen Wasservögeln, welche sie zur Zeit der Brut bewohnen; es sind die verfaulten Exkremente derselben, welche den Boden mit einer mehrere Fuß hohen Schicht bedecken.

Der Urin der grasfressenden Tiere enthält neben Harnstoff *Hippursäure*, die sich durch die Fäulnis in Ammoniak, Benzoesäure und andere Produkte zersetzt.

Vergleichen wir den Stickstoffgehalt der Exkremente von Tieren und Menschen miteinander, so verschwindet der Stickstoffgehalt der festen, wenn wir ihn mit dem Gehalt an Stickstoff in den flüssigen vergleichen; dies kann der Natur der Sache nach nicht anders sein.

Die Nahrungsmittel, welche Tiere und Menschen zu sich nehmen, unterhalten nur insofern das Leben, die Assimilation, als sie dem Organismus die Elemente darbieten, die er zu seiner eigenen Reproduktion bedarf; das Getreide, die frischen und trockenen Gräser und Pflanzen enthalten ohne Ausnahme stickstoffreiche Bestandteile.

Der Harn enthält den aus der Atmosphäre stammenden Stickstoff

Unendlich wichtiger als Quellen des Stickstoffs für die Pflanzen erscheinen in dieser Beziehung die flüssigen Exkremente der Tiere, denn sie enthalten in den meisten Fällen eine dem Stickstoffgehalt der Nahrung gleiche, oder nahe gleiche Menge Stickstoff.

Um die Wichtigkeit der flüssigen Exkremente einzusehen, ist es nötig, auf ihren Ursprung zurückzugehen.

Liebig führt nun aus, wie Kohlen- und Wasserstoffverbindungen durch Haut und Lunge, Stickstoff aber durch die Harnblase wieder ausgeschieden wird, um den Absatz wie folgt zu schließen:

Man kann also annehmen, daß wir im Urin der Menschen und Tiere bei weitem den größten Teil des Stickstoffs wieder gewinnen können, den die Pflanzen, welche zu ihrer Nahrung dienen, aus der Atmosphäre empfingen.

Exkremente vermehren den Gehalt des Bodens an assimilierbaren Stickstoffverbindungen

Es ist klar, daß wir bei Vermeidung alles Verlustes in dem Dünger, welcher aus einem Gemenge von festen und flüssigen Exkrementen besteht, eine dem Stickstoffgehalt der auf dem Acker gewachsenen Pflanzen nahe gleiche Menge Stickstoff zurückbringen können; in allen Fällen fügen wir dem Ammoniak, was die Atmosphäre liefert, durch den Dünger eine gewisse Quantität mehr hinzu, und die eigentlich wissenschaftliche Aufgabe für den Ökonomen beschränkt sich mithin darauf, das stickstoffhaltige Nahrungsmittel der Pflanzen, welches die Exkremente der Menschen und Tiere durch ihre Fäulnis erzeugen, für *seine* Pflanzen zu verwenden. Wenn er es nicht in der geeigneten Form auf seine Äcker bringen würde, so ist sein Stickstoffgehalt für ihn zum großen Teil verloren. Ein unbenutzter Haufen Dünger würde ihm durch seinen Ammoniakgehalt nicht mehr als seinen Nachbarn zu Gute kommen; nach einigen Jahren würde er an seinem Platz die kohlehaltigen Überreste der verwesenden Pflanzenteile, aber in ihnen nur einen kleinen Teil Stickstoff mehr wiederfinden. Der größte Teil Stickstoff würde daraus in Form von kohlensaurem Ammoniak entwichen sein. Die Oberfläche von Germanien beschreibt Tacitus als von einem undurchdringlichen Walde bedeckt; von allen Bestandteilen dieses Waldes ist keine Spur mehr vorhanden, der Kohlenstoff und Stickstoff, die sich als Humus, als Ammoniak im Boden befanden, sie sind in Luftform in die Atmosphäre zurückgekehrt.

Jeder faulende tierische Körper ist eine Quelle von Ammoniak und Kohlensäure, welche so lange dauert, als noch Stickstoff darin vorhanden ist; in jedem Stadium seiner Verwesung oder Fäulnis entwickeln die faulenden Tierstoffe, mit Kalilauge befeuchtet, Ammoniak, was an dem Geruch und durch die dicken weißen Dämpfe bemerkbar wird, wenn man einen mit Säure benetzten festen Gegenstand in ihre Nähe bringt; dieses Ammoniak wird von dem Boden teils in Wasser gelöst, teils in Form von Gas aufgenommen und eingesaugt, und mit ihm findet die Pflanze eine größere Menge des ihr unentbehrlichen Stickstoffs vor, als die Atmosphäre ihn liefert.

Die Stickstofform beeinflußt die Bodenfruchtbarkeit auffallend

Aber es ist weit weniger die Menge von Ammoniak, was tierische Exkremente den Pflanzen zuführen, als die Form, in welcher es geschieht, welche ihren so auffallenden Einfluß auf die Fruchtbarkeit des Bodens bedingt.

Die wildwachsenden Pflanzen erhalten durch die Atmosphäre in den meisten Fällen mehr Stickstoff in der Form von Ammoniak, als sie zu ihrer Entwicklung bedürfen, denn das Wasser, was durch die Blüten und Blätter verdunstet, geht in stinkende Fäulnis über, eine Eigenschaft, welche nur stickstoffhaltigen Materien zukommt.

Den Kulturpflanzen bietet die Atmosphäre die nämliche Quantität Stickstoff wie den wildwachsenden, wie den Bäumen und Sträuchern dar; er ist vollkommen ausreichend für alle Zwecke der Feldwirtschaft, und es handelt sich im Wesentlichen um die Bedingungen, um denselben in die Kulturpflanzen übergehen zu machen. Die Feldwirtschaft unterscheidet sich dadurch wesentlich von der Forstwirtschaft, daß ihre Hauptaufgabe, einer ihrer wichtigsten Zwecke in der Produktion von *Blutbestandteilen* besteht, zu deren Erzeugung, außer dem Ammoniak, noch gewisse andere Bedingungen gehören, während der Zweck der Forstwissenschaft sich hauptsächlich nur auf die Produktion von Kohlenstoff beschränkt.

Diesen beiden Zwecken sind alle Mittel der Kultur untergeordnet. Von dem kohlensauren Ammoniak, was das Regenwasser dem Boden zuführt, geht ein Teil in die Pflanze über, den größten Teil nimmt die Ackererde in sich auf. Alles was der Boden empfangen hat, was mit dem Tau unmittelbar den Blättern zugeführt wird, was sie aus der Luft mit der Kohlensäure einsaugen,

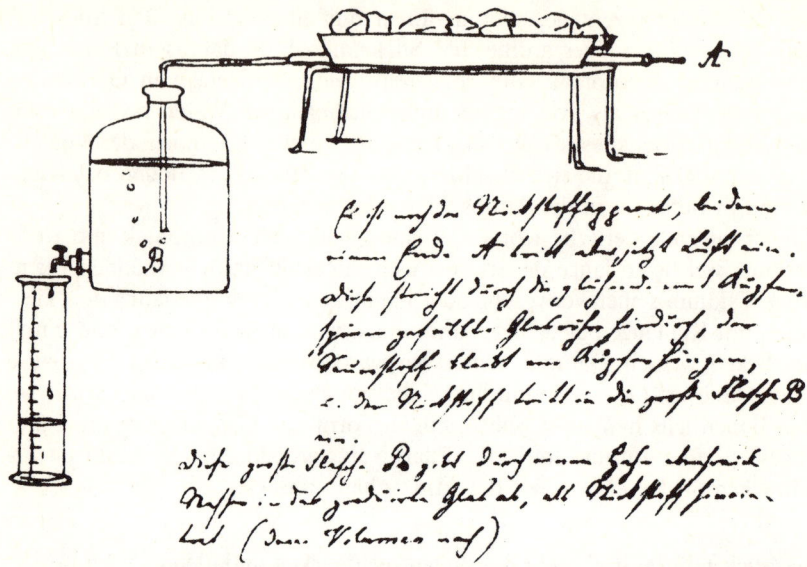

Zwei Seiten aus Ludwig Thierschs Kollegheft (Wintersemester 1856/57 München) über die 11. und 12. Vorlesung „Organische Chemie Justus von Liebig". Linke Seite, 11. Vorlesung: Verschiedene Bestimmungsmethoden des Luftstickstoffs mit Skizze Stickstoffapparat in Funktion. – Rechte Seite, 12. Vorlesung: Ermittlung des spezifischen Gewichts des Dampfes durch die Essigäther-Methode. (Vollständige Reinschrift von Emil Heuser, s. S. 217. Wiedergabe aus dem Kollegheft mit freundl. Genehmigung des Liebig-Museums Gießen.)

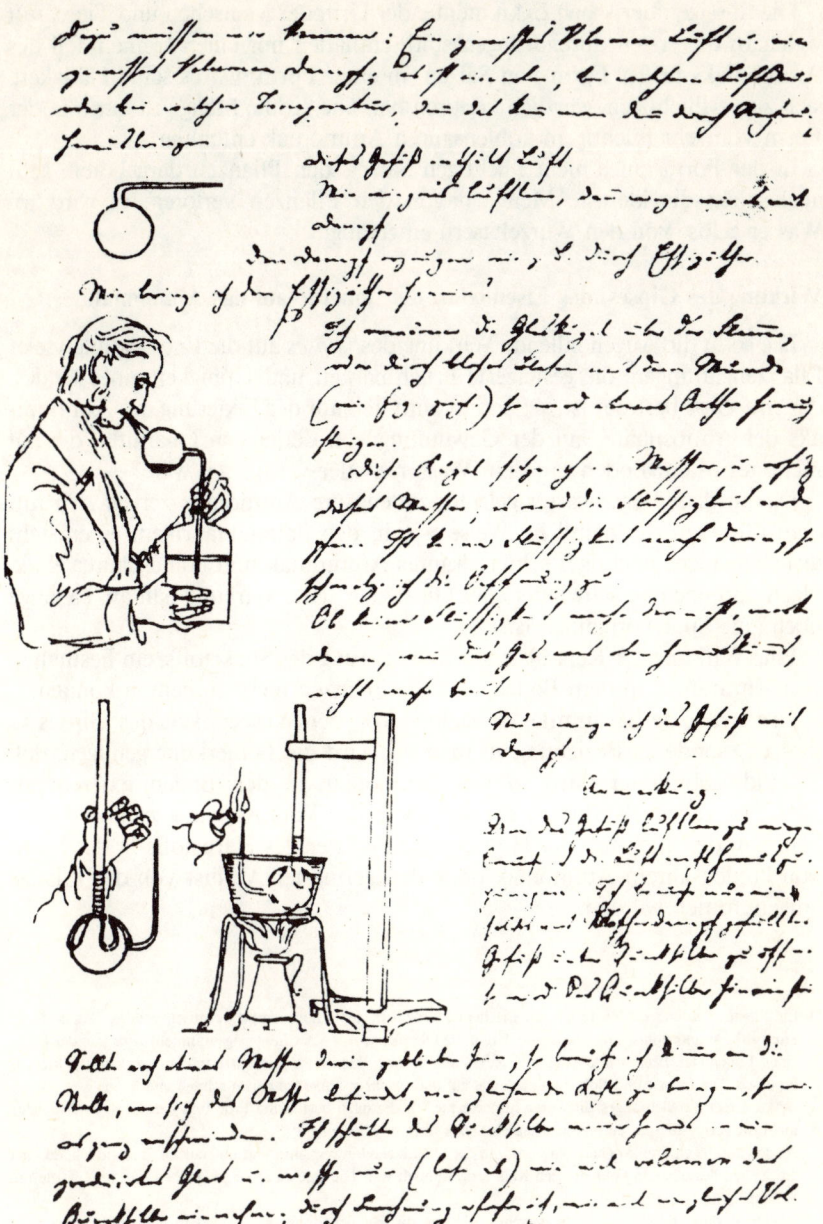

nur dies Ammoniak wird für die Assimilation gewonnen werden können. Die flüssigen tierischen Exkremente, der Urin der Menschen und Tiere, mit welchem die ersten durchdrungen sind, enthalten nur einen kleinen Teil des Ammoniaks in der Form von Salzen, in einer Form, wo es seine Fähigkeit, sich zu verflüchtigen, gänzlich verloren hat. Die größte Menge ist darin in der Form von sehr flüchtigem kohlensauren Ammoniak enthalten.

In der Form eines nicht flüchtigen Salzes, den Pflanzen dargeboten, geht auch nicht die kleinste Menge davon den Pflanzen verloren, es wird im Wasser gelöst von den Wurzelfasern eingesaugt.

Wirkung des Gipses, des Eisenoxids, der Tonerde auf das Ammoniak

Die so in die Augen fallende Wirkung des *Gipses* auf die Entwicklung vieler Pflanzengattungen, die gesteigerte Fruchtbarkeit und Üppigkeit eines Feldes, das mit Gips bestreut ist, sie beruht zum Teil auf der Fixierung des Ammoniaks der Atmosphäre, auf der Gewinnung von derjenigen Quantität, die auf nicht gegipstem Boden mit dem Wasser wieder verdunstet wäre*).

Das in dem Regenwasser gelöste kohlensaure Ammoniak zerlegt sich mit dem Gips auf die nämliche Weise wie in den Salmiakfabriken, es entsteht lösliches, nicht flüchtiges schwefelsaures Ammoniak und kohlensaurer Kalk. Nach und nach verschwindet aller Gips, aber seine Wirkung hält an, so lange noch eine Spur vorhanden ist.

Eine Wirkung der Kalksalze ist eine Fixierung des Stickstoffs, ein Festhalten von Ammoniak in dem Boden, was die Pflanzen nicht entbehren können.

Um sich eine bestimmte Vorstellung von der Wirksamkeit des Gipses in dieser besonderen Beziehung zu machen, wird die Bemerkung genügen, daß 100 Pfd. gebrannter Gips so viel Ammoniak in den Boden fixieren, als 6250 Pfd. reiner Pferdeharn demselben in der Voraussetzung zuführen können, daß der Stickstoff der Hippursäure und der des Harnstoffs in der Form von kohlensaurem Ammoniak ohne den geringsten Verlust von der Pflanze aufgenommen würden.

---

*) Ein kleines Gartenbeet düngte ich mit frischem Pferdemist, der gehörig damit vermischt wurde, säte in dieses Land Erbsen und Bohnen und bestreute darauf die Oberfläche mit einer Lage ungebranntem Gips von der Dicke einer Linie. Das Beet wurde vor dem Regen durch eine Bedachung geschützt und in trockener Witterung begossen. Die Erbsen und Bohnen gingen alle auf und wuchsen außerordentlich schnell und üppig.
Bevor dieser Versuch angestellt wurde, untersuchte ich die dazu bestimmte Erde und den Gips, beide zeigten nicht die geringste Spur eines kohlensauren Salzes in ihrer Mischung.
Als ich aber nach drei Wochen den Gips von der Oberfläche hinwegnahm und untersuchte, so fand ich, daß der größte Teil desselben in kohlensauren Kalk umgewandelt war. Die ganze Erde einen halben Fuß tief brauste mit Säuren.
Ich laugte die Erde mit kaltem Wasser aus, filtrierte die Flüssigkeit; sie gab nach dem Abdampfen eine nicht unansehnliche Menge schwefelsaures Ammoniak (*Joh. Spatzier in Erdmann's* Journal für technische und ökonomische Chemie, Jahrgang 1831, 2ter Band. S. 89).

Wenn wir uns denken, daß von 40 Pfd. auf der Oberfläche eines Ackers ausgestreuten Gipses der zehnte Teil in der Form von schwefelsaurem Ammoniak von den Pflanzen aufgenommen werde, so haben wir damit diesen Pflanzen den Stickstoff von 100 Pfd. Heu, oder 50 Pfd. Weizen, oder 60 Pfd. Klee hinzugeführt.

Zur Assimilation des gebildeten schwefelsauren Ammoniaks und zur Zersetzung des Gipses ist, seiner Schwerlöslichkeit (1 Teil bedarf über 400 Teile Wasser) wegen, Wasser die unentbehrlichste Bedingung; auf trockenen Feldern und Wiesen ist deshalb sein Einfluß nicht bemerkbar, während auf diesen tierischer Dünger, durch die Assimilation des gasförmigen kohlensauren Ammoniaks, was sich daraus infolge seiner Verwesung entwickelt, seine Wirkung nicht versagt.

Die Zersetzung des Gipses durch das kohlensaure Ammoniak geht nicht auf einmal, sondern sehr allmählich vor sich, woraus sich erklärt, warum seine Wirkung mehrere Jahre anhält.

Nicht minder einfach erklärt sich jetzt die Düngung der Felder mit gebranntem Ton, die Fruchtbarkeit der eisenoxydreichen Bodenarten; man hat angenommen, daß ihre bis dahin so unbegreifliche Wirkung auf einer Anziehung von Wasser beruhe, aber die gewöhnliche trockene Ackererde besitzt diese Eigenschaft in nicht geringem Grade, und welchen Einfluß kann man zuletzt einigen hundert Pfunden Wasser zuschreiben, welche in einem Zustand auf einem Acker verteilt sind, wo weder die Wurzel, noch die Blätter Nutzen davon ziehen können.

Eisenoxyd und Tonerde zeichnen sich vor allen anderen Metalloxyden durch die Fähigkeit aus, sich mit Ammoniak zu festen Verbindungen vereinigen zu können. Die Niederschläge, die wir durch Ammoniak in Tonerde- und Eisenoxydsalzen hervorbringen, sind wahre Salze, worin das Ammoniak die Rolle einer Base spielt.

Diese ausgezeichnete Verwandtschaft zeigt sich noch in der merkwürdigen Fähigkeit, welche alle eisenoxyd- oder tonerdereichen Mineralien besitzen, Ammoniak aus der Luft anzuziehen und zurückzuhalten.

Eisenhaltiger Boden und gebrannter Ton, dessen poröser Zustand das Einfangen von Gas noch mehr begünstigt, sind also wahre Ammoniaksauger, welche es durch ihre chemische Anziehung vor der Verflüchtigung schützen; sie verhalten sich gerade so, wie wenn eine Säure auf der Oberfläche des Bodens ausgebreitet wäre.

Kohlepulver, Humus

Eine nicht minder energische Wirkung zeigt in dieser Beziehung das Kohlenpulver; es übertrifft sogar im frisch geglühten Zustand alle bekannten Körper in der Fähigkeit, Ammoniakgas in seinen Poren zu verdichten, da 1 Volumen davon 90 Volumina Ammoniakgas in seine Poren aufnimmt, was sich durch bloßes Befeuchten daraus wieder entwickelt *(Saussure)*.

In dieser Fähigkeit kommt der Kohle das verwesende (Eichenholz) Holz sehr nahe, da es, unter der Luftpumpe von allem Wasser befreit, 72mal sein eigenes Volumen davon verschluckt.

Wie leicht und befriedigend erklären sich nach diesen Tatsachen die Eigenschaften des Humus (der verwesenden Holzfaser). Es ist nicht allein die lange andauernde Quelle von Kohlensäure, sondern er versieht auch die Pflanzen mit dem zu ihrer Entwicklung unentbehrlichen Stickstoff*). Wir finden Stickstoff in allen Flechten, welche auf Basalten, auf Felsen wachsen; wir finden, daß unsere Felder mehr Stickstoff produzieren, als wir ihnen als Nahrung zuführen; wir finden Stickstoff in allen Bodenarten, in Mineralien, die sich nie in Berührung mit organischen Substanzen befanden. Es kann nur die Atmosphäre sein, aus welcher sie diesen Stickstoff schöpfen.

Kohlensäure, Wasser und Ammoniak – Bedingungen zur Erzeugung aller Pflanzen- und Tierstoffe

Wir finden in der Atmosphäre, in dem Regenwasser, im Quellwasser, in allen Bodenarten diesen Stickstoff in der Form von Ammoniak oder Salpetersäure, als Produkt der Verwesung und Fäulnis der ganzen, der gegenwärtigen Generation vorangegangenen Tier- und Pflanzenwelt; wir finden, daß die Produktion der stickstoffreichen Bestandteile der Pflanzen mit der Quantität Ammoniak zunimmt, die wir in dem tierischen Dünger zuführen; und kein Schluß kann wohl besser begründet sein als der, daß das Ammoniak der Atmosphäre es ist, welches den Pflanzen ihren Stickstoff liefert.

Kohlensäure, Ammoniak und Wasser enthalten in ihren Elementen, wie sich aus dem Vorhergehenden ergibt, die Bedingungen zur Erzeugung aller Tier- und Pflanzenstoffe während ihres Lebens. Kohlensäure, Ammoniak und Wasser sind die letzten Produkte des chemischen Prozesses ihrer Fäulnis und Verwesung. Alle die zahllosen, in ihren Eigenschaften so unendlich verschiedenen Produkte der Lebenskraft nehmen nach dem Tode die ursprünglichen Formen wieder an, aus denen sie gebildet worden sind. Der Tod, die völlige Auflösung einer untergegangenen Generation, ist die Quelle des Lebens für eine neue.

Die Chemie in ihrer Anwendung auf Agrikultur und Physiologie. 7. Auflage 1862. 1. Band, Seiten 54-82.

---

*) Dampft man Humusextrakt mit Zusatz von etwas Salzsäure im Wasserbade ab, so erhält man einen Rückstand, der mit Kali Ammoniak entwickelt. Unterwirft man den Humusauszug einer Destillation mit Wasser, fängt das Destillat in verdünnter Salzsäure auf, so erhält man beim Verdampfen desselben Salmiak. Der Humus enthält mithin kohlensaures Ammoniak (*Wiegmann und Polstorff,* Preisschrift, S. 53).

Die Wechselwirtschaft

*Das umfangreiche, gut 40 Seiten umfassende Kapitel „Die Wechselwirtschaft"
hat Liebig zwischen das kurze Kapitel „Die Brache" und das wiederum
umfangreichere, 28 Seiten umfassende Kapitel „Der Dünger" gestellt – vermutlich im Hinblick auf die „Rangordnung" der Wechselwirtschaft (bzw. Fruchtfolge) in einem naturgerechten Feldbausystem. Ausgewählt wurden Ausführungen, die sich mit den sehr verschiedenen Nährstoffansprüchen der Kulturpflan-
zenarten befassen. Tabellarische Übersichten und Fußnoten, die hier leider
entfallen mußten, beweisen, wie gründlich der Verfasser seine für damalige Zeit
neue Lehre begründet.*

Die Pflanzenarten haben verschiedenes quantitatives Bedürfnis an Aschenbestandteilen

Von zwei verschiedenen Pflanzengattungen, die wir auf einem Felde von
gleicher Beschaffenheit kultivieren, wird diejenige dem Boden die größte
Menge *anorganischer* Blutbestandteile (phosphorsaure Salze) entziehen, in
deren Organismus die größte Menge an *organischen* Blutbestandteilen (schwe-
fel- und stickstoffhaltige Verbindungen) erzeugt wird.

Die eine Pflanze wird den Boden daran erschöpfen, während er unter
gleichen Bedingungen bei dem Anbau der anderen, die ihm eine kleinere
Menge phosphorsaurer Salze entzog, für eine dritte Pflanzengattung noch
fruchtbar bleibt.

Daher kommt es denn, daß mit der Ausbildung gewisser Pflanzenteile,
welche, wie die Samen, alle anderen in ihrem Gehalt an organischen Blutbestandteilen bei weitem übertreffen, der Boden zu dieser Zeit weit mehr an
phosphorsauren Salzen abgeben muß und daran erschöpft wird, als in der
Kultur der krautartigen Pflanzen, oder von Knollen- und Wurzelgewächsen,
die verhältnismäßig zu ihrer Masse sehr wenig davon enthalten und in den
verschiedenen Perioden ihres Wachstums bedürfen.

Es ist ferner klar, daß zwei Pflanzen, die in gleichen Zeiten einerlei Mengen
der nämlichen Bestandteile bedürfen, wenn sie nebeneinander auf dem nämlichen Boden wachsen, sich die Bestandteile des Bodens teilen werden. Was
die eine davon in ihren Organismus aufnimmt, kann von der anderen nicht
verwendet werden.

Enthält der Boden auf einem begrenzten Raum (Oberfläche und Tiefe) nicht mehr an diesen anorganischen Nahrungsstoffen, als zehn Pflanzen zu ihrer vollkommenen Entwicklung bedürfen, so werden zwanzig derselben Pflanzen, auf der nämlichen Oberfläche gebaut, nur ihre halbe Ausbildung erreichen: in der Anzahl ihrer Blätter, Stärke der Halme und Anzahl der Körner muß sich ein Unterschied ergeben.

Pflanzenarten mit gleichen Bedürfnissen an Aschenbestandteilen können nicht erfolgreich neben- oder hintereinander angebaut werden

Zwei Pflanzen derselben Art müssen sich gegenseitig schaden, wenn sie, in einer gewissen Nähe wachsend, weniger von den ihnen notwendigen Nahrungsstoffen im Boden oder in der Atmosphäre, die sie umgibt, vorfinden, als sie zu ihrer vollendeten Ausbildung bedürfen. Keine Pflanze wirkt in dieser Weise nachteiliger auf eine Weizenpflanze als eine zweite Weizenpflanze, keine mehr auf eine Kartoffelpflanze als eine Kartoffelpflanze. Wir finden in der Tat, daß die Kulturpflanzen an dem Rand der Äcker an Stärke, an Anzahl und Reichhaltigkeit der Samen und Knollen die in der Mitte wachsenden bei weitem übertreffen.

Derselbe Fall muß sich aber in ganz gleicher Weise wiederholen, wenn wir die nämliche Pflanze, anstatt nebeneinander, mehrere Jahre hintereinander auf demselben Boden kultivieren. Nehmen wir an, der Boden enthalte eine für 100 Mittel-Ernten Weizen genügende Menge von kieselsauren und phosphorsauren Salzen, so wird er nach 100 Jahren im landwirtschaftlichen Sinne unfruchtbar für diese Pflanzengattung sein. Denken wir uns den Untergrund dieses Feldes von derselben Beschaffenheit wie die Ackerkrume, und diese bis zu der Tiefe hinweggenommen, in welcher die Pflanzen der früheren Ernten wurzelten, machen wir den Untergrund zur Ackerkrume, so haben wir eine neue Oberfläche, die, weit weniger erschöpft, uns wieder eine Reihe von Ernten verbürgt; allein auch dieser Zustand der Fruchtbarkeit hat eine Grenze.

Je weniger reich der Boden an diesen, den Pflanzen so unentbehrlichen mineralischen Nahrungsstoffen ist, desto früher wird durch die Kultur und Hinwegnahme der Ernten der Zeitpunkt der Erschöpfung eintreten; es ist aber klar, daß wir ihn in den ursprünglichen Zustand der Fruchtbarkeit zurückversetzen, wenn wir die frühere Zusammensetzung wieder herstellen, wenn wir ihm also die Bestandteile wiedergeben, die wir in den Pflanzen geerntet und hinweggenommen hatten.

Zwei Pflanzen werden neben- oder hintereinander kultiviert werden können, wenn sie ungleiche Mengen der nämlichen Bestandteile in ungleichen Zeiten bedürfen, sie werden sich nicht einander schaden und aufs üppigste

Justus Liebig als achtzehnjähriger Student – Erlanger Rhenane. Zeichnung von
Ernst Fries, 1821.   Foto: Liebig-Museum, Gießen.

Reichsbanknote über Hundert Reichsmark vom 24. Juni 1935 und drei Liebig-Sondermarken: Links Briefmarke der Deutschen Bundespost von 1953, 12. Mai, zum „150. Geburtstag des Chemikers Justus Liebig". (Portrait-Vorlage auf Geldschein und Marke nach einem Gemälde von Trautschold.) – Mitte: Marke der Deutschen Bundespost von 1957, 3. Juli, mit Ansicht des alten Liebig-Laboratoriums, heute Liebig-Museum, Gießen. – Rechts Marke der DDR von 1978, 18. Juli, zum 175. Geburtstag Liebigs.

nebeneinander gedeihen, wenn sie zu ihrer Entwicklung *verschiedenartiger* Bodenbestandteile bedürfen.

Die Versuche von *de Saussure* und vielen anderen Naturforschern haben dargetan, daß die Samen von *Vicia faba*, von *Phaseolus vulgaris*, von Erbsen und Gartenkresse *(Lepidium sativum)* in feuchtem Sand, in feuchterhaltenen Pferdehaaren keimen und bis zu einem gewissen Grade sich entwickeln; wenn aber die in den Samen enthaltenen Mineralsubstanzen zur weiteren Ausbildung nicht mehr hinreichen, so fangen sie an zu schmachten, sie blühen zuweilen, setzen aber niemals Samen an.

Wiegmann und *Polstorff* ließen in einem weißen, mit Königswasser ausgekochten und von der Säure durch sorgfältiges Waschen befreiten Sande Pflanzen verschiedener Gattungen vegetieren; Gerste und Hafer, die in diesem Sande wuchsen, erreichten bei gehöriger Befeuchtung mit ammoniakfreiem Wasser eine Höhe von $1\frac{1}{2}$ Fuß, sie kamen zur Blüte, setzten aber keinen Samen an und welkten nach der Blüte ab. *Vicia sativa* erreichte eine Höhe von 10 Zoll, blühte, setzte Schoten an, allein sie enthielten keinen Samen.

Tabak, in diesen Sand gesät, entwickelte sich ganz normal, allein vom Juni bis Oktober erreichten die Pflänzchen nur die Höhe von 5 Zoll; sie enthielten nur vier Blätter, keinen Stengel.

Es ergab sich aus der Untersuchung der Asche dieser Pflanzen, sowie aus der Analyse der Samen, daß der an sich so unfruchtbare Sand, so wenig er auch an Kali und löslichen Bestandteilen enthielt, nichtsdestoweniger eine gewisse Menge davon an sie abgegeben hatte, von denen die Entwicklung der Halme und Blätter abhängig war, allein diese Pflanzen konnten nicht zum Samentragen kommen, weil es offenbar an den zur Bildung der Samenbestandteile nötigen Stoffen gänzlich fehlte.

In der Asche der in diesem Sande gewachsenen Pflanzen ließ sich in den meisten die Gegenwart von Phosphorsäure nachweisen, allein sie entsprach nur der Menge derselben, welche dem Boden in dem Samen zugeführt worden war. In der Asche der Tabakspflanze, deren Samen bekanntlich so klein sind, daß ihr Phosphorsäure-Gehalt für die Aufsuchung verschwindet, ließ sich keine Spur davon entdecken.

Was die Theorie in Hinsicht auf die Ursache der Unfruchtbarkeit dieses Sandes mit Bestimmtheit vorhersagte, ist durch *Wiegmann* und *Polstorff* zur Evidenz dargetan worden. Sie nahmen den nämlichen Sand und bereiteten sich durch Zusatz von lauter künstlich in einem Laboratorium bereiteten Salzen einen künstlichen Boden damit, sie säten in diesen Boden die nämlichen Pflanzen und sahen sie darin auf's üppigste gedeihen. Der Tabak bekam einen über drei Fuß hohen Stengel und viele Blätter, am 25. Juni fing er an zu blühen und setzte gegen den 10. August Samen an, von denen am 8. September reife Samenkapseln mit vollkommenen Samen genommen wurden.

In einer ganz gleichen Weise entwickelte sich die Gerste, der Hafer, das

Heidekorn, der Klee, sie alle wuchsen freudig, blühten und lieferten reifen und vollkommenen Samen.

Es ist vollkommen gewiß, daß das Gedeihen dieser Gewächse in dem vorher ganz unfruchtbaren Sande abhängig war von den zugesetzten Salzen; die für alle gleiche Fruchtbarkeit wurde diesem künstlichen Boden gegeben durch den Zusatz gewisser Substanzen, deren Gegenwart sich in der ausgebildeten Pflanze, in dem Stengel, den Blättern, den Samen nachweisen läßt, deren Vorhandensein im Boden und in den Gewächsen ihre Notwendigkeit für das Leben der Pflanze außer Zweifel setzt.

Liebig belegt die hier vorgetragenen ursächlichen Zusammenhänge zwischen Aschegehalt der Kulturpflanzen und dem Boden entzogenen Nährstoffen an weiteren Beispielen mit Tabellen (nach Boussingault und anderen Autoren). Anschließend bespricht er die unterschiedliche Löslichkeit dieser in den Pflanzenaschen enthaltenen Mineralien, d. h. die wasser- und die säurelöslichen Mineralien und den selbst in Säuren unlöslichen Rückstand der Kieselerde; er unterscheidet danach Kalipflanzen wie Runkelrübe, Weiße Rübe und Mais, Kalkpflanzen wie Klee, Bohnen und Erbsen, und Kieselpflanzen wie Weizen, Roggen und andere Getreidearten. So leitet er über zu dem hier folgenden Abschnitt über die Eignung bestimmter Böden zum Anbau bestimmter Kulturpflanzen.

Warum der Boden für gewisse Pflanzen fruchtbar und für andere unfruchtbar ist

Fehlt es diesem Boden an diesen Silikaten, oder enthält er nur begrenzte Mengen davon, enthält er hingegen eine reichliche Menge Kalk- und phosphorsaure Salze, so werden wir eine Anzahl von Jahren hindurch Klee, Tabak, Erbsen, Bohnen usw. und Wein davon ernten können.

Empfängt der Boden von allen diesen Stoffen, die er an die Pflanzen abgegeben hat, nichts zurück, so muß ein Zeitpunkt eintreten, wo er an eine neue Vegetation keinen dieser Bestandteile mehr abgeben kann, wo er völlig erschöpft, völlig unfruchtbar selbst für Unkrautpflanzen werden muß.

Je nach dem ungleichen Gehalt an diesen verschiedenen Substanzen, wird dieser Zustand der Unfruchtbarkeit für die eine Pflanzengattung früher eintreten als für die andere. Ist der Boden reich an Silikaten, aber arm an phosphorsauren Salzen, so wird er durch den Anbau von Weizen früher erschöpft werden als durch Roggen, eben weil wir in einer Weizenernte mehr phosphorsaure Salze im Samen und im Stroh hinwegnehmen als in einer Roggenernte*). Fehlt es diesem Boden an Kalk, so wird die Gerste nur unvollkommen darauf gedeihen.

---

*) Das Gewicht der Asche einer Ernte Weizensamen verhält sich zu dem einer Ernte Roggen wie 20:16, die darin enthaltenen phosphorsauren Salze wie 18:13, die phosphorsauren Salze im Stroh ungerechnet.

Es ist der Mangel an diesen zur Samenbildung unentbehrlichen Salzen, welcher verursacht, daß wir, bei allem Überflusse an kieselsauren Salzen, in dem einen Jahre das neunfache, in den darauf folgenden vielleicht nur das dreifache oder doppelte Korn von Weizen auf demselben Boden ernten können.

Kultivieren wir auf einem Felde Erbsen oder Bohnen, so werden diese nach der Ernte Kieselerde im löslichen Zustande genug für eine darauffolgende Weizenernte zurücklassen, allein diese Pflanzen werden ihn an phosphorsauren Salzen so stark erschöpfen wie der Weizen selbst, weil die Samen beider zu ihrer Ausbildung einer nahe gleichen Menge davon bedürfen.

Worauf der Fruchtwechsel beruht

Durch den Wechsel der Halmgewächse mit Kartoffeln oder Klee, mit Pflanzen also, deren Samen sehr klein sind und verhältnismäßig nur wenig phosphorsaure Salze enthalten, deren Knollen und Blätter in den verschiedenen Perioden ihres Wachstums weniger davon wie die Weizenpflanze zu ihrer Ausbildung bedürfen, werden wir in Stand gesetzt, eine größere Summe von Nahrungsstoffen auf einem und demselben Felde zu ernten, aber eine jede derselben hat ihn um eine gewisse Menge phosphorsaurer Salze ärmer gemacht; wir haben durch den Wechsel mit anderen Gewächsen den Zeitpunkt der Erschöpfung weiter hinausgeschoben, wir haben dem Gewichte nach mehr Zucker, Amylon usw. geerntet, aber an Blutbestandteilen nicht gewonnen. Ist der Boden arm an Kalksalzen, so werden unter sonst gleichen Bedingungen der Tabak, der Klee und die Erbsen nicht gedeihen, ohne daß das Wachstum der Runkelrübe oder weißen Rübe, vorausgesetzt, daß es an Alkalien nicht fehlt, dadurch beeinträchtigt wird.

Wenn auf einem Boden, welcher schwer oder langsam verwitternde Silikate enthält, in seinem natürlichen Zustand durch den Einfluß der Atmosphäre erst in drei oder vier Jahren so viel Kieselsäure zur Aufschließung gelangt, als für eine Weizenernte hinreicht, so wird man, vorausgesetzt, daß es an den zur Samenbildung nötigen phosphorsauren Salzen nicht fehlt, erst von drei zu drei Jahren Weizen auf diesem Felde bauen können. Wir können diesen Zwischenraum abkürzen, die Verwitterung beschleunigen und einen größeren Vorrat von löslichen kieselsauren Salzen schaffen, wenn wir durch die mechanische Bearbeitung die Oberfläche des Bodens vergrößern und ihn der Luft und Feuchtigkeit zugänglicher machen, oder wenn wir durch Anwendung von gebranntem Kalk die Zersetzung des Silikates befördern, es ist aber gewiß, daß durch alle diese Mittel, wenn sie auch eine Zeitlang uns reichere Ernten sichern, der Boden um so früher seine natürliche Fruchtbarkeit verlieren muß.

Ist das Verhältnis von dem in drei oder vier Jahren aufgeschlossenen Alkali und Kieselerde nur für eine einzige Ernte Weizen hinreichend, ist also nicht mehr Alkali in Freiheit gesetzt und verwendbar geworden, so können wir in der Zwischenzeit ohne Nachteil für die Weizenernte auf dem nämlichen Boden keine anderen Pflanzen kultivieren, denn dasjenige Alkali, was diese letztere nötig hat zu ihrer eigenen Entwicklung, kann zum Nutzen der Weizenpflanze nicht verwendet werden.

Aus dem bekannten Verhältnis von Alkali und Kieselerde, welche in der Verwitterung der Silikate bei ihrem Übergang in Ton und bei der Aufschließung des Tons*) in Freiheit gesetzt worden, ergibt sich, daß für eine gegebene Menge der löslich gewordenen Kieselerde der Boden eine weit größere Menge Alkali im löslichen Zustand empfängt, als dem Verhältnis entspricht, in welchem beide in dem Stroh der Getreidepflanzen enthalten sind.

In der Zeit der Brache, die wir in letzterem Fall zwischen je zwei Weizenernten legen müssen, können wir deshalb den Überschuß der Alkalien zur Kultur einer anderen Pflanze verwenden, welche Salze mit alkalischer Basis, aber keiner Kieselerde im löslichen Zustand bedarf. Wir können Runkelrüben, ja Kartoffeln vor dem Weizen bauen, wenn das an Kieselerde reiche Kraut der letzteren dem Felde nicht genommen wird.

In dem Vorhergehenden haben wir die Änderungen in der Beschaffenheit und Zusammensetzung in Betrachtung gezogen, welche ein Feld erleidet, auf dem wir eine Anzahl von Jahren hindurch eine Reihenfolge von Kulturgewächsen geerntet haben.

Wenn dieses Feld ein gehöriges Verhältnis von alkalischen Silikaten, Ton und Bittererde enthält, so wird man darin einen verhältnismäßig unerschöpflichen Vorrat von Alkalien, alkalischen Erden und Kieselerde haben, mit dem Unterschied jedoch, daß derselbe nicht überall zu gleichen Zeiten verwendbar für die Pflanze ist. Wir können durch mechanische Bearbeitung, sowie durch chemische Mittel (Kalk usw.) die Zeit verkürzen, in welcher dieser Vorrat eine zu den Lebensfunktionen der Pflanze geeignete Form erhält, allein diese Stoffe reichen nicht hin, um der Pflanze eine vollendete Entwicklung zu gestatten.

Wenn in demselben phosphorsaure und schwefelsaure Salze fehlen, so wird die Pflanze nicht zum Samentragen kommen, eben weil alle Samen ohne Unterschied Verbindungen enthalten, in denen Phosphorsäure sowie Schwefel nie fehlende Bestandteile ausmachen.

Mit allem Überfluß an diesen anderen Bestandteilen wird der Boden im landwirtschaftlichen Sinne unfruchtbar werden, wenn der Zeitpunkt eintritt,

---

*) Mit jedem Äquivalent Kali, was sich von den Bestandteilen eines Äquivalents Feldspat trennt, wird 1 Äq. Kieselerde in Freiheit gesetzt. In dem Weizenstroh, Haferstroh und Roggenstroh sind auf 10 Äq. Kieselerde nur 1 Äq., höchstens 2, an Alkalien enthalten.

wo er an eine neue Vegetation keine hinreichende Menge von phosphor- und schwefelsauren Salzen mehr abgeben kann.

Wir müssen annehmen, daß zur Bildung der Halme, des Krautes, zur Fixierung des Kohlenstoffs, zur Erzeugung von Zucker, Amylon und Holzfaser eine gewisse Quantität Alkali (bei den Kalipflanzen), oder ein Äquivalent Kalk (bei den Kalkpflanzen) nötig ist, allein wir müssen uns denken, daß mit aller Zufuhr an Ammoniak und Kohlensäure sich nur eine den phosphorsauren Salzen entsprechende Menge der sogenannten Blutbestandteile in dem Organismus der Pflanze bilden kann. Die Erzeugung der stickstoff- und schwefelhaltigen Bestandteile des Saftes steht mit ihrer Gegenwart in der engsten Beziehung.

Unkrautpflanzen zeigen die Beschaffenheit der Böden an

Ein jeder Boden, auf welchem irgend eine Unkrautpflanze zur Entwicklung gelangt, ist für ein Kulturgewächs fruchtbar, welches die nämlichen Bodenbestandteile in einem ähnlichen Verhältnis wie die Unkrautpflanze zu seiner Entwicklung bedarf.

Ist die Asche der Unkrautpflanze reich an Alkali, und enthält der Boden, auf dem sie wächst, die für eine Kartoffelernte hinreichende Menge von phosphorsaurer Bittererde und phosphorsaurem Kalk, so liefert er vielleicht eine reiche Kartoffelernte, ohne deshalb reich genug daran für eine Weizenernte zu sein.

Aus diesen Betrachtungen ergibt sich die große Wichtigkeit, die man in der Kunst des Ackerbaues den phosphorsauren Salzen beizulegen hat. Diese Salze finden sich stets nur in geringer Menge in der Ackererde, und um so größere Aufmerksamkeit muß darauf verwendet werden, um jeder Erschöpfung daran vorzubeugen.

Die Chemie in ihrer Anwendung auf Agrikultur und Physiologie. 7. Auflage 1862. 1. Band. Seiten 205-221.

Der Dünger

Im hier folgenden Text findet der Leser im ersten Absatz ein berühmtes, unzählige Male zitiertes Liebig-Wort: über die Zeit, wo man den Dünger in chemischen Fabriken bereiten werde. Was sich Liebig unter einer solchen „chemischen Fabrik" tatsächlich vorstellte, zeigt er an einem Beispiel ein paar Seiten weiter: er spricht von einem aus weichen Exkrementen mit Holzasche und kalkreicher Erde gemischten Produkt; von einem organisch-mineralischen Handelsdünger also, wie wir heute sagen würden. Im übrigen steht schon zehn Zeilen nach dem eingangs erwähnten Liebig-Wort ein Satz, der geradezu als Kernsatz für biologischen Landbau gelten kann: Über den Humus und über die Pflanze, die humusarmen Boden daran anreichert. Kurzum, es ist unerläßlich, Liebig selbst zu lesen, um Mißverständnisse auszuräumen.

Prinzip des Ackerbaues:
Vollständiger Ersatz der entzogenen Bodenbestandteile

Als Prinzip des Ackerbaues muß angesehen werden, daß der Boden in vollem Maße wieder erhalten muß, was ihm genommen wird; in welcher Form dies Wiedergeben geschieht, ob in der Form von Exkrementen, oder von Asche oder Knochen, dies ist wohl ziemlich gleichgültig. Es wird eine Zeit kommen, wo man den Acker, wo man jede Pflanze, die man darauf erzielen will, mit dem ihr zukommenden Dünger versieht, den man in chemischen Fabriken bereitet; wo man nur dasjenige gibt, was der Pflanze zur Ernährung dient, ganz so, wie man jetzt mit einigen Granen Chinin das Fieber heilt, wo man sonst den Kranken eine Unze Holz nebenbei verschlucken ließ.

Es gibt Pflanzen, welche Humus bedürfen, ohne bemerklich zu erzeugen; es gibt andere, die ihn entbehren können, die einen humusarmen Boden daran bereichern; eine rationelle Kultur wird allen Humus für die ersten und keinen für die anderen verwenden, sie wird die letzteren benutzen, um die ersteren damit zu versehen.

Ohne Aschenbestandteile können die Gewächse Kohlensäure und Ammoniak nicht in organische Verbindungen überführen

Geben wir der Pflanze Kohlensäure und alle Materien, deren sie bedarf, geben wir ihr Humus in der reichlichsten Quantität, so wird sie nur bis zu einem gewissen Grade zur Ausbildung gelangen; wenn es an Stickstoff fehlt, wird sie Kraut, aber keine Körner, sie wird vielleicht Zucker und Amylon, aber keinen Kleber erzeugen.

Durch die Zufuhr von Ammoniak und damit von Stickstoff allein werden die Zwecke der Agrikultur ebenfalls nicht erfüllt; so notwendig das Ammoniak für die kräftige Entwicklung der Pflanze auch ist, so reicht es dennoch für sich allein nicht hin zur Erzeugung von vegetabilischem *Casein, Fibrin* und *Albumin*, denn ohne die begleitenden Alkalien, ohne schwefelsaure und phosphorsaure Salze kennen wir diese Stoffe nicht; wir müssen voraussetzen, daß ohne ihre Mitwirkung das Ammoniak auf die Entwicklung und Bildung der Samen nicht die geringste Wirkung ausübt, daß es ganz gleichgültig ist, ob wir Ammoniak zuführen oder nicht, es wird keinen Anteil an der Bildung der Blutbestandteile nehmen, wenn die anderen Bedingungen zu ihrer Erzeugung nicht gleichzeitig vorhanden sind.

In den flüssigen und festen Exkrementen haben wir alle diese Bedingungen beisammen, keine fehlt; wir haben darin nicht nur das Ammoniak, sondern auch die Alkalien, die kieselsauren, phosphorsauren und schwefelsauren Salze, und zwar in dem relativen Verhältnis, wie sie unsere Kulturpflanzen bedürfen.

Die kräftige Wirkung des Urins rührt demnach nicht von den darin enthaltenen Stickstoffverbindungen allein her, sondern die sie darin begleitenden phosphorsauren und schwefelsauren Salze haben einen ganz entscheidenden Anteil daran.

Beim Faulen des Harns bildet sich kohlensaures Ammoniak

Der Harn enthält in dem Zustande, wo er als Dünger dient, keinen Harnstoff, weil dieser durch die Fäulnis übergeht in kohlensaures Ammoniak.

In wohlbeschaffenen, vor der Verdunstung geschützten Düngerbehältern wird das kohlensaure Ammoniak gelöst bleiben; bringen wir den gefaulten Harn auf unsere Felder, so wird ein Teil des kohlensauren Ammoniaks mit dem Wasser verdunsten, eine andere Portion davon wird von ton- und eisenoxydhaltigem Boden eingesaugt werden, im allgemeinen wird aber nur das phosphorsaure und salzsaure Ammoniak in der Erde bleiben; der Gehalt an diesem allein macht den Boden fähig, im Verlaufe der Vegetation auf die Pflanzen eine direkte Wirkung zu äußern, keine Spur davon wird den Wurzeln der Pflanzen entgehen.

Das Vorhandensein von freiem kohlensauren Ammoniak in gefaultem Urin hat selbst in früheren Zeiten zu dem Vorschlage Veranlassung gegeben, die Mistjauche auf Salmiak zu benutzen. Von manchem Ökonomen ist dieser Vorschlag in Ausführung gebracht worden zu einer Zeit, wo der Salmiak einen hohen Handelswert besaß. Die Mistjauche wurde in Gefäßen von Eisen der

Destillation unterworfen und das Destillat auf gewöhnliche Weise in Salmiak verwandelt *(Demachy)*.

Fixierungsmittel für das kohlensaure Ammoniak

Das durch Fäulnis des Urins erzeugte kohlensaure Ammoniak kann auf mannigfaltige Weise fixiert, d. h. seiner Fähigkeit, sich zu verflüchtigen, beraubt werden. Denken wir uns einen Acker mit Gips bestreut, den wir mit gefaultem Urin, mit Mistjauche überfahren, so wird alles kohlensaure Ammoniak sich in schwefelsaures verwandeln, was in dem Boden bleibt.

Wir haben aber noch einfachere Mittel, um alles kohlensaure Ammoniak den Pflanzen zu erhalten; Gips, Chlorkalzium, Schwefelsäure oder Salzsäure, oder am besten saurer phosphorsaurer Kalk, lauter Substanzen, deren Preis ausnehmend niedrig ist, bis zum Verschwinden der Alkalinität dem Harne zugesetzt, vermögen das Ammoniak in ein Salz zu verwandeln, was seine Fähigkeit, sich zu verflüchtigen, gänzlich verloren hat.

Stellen wir eine Schale mit konzentrierter Salzsäure in einen gewöhnlichen Abtritt hinein, in welchem die obere Öffnung mit dem Düngbehälter in offener Verbindung steht, so findet man sie nach einigen Tagen mit Kristallen von Salmiak angefüllt. Das Ammoniak, dessen Gegenwart die Geruchsnerven schon anzeigen, verbindet sich mit der Salzsäure und verliert seine Flüchtigkeit; über der Schale bemerkt man stets dicke weiße Wolken oder Nebel von neuentstandenem Salmiak. In einem Pferdestalle zeigt sich die nämliche Erscheinung. Dieses Ammoniak geht nicht allein der Vegetation verloren, sondern es verursacht noch überdies eine langsam, aber sicher erfolgende Zerstörung der Mauer. In Berührung mit dem Kalke des Mörtels verwandelt es sich in Salpetersäure, welche den Kalk nach und nach auflöst, der soge- nannte Salpeterfraß (Entstehung von löslichem salpetersauren Kalk) ist die Folge seiner Verwesung.

Das Ammoniak, was sich in Ställen und aus Abtritten entwickelt, ist unter allen Umständen mit Schwefelwasserstoff oder Kohlensäure verbunden. Koh- lensaures Ammoniak und schwefelsaurer Kalk *(Gips)* können bei gewöhnli- cher Temperatur nicht miteinander in Berührung gebracht werden, ohne sich gegenseitig zu zersetzen. Das Ammoniak vereinigt sich mit der Schwefelsäure, die Kohlensäure mit dem Kalk zu Verbindungen, welche nicht flüchtig, d. h. geruchlos sind. Bestreuen wir den Boden unserer Ställe von Zeit zu Zeit mit gepulvertem Gips, der mit verdünnter Schwefelsäure befeuchtet ist, so wird der Stall seinen Geruch verlieren, und wir werden nicht die kleinste Quantität Ammoniak, was sich gebildet hat, für unsere Felder verlieren *(Mohr)*. In ähnlicher Weise erzeugt sich schwefelsaures Ammoniak bei der Desinfektion der Latrinen mit Eisenvitriol, durch die Umsetzung des Eisensalzes mit Schwefelammonium.

Die Harnsäure, nach dem Harnstoff das stickstoffreichste unter den Produkten des lebenden Organismus, ist im Wasser löslich, sie kann durch die Wurzeln der Pflanzen aufgenommen und ihr Stickstoff in der Form von Ammoniak, von kleesaurem, blausaurem oder kohlensaurem Ammoniak assimiliert werden.

Es wäre von außerordentlichem Interesse, die Metamorphosen zu studieren, welche die Harnsäure in einer lebenden Pflanze erfährt; als Düngmittel in reinem Zustand unter ausgeglühtes Kohlenpulver gemischt, in welchem man Pflanzen vegetieren läßt, würde die Untersuchung des Saftes der Pflanze oder der Bestandteile des Samens oder der Frucht leicht die Verschiedenheit erkennen lassen.

In Beziehung auf den Stickstoffgehalt enthalten 100 Teile Menschenharn soviel Stickstoff für 1300 Teile frischer Pferdeexkremente nach *Macaire's* und *Marcet's* Analysen und 600 Teile frischer Exkremente der Kuh.

Die kräftige Wirkung des Harns im allgemeinen ist in Flandern vorzüglich anerkannt; allein nichts läßt sich mit dem Wert vergleichen, den das älteste aller Ackerbau treibenden Völker, das chinesische, den menschlichen Exkrementen zuschreibt.

Wenn wir annehmen, daß die flüssigen und festen Exkremente eines Menschen täglich nur $1\frac{1}{2}$ Pfd. betragen ($\frac{5}{4}$ Pfd. Urin und $\frac{1}{4}$ Pfd. fester Exkremente), daß beide zusammengenommen 3 Proz. Stickstoff enthalten, so haben wir in einem Jahr 547 Pfd. Exkremente, welche 16,41 Pfd. Stickstoff enthalten, eine Quantität, welche hinreicht, um 800 Pfd. Weizen-, Roggen-, Hafer- und 900 Pfd. Gerstenkörnern *(Boussingault)*, den Stickstoff zu liefern.

Dies ist bei weitem mehr, als man einem Morgen Land hinzuzusetzen braucht, um mit dem Stickstoff, den die Pflanzen aus der Atmosphäre auffangen, ein jedes Jahr die reichlichsten Ernten zu erzielen. Eine jede Ortschaft, eine jede Stadt könnte bei Anwendung von Fruchtwechsel alle ihre Felder mit dem stickstoffreichsten Dünger versehen, der noch überdies der reichste an phosphorsauren Salzen ist. Bei Mitbenutzung der Knochen und der ausgelaugten Holzasche würden für viele Bodenarten alle Exkremente von Tieren völlig entbehrlich sein.

Poudrettebereitung aus menschlichen Exkrementen

Die Exkremente der Menschen lassen sich, wenn durch ein zweckmäßiges Verfahren die Feuchtigkeit entfernt und das freie Ammoniak gebunden wird, in eine Form bringen, welche die Versendung, auch auf weite Strecken hin, erlaubt.

Dies geschieht schon jetzt in manchen Städten, und die Zubereitung der Menschenexkremente in eine versendbare Form, macht einen nicht ganz unwichtigen Zweig der Industrie aus. Die in den Häusern in Paris in Fässern gesammelten Exkremente werden in Montfaucon in tiefen Gruben gesammelt und sind zum Verkaufe geeignet, wenn sie einen gewissen Grad der Trockenheit durch Verdampfung an der Luft gewonnen haben; durch die Fäulnis derselben in den Behältern in den Häusern verwandelt sich aller Harnstoff zum größten Teil in kohlensaures Ammoniak; die vegetabilischen Teile, welche darin enthalten sind, gehen ebenfalls in Fäulnis über, alle schwefelsauren Salze werden zersetzt, der Schwefel bildet Schwefelwasserstoff und flüchtiges Schwefelammonium. Die an der Luft trocken gewordene Masse hat den größten Teil ihres Stickstoffgehalts mit dem verdampfenden Wasser verloren, der Rückstand besteht neben phosphorsaurem Ammoniak zum größten Teil aus phosphorsaurem Kalk und Bittererde und fettigen Substanzen. Unter dem Namen Poudrette kommt dieser Dünger im Handel vor, er ist seiner kräftigen Wirkung wegen sehr geschätzt. Diese Wirkung kann nicht abhängig sein von dem ursprünglich darin enthaltenen Ammoniak, eben weil der größte Teil desselben beim Trocknen entwichen ist. Nach der Analyse von *Jaquemars* enthält die Pariser Poudrette nicht über 1,8 Proz. Ammoniak.

In anderen Fabriken mengt man die weichen Exkremente mit Holzasche oder mit Erde, die eine reichliche Quantität von ätzendem Kalk enthält, und bewirkt damit eine völlige Austreibung alles Ammoniaks, wobei sie ihren Geruch aufs Vollständigste verlieren. Auch dieser Dünger kann nicht durch seinen Stickstoffgehalt wirken.

Die Düngergaben richten sich nach den zu erzielenden Produkten

Es ist klar, daß wenn wir die festen und flüssigen Exkremente der Menschen und die flüssigen der Tiere in dem Verhältnis zu dem Stickstoff auf unsere Äcker bringen, den wir in der Form von Gewächsen darauf geerntet haben, so wird die Summe des Stickstoffs auf dem Gute jährlich wachsen müssen. Denn zu dem, welchen wir in dem Dünger zuführen, ist aus der Atmosphäre eine gewisse Quantität hinzugekommen.

Ein eigentlicher Verlust an Stickstoff findet niemals statt, denn selbst die geringe Menge, welche die Menschen mit in ihre Gräber nehmen, geht den Gewächsen unverloren, denn durch Fäulnis und Verwesungsprozesse kehrt dieser Stickstoff in der Form von Ammoniak in die Erde und in die Atmosphäre zurück.

Eine gesteigerte Kultur erfordert eine gesteigerte Düngung, mit derselben muß das Produktionsvermögen unserer Felder wachsen, die Ausfuhr von Getreide und Vieh muß zunehmen, sie wird gehemmt durch Mangel an Dünger.

Je nach den Produkten, die man erzielen will, richten sich die Stoffe, die man als Dünger zu geben hat. Die Alkalien sind vorzugsweise zur Erzeugung der stickstofffreien Bestandteile des Zuckers, Amylons, Pektins, Gummis nötig; die phosphorsauren Salze wirken vorzüglich auf die Bildung der Blutbestandteile. Ein mit tierischem Dünger und damit an phosphorsauren Salzen reichlich versehener Acker bringt eine Gerste hervor, welche die Bierbrauer verwerfen, weil sie reich an Blutbestandteilen und verhältnismäßig arm an Amylon ist. Was also der Viehmäster am meisten schätzt, achtet der Bierbrauer gering, eben weil der Zweck des einen die Produktion von Fleisch, der des andern die Fabrikation von Alkohol ist.

Wolle, Lumpen, Klauen, Horn, Leimsubstanz – ihr Wert als Düngemittel

Die Wolle, Lumpen, Haare, Klauen und Horn sind Dünger, welche teils durch ihren Gehalt an Stickstoff, teils durch ihren Gehalt an phosphorsauren Salzen Anteil an dem vegetabilischen Lebensprozeß nehmen.

100 Teile trockene Knochen enthalten 32 bis 33 Prozent trockene Gallerte; nehmen wir darin denselben Gehalt an Stickstoff wie im tierischen Leim an, so enthalten sie 5,28 Proz. Stickstoff, sie sind mithin als Äquivalent für 250 Tle. Menschen-Urin zu betrachten.

Die Knochen halten sich in trockenem oder selbst feuchtem Boden (z. B. die in Lehm oder Gips sich findenden Knochen urweltlicher Tiere) bei Luftabschluß Jahrtausende unverändert, indem der innere Teil durch den äußeren vor dem Angriff des Wassers geschützt wird. Im feingepulvertem feuchten Zustand erhitzen sie sich, es tritt Fäulnis und Verwesung ein, die Gallerte, die sie enthalten, zersetzt sich; ihr Stickstoff verwandelt sich in kohlensaures Ammoniak und in andere Ammoniaksalze, welche zum größten Teil von dem Pulver zurückgehalten werden (1 Vol. wohl ausgeglühte weißgebrannte Knochen absorbieren 7,5 Vol. reines Ammoniakgas).

Als ein kräftiges Hilfsmittel zur Beförderung des Pflanzenwuchses auf schwerem und namentlich auf Tonboden muß schließlich noch das Kohlenpulver betrachtet werden.

Die Wirkung von Schwefelsäure auf Kalkböden

Schon *Ingenhouss* hat die verdünnte Schwefelsäure als Mittel vorgeschlagen, um die Fruchtbarkeit des Bodens zu steigern; auf Kalkboden erzeugt sich beim Besprengen mit verdünnter Schwefelsäure augenblicklich Gips, den sie also aufs Vollständigste ersetzen kann. 100 Tle. konz. Schwefelsäure, mit 800 bis 1000 Tln. Wasser verdünnt, sind ein Äquivalent für 176 Tle. Gips.

Viele Arten von Torfasche, die meisten Steinkohlenaschen enthalten eine reichliche Menge Gips, durch welchen sie auf viele Felder eine höchst günstige Wirkung ausüben.

Die Chemie in ihrer Anwendung auf Agrikultur und Physiologie. 7. Auflage 1862. 1. Band. Seiten 251-262.

Holzasche

Es ist bereits erwähnt worden, daß der Gehalt an Kali von verschiedenen Holzpflanzen sehr ungleich ist, die von hartem Holze ist meistens reicher daran als die von weichem. Die Asche von Buchenholz gibt an Wasser die Hälfte des Kalis als kohlensaures Kali ab, die andere Hälfte bleibt mit kohlensaurem Kalk in einer Verbindung, welche sehr langsam durch kaltes Wasser zersetzt wird. Die Asche von Fichtenholz enthält wie die Tabaksasche in der Regel eine größere Menge von Kalk, so zwar, daß kaltes Wasser häufig kein kohlensaures Kali daraus aufzulösen scheint. Diesen Aschen wird aber nach und nach durch Einwirkung von Wasser das Kali vollständig entzogen, und da sie sich leicht tief unterpflügen lassen, so sind sie vor allen Kaliverbindungen geeignet, die tieferen Schichten der Ackerkrume mit Kali zu bereichern. Es ist zweckmäßig, diejenigen Holzaschen, welche das Kali leicht an Wasser abgeben, ehe man sie auf den Acker bringt, mit einer das Kali absorbierenden Erde zu mengen und soviel davon zuzusetzen, daß aufgegossenes Wasser rotes Lackmuspapier nicht mehr bläut; am besten geschieht dies auf dem Acker selbst.

Die mit Wasser ausgelaugte Asche, z. B. der Rückstand, welcher in der Pottaschenbereitung bleibt, besitzt für manche Felder einen hohen Wert, nicht nur wegen des Kalis, welches stets noch darin vorhanden ist, sondern auch wegen seines Gehaltes an phosphorsaurem Kalk und löslicher Kieselsäure.

Da die oberen Schichten unserer Getreidefelder im Verhältnis zu den anderen Nährstoffen an sich schon einen Überschuß von Kali enthalten, so übt die Aschendüngung, wenn sie sich auf die Oberfläche des Ackers erstreckt, selten eine nachhaltige Wirkung aus; in die gehörige Tiefe gebracht, gibt sie aber das Mittel ab, um dauernde Ernten von Klee, Rüben oder auch Kartoffeln zu erzielen. Verständige Rübenzucker-Fabrikanten verwenden mit dem größten Vorteil die Rückstände der Destillation ihrer Melassen, welche alle Kalisalze der Rüben enthalten, zur Düngung ihrer Felder, um ihnen das in der Kultur der Rüben entzogene Kali wieder zu ersetzen.

Die Chemie in ihrer Anwendung auf Agrikultur und Physiologie. 7. Auflage 1862.
2. Band. Seite 298.

Ammoniak und Salpetersäure

Liebig bespricht (in diesem Kapitel) ausführlich das Für und Wider der Stick-stoffdüngung und kommt zum Schluß, es sei „doch gegen alle Regeln der Logik, in irgendeinem gegebenen, nicht näher untersuchten Falle die Erschöp-fung eines Feldes vor allem anderen einem Verlust an Stickstoff zuzuschrei-ben."

Wir beginnen den Abdruck mit einem Vergleich hinsichtlich Kostenrechnung in der Industrie einerseits und volkswirtschaftlichen Rechnungen andererseits, daß Stickstoffdüngung volkswirtschaftlich gesehen unmöglich ist, daß die Landwirte den Stickstoffbedarf der Pflanzen vielmehr aus natürlichen Quellen decken müssen.

Auch wohlwollende Liebig-Kritiker meinen, er habe den Bedarf der Kultur-pflanzen an Stickstoff unterschätzt. Liebig unterschied jedoch zwischen ihrem Bedarf „im Ganzen", d. h. dem Bedarf der verschiedenen Arten innerhalb einer Fruchtfolge, und der einzelnen Art „der Zeit nach", d. h. in ihrer Vegetations-zeit. Die Lösung sieht Liebig im Anbau von Futterpflanzen, durch die sich stickstoffreicher Dünger erzeugen läßt.

Alle Fortschritte in der Industrie haben einen bestimmten Wertmesser in dem Preis der Produkte, und kein verständiger Mann wird die Änderung eines Betriebsverfahrens eine Verbesserung nennen, wenn der Preis der Pro-dukte die Kosten ihrer Erzeugung nicht deckt. Wenn der Preis des Guanos eine gewisse Grenze übersteigt, wenn der damit erzielte Ertrag nicht im rich-tigen Verhältnis steht zur Ausgabe an Kapital und Arbeit, so schließt dies ganz von selbst dessen Anwendung aus.

Keine Fortschritte in der Landwirtschaft bei Abhängigkeit von künstlicher Ammoniakzufuhr

Von diesem Gesichtspunkt aus hätte man in der Landwirtschaft längst zur Einsicht kommen können, daß die Frage über die Notwendigkeit der Zufuhr von Ammoniak zur Steigerung unserer Kornerträge zugleich die in sich ein-schließt, ob überhaupt ein Fortschritt in dieser Beziehung im landwirtschaftli-chen Betrieb möglich ist oder nicht.

Es werden nur wenige Betrachtungen nötig sein, um dem denkenden Land-wirt die Überzeugung beizubringen, die ich selbst hege, daß nämlich, wenn die Vermehrung der Produktion abhängig sein sollte von der Vermehrung der

Stickstoffnahrung im Boden, man von vornherein auf eine jede Verbesserung verzichten muß; ich für meinen Teil glaube vielmehr, daß der Fortschritt nur möglich und erzielbar ist durch die Beschränkung auf das Stickstoffkapital, welches der Landwirt auf seinem Grund und Boden zu sammeln vermag, durch den möglichsten Ausschluß mithin von aller Stickstoffnahrung durch Zukauf.

Alle Versuche von *Lawes* in England haben durchschnittlich ergeben, daß für *ein Pfund Ammoniaksalz im Dünger zwei Pfund Weizenkorn geerntet werden können.*

Dieses Resultat wurde, wie man wohl beachten muß, auf einem Felde erhalten, von welchem ein Acre ohne alle Düngung sieben Jahre nacheinander 1125 Pfd. Korn und 1756 Pfd. Stroh zu liefern vermochte, sodann daß alle mit Ammoniaksalzen gedüngten Stücke Phosphate und kieselsaures Kali gleichfalls empfangen hatten*).

Durchschnittlich düngte *Lawes* seine Felder mit 3 Ztr. Ammoniaksalzen, und er erntete damit die Hälfte mehr Korn, als das ungedüngte Stück geliefert hatte.

Wir wollen nun annehmen, daß der gewonnene Mehrertrag ausschließlich bedingt gewesen sei durch die Ammoniaksalze, wir wollen ferner voraussetzen, daß alle Felder unerschöpflich seien an Phosphorsäure, Kali, Kalk usw., daß also die fortdauernde Anwendung der Ammoniaksalze keine Erschöpfung des Bodens nach sich ziehe, und berechnen, wieviel dem Gewicht nach das Königreich Sachsen etwa an Ammoniaksalzen nötig hätte, um die Hälfte mehr Korn zu ernten, als die ungedüngten Felder liefern, so ergibt sich Folgendes: Das Königreich Sachsen umfaßte 1843 1344474 Acker (1 Acker = 1,368 engl. Acre) Ackerland (Weinberge, Gärten und Wiesen ausgeschlossen); nimmt man an, daß jeder Acker in zwei Jahren eine Kornernte liefern soll und zu dessen Düngung vier Zentner Ammoniaksalz verwendet werden müssen, so würde das Königreich Sachsen jährlich 2688958 *Zentner Ammoniaksalze* = 134447 Tonnen bedürfen.

Ein Jeder, welcher nur einige Kenntnis der chemischen Fabrikation besitzt und weiß, aus welchen Rohmaterialien (tierische Abfälle und Gaswasser) die Ammoniaksalze fabriziert werden, wird folglich erkennen, daß alle Fabriken in England, Frankreich und Deutschland zusammen noch nicht den vierten Teil der Ammoniaksalze zu erzeugen vermögen, welches ein verhältnismäßig sehr kleines Land nötig haben würde, um seine Produktion in der angegebenen Weise zu steigern.

---

*) *Lawes* sagt hierüber (J. of the r. agr. tri. of E.T.V, 14, p. 282), daß zur Erzeugung von einem jeden Büschel Weizenkorn (= 64 bis 65 Pfd., worin 1 Pfd. Stickstoff), welches der Boden über sein natürliches Ertragsvermögen liefern soll, 5 Pfd. Ammoniak erforderlich seien (= 16 Pfd. Salmiak oder 20 Pfd. schwefelsaures Ammoniak), er fügt hinzu, daß übrigens in keinem einzigen Versuch der erzielte Mehrertrag dieser Schätzung entsprochen habe.

Wieviel Ammoniaksalze bei gleichmäßiger Verteilung, auf die deutschen Bundesstaaten Österreichs mit 11 Millionen Jochen (1 Joch = 1,422 Acre engl.) Ackerland, auf Preußen mit 33 Millionen Morgen (1 Morgen = 0,631 Acre engl.), auf Bayern mit 9 Millionen Tagwerken (1 Tagwerk = 0,842 Acre engl.) Ackerland kommen würde, ist leicht zu berechnen; auch wenn es möglich wäre, die Ammoniaksalzproduktion zu vervierfachen, so würde dies keinen irgend erheblichen Einfluß auf die Erträge haben.

Das wohlfeilste Ammoniak wird nach Europa in dem peruanischen Guano eingeführt, welcher, sehr hoch angeschlagen, durchschnittlich 6 Prozent enthält.

Wenn wir uns denken, daß auf Jahrhunderte hinaus den europäischen Kulturländern, welche vorzugsweise Guano verbrauchen (ich nehme dazu England, Frankreich, die skandinavischen Länder, Belgien, Niederlande, Preußen und die deutschen Staaten, ohne Österreich, mit 120 Millionen Bewohnern), jedes Jahr 6 Millionen Ztr. (= 300 000 t à 20 Ztr.) Peruguano und darin 360 000 Ztr. Ammoniak zugeführt werden könnten, und daß es möglich wäre, mit fünf Pfunden Ammoniak 65 Pfd. Weizenkorn oder Kornwert mehr mit den vorhandenen Mitteln zu erzeugen, so würde das mehrerzeugte Korn gerade ausreichen, um jedem Kopf der Bevölkerung *für zwei Tage im Jahre jeden Tag 2 Pfd. Korn zuzulegen.*

Nehmen wir zur Ernährung eines Menschen durchschnittlich 2 Pfd. Korn oder Kornwert an, so macht dies im Jahre 730 Pfd.; nach der eben gemachten Annahme würden 36 Millionen Pfunde Ammoniak dreizehnmal soviel, = 468 Millionen Pfunde Korn oder Kornwerte, hervorbringen, womit 641 000 Menschen ein Jahr lang ernährt werden könnten.

Wenn Bodenfruchtbarkeit und Kornerzeugung bei zunehmender Bevölkerung von künstlicher Ammoniakzufuhr abhängen...

Wenn die Bevölkerung Englands und Wales jährlich nur um 1 Prozent zunimmt, so macht dies jährlich 200 000 Menschen, in drei Jahren 600 000 Menschen aus, und die mit Hilfe des in 6 Millionen Zentnern Guano von außen zugeführten Ammoniaks hypothetisch erzeugbaren Kornwerte würden nur wenige Jahre ausreichen zur Ernährung des Zuwachses der Population in England und Wales!

Und wie würde es sechs, neun Jahre nachher in England oder Europa aussehen, wenn wir zur Ernährung der steigenden Bevölkerung wirklich auf die Zufuhr von Ammoniak von außen angewiesen wären? Würden wir in 6 Jahren 12 Millionen und in 9 Jahren 18 Millionen Zentner Guano zuführen können?

Wir wissen mit größter Bestimmtheit, daß die Quelle von Ammoniak im Guano in wenigen Jahren versiegt sein wird, daß wir keine Aussicht haben, eine neue und reichere zu entdecken, daß die Bevölkerung nicht nur in England, sondern in allen europäischen Ländern um mehr als 1 Prozent jährlich zunimmt, und daß zuletzt in eben dem Verhältnisse, als die Population in den Vereinigten Staaten, in Ungarn usw. sich vermehrt, eine entsprechende Verminderung der Kornausfuhr aus diesen Ländern die Folge sein muß; man wird wohl nach diesen Betrachtungen die Hoffnung völlig eitel finden, die Erträge eines Landes durch Ammoniakzufuhr steigern zu können.

In Deutschland kostet das Pfund Weizenkorn gegenwärtig 4 Kr., das Pfund schwefelsaures Ammoniak 9 Kr., und wenn es möglich wäre, mit einem Pfunde dieses Salzes, unseren gewöhnlichen Düngmitteln zugesetzt, 2 Pfd. Weizenkorn mehr zu erzeugen, so würde demnach der deutsche Landwirt für eine Ausgabe von einem Gulden in Silber 53 Kr. in Korn zurückempfangen.

Dieses Verhältnis der Ausgabe zur Einnahme ist offenbar in der Praxis wohl bekannt, denn bis zu diesem Augenblick sind die Ammoniaksalze in keinem Lande und an keinem Orte in Anwendung gekommen, und wenn auch jetzt noch manche Düngerfabrikanten ihren Produkten eine gewisse Menge von Ammoniaksalzen zusetzen, so geschieht dies hauptsächlich der Vorliebe wegen, welche die Landwirte dafür hegen; aber keiner ist im Stande anzugeben, welchen Nutzen dieser Zusatz ihnen gebracht hat. Dieses Vorurteil wird allmählich von selbst schwinden, wenn sie gelernt haben werden, die Stickstoffnahrung, welche ihren Feldern ohne ihr Zutun zufließt, in der rechten Weise zu verwenden.

Verbesserte Stickstoffnahrung der Pflanzen auf natürlichem Wege

Der große Reichtum des Bodens an Stickstoffnahrung, die Vermehrung derselben in einem gutkultivierten Boden, die Untersuchungen des Regenwassers und der Luft, alle Tatsachen in der Kultur im Großen weisen darauf hin, daß auch bei dem intensivsten Betrieb der Boden an Stickstoffnahrung nicht verarmt und daß mithin ein Kreislauf des Stickstoffs ähnlich wie der des Kohlenstoffes besteht, welcher dem Landwirt die Möglichkeit darbietet, sein wirksames Stickstoffkapital im Boden zu vermehren.

Die außerordentliche Wirkung des Kalksuperphosphates auf die Erhöhung der Korn-, Rüben- und Kleeerträge beinahe ausnahmslos auf allen deutschen Feldern, auf denen diese stickstofflosen Düngmittel angewendet wurden, ebenso die des neuerdings eingeführten Baker- und Jarvis-Guanos*) (Guanosorten, die ebenfalls kein Ammoniak enthalten), die des Kalks, der Kalisalze, des Gipses usw. zeigen unzweifelhaft, daß eine Anhäufung von Stickstoffnah-

---

*) Nach einer Mitteilung in dem Amtsblatt Nr. 3 vom 1. März 1862 für die landwirtschaftlichen Vereine in Sachsen wurden 1861 die folgenden Erträge pro Acker erhalten: s. S. 120 oben.

Liebig mit 36 Jahren (1839). In diesem Jahr entstand auch sein Analytisches Labor und der Entwurf zu seiner „Agrikulturchemie".

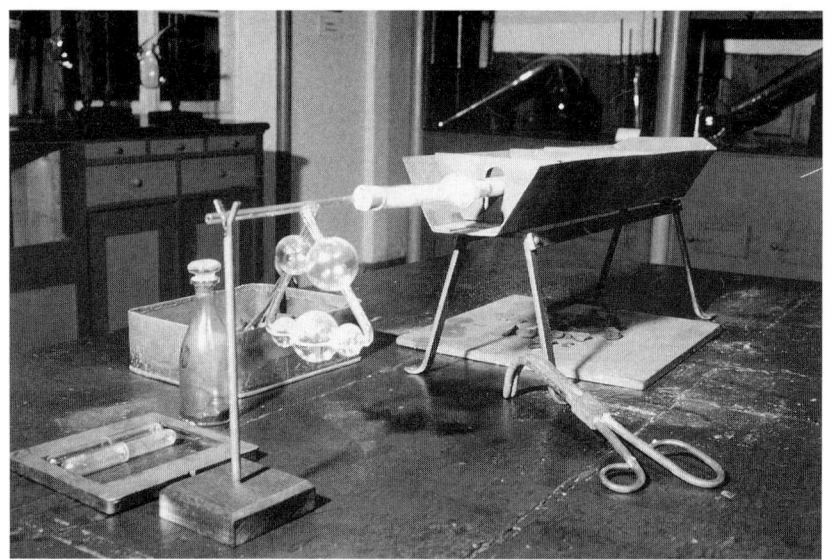

Apparatur zur organischen Elementaranalyse 1831, von Justus Liebig entwickelt, mit seinem Fünfkugelapparat, dem analytischen „Computer" seiner Zeit und Wahrzeichen der Liebig-Schüler.

Destillationsretorten im pharmazeutischen Labor von Liebig.

rung stattgefunden hat, deren Ursprung bis vor kurzem völlig dunkel geblieben war.

Für einen teilweisen Ersatz an Stickstoffnahrung durch Luft und Regen hatten wir Gründe genug; eine Vermehrung war aber unerklärt, weil diese eine Erzeugung von Ammoniak und Salpetersäure aus dem Stickstoff der Luft voraussetzte, für die wir durchaus keine Tatsachen besaßen. In der jüngsten Zeit ist diese Quelle der Zunahme der Stickstoffnahrung der Pflanzen von *Schönbein* entdeckt und das Rätsel in der unerwartetsten Weise gelöst worden.

Bildung von salpetrigsaurem Ammoniak in der Luft

In seinen Untersuchungen über den Sauerstoff fand *Schönbein*, daß der weiße Rauch, den ein Stück feuchter Phosphor in der Luft verbreitet, nicht, wie man bisher glaubte, phosphorige Säure, sondern *salpetrigsaures Ammoniak* ist; ich selbst hatte Gelegenheit, mich von dieser Tatsache durch einen mit Versuchen begleiteten Vortrag von *Schönbein* in München im Sommer 1860 zu überzeugen; *Schönbein* hat es wahrscheinlich gemacht, daß hierbei der Stickstoff der Luft durch eine Art von Induktion sich mit drei Äquivalent Wasser verbindet, wodurch auf der einen Seite salpetrige Säure und auf der anderen Ammoniak entsteht, sowie man denn weiß, daß durch den Einfluß einer höheren Temperatur das salpetrigsaure Ammoniak in Wasser und Stickgas zerfällt; das Auffallende hierbei ist, daß dieses Salz unter Umständen gebildet wird, von denen man glauben sollte, daß sie seine Entstehung geradezu verhindern müßten; allein die Bildung von Wasserstoffhyperoxyd, welches so leicht durch die Wärme zersetzt wird, bei der langsamen Oxydation des Äthers, die von einer merklichen Wärmeentwicklung begleitet ist, ist eine nicht minder sichere und bis jetzt ebenso unerklärte Tatsache.

Im Originaltext folgen weitere Belege aus der Forschung für die Bildung von salpetrigsaurem Ammoniak.

Der praktische Landwirt, welcher die Verbesserung seines Betriebes ernstlich will und anstrebt, muß durch diese unbezweifelbare Tatsachen zu dem Entschluß veranlaßt werden, über die Wirkung des Stickstoffes in seinen Düngmitteln zur vollständigen Klarheit zu kommen; ehe er die Überzeugung gewonnen hat, daß die Atmosphäre und der Regen seinem Felde wirklich soviel Stickstoffnahrung zuführen als wie die Pflanzen, die er baut, bedürfen, wird ihm niemand zumuten wollen, auf die Zufuhr von Ammoniak von außen zu verzichten. Die Meinung, daß der Landwirt seinen Feldern ein Maximum von Fruchtbarkeit geben könne, ohne allen Zuschuß von Stickstoffnahrung von außen, sagt nicht, daß er auf die Stallmistwirtschaft verzichten dürfe, sondern sie schließt das Bestehen derselben in sich ein und beruht darauf.

Getreidebau mit Stickstoff aus natürlichen Quellen

Für die Wiederherstellung oder Erhöhung des Ertragsvermögens seiner erschöpften Getreidefelder ist es unbedingt notwendig, daß die Ackerkrume einen Überschuß an allen Nährstoffen der Halmpflanzen enthalte, also auch von Stickstoffnahrung, aber von keinem einzeln im Verhältnis mehr als von den anderen; sie nimmt an, daß der Landwirt durch die richtige Wahl seiner Fruchtfolge, das ist durch das richtige Verhältnis der Korn- und Futteräcker, stets in der Lage sei, beim sorgfältigen Zusammenhalten des Ammoniaks in seinem Stallmist und Vermeidung alles unnötigen Verlustes die Ackerkrume mit einem solchen Überschuß an Stickstoffnahrung zu versehen, als wie dem Verhältnis der anderen darin vorrätigen Nährstoffe entspricht, und daß die Atmosphäre ihm jährlich ersetzt, was er in seinen Feldfrüchten ausführt.

Was die Atmosphäre und der Regen an Stickstoffnahrung zuführen, ist im ganzen entsprechend für seine Kulturpflanzen, aber der Zeit nach für viele nicht genug. Manche Gewächse bedürfen, um ein Maximum an Ertrag zu geben, während ihrer Vegetationszeit weit mehr, als was ihnen in dieser Zeit durch Luft und Regen dargeboten wird, und der Landwirt benutzt darum die Futtergewächse als Mittel zur Erhöhung der Erträge seiner Kornfelder. Die Futtergewächse, welche ohne stickstoffreichen Dünger gedeihen, sammeln aus dem Boden und verdichten aus der Atmosphäre in der Form von Blut- und Fleischbestandteilen das durch diese Quellen zugeführte Ammoniak; indem er mit den Rüben, dem Kleeheu usw. seine Pferde, Schafe und sein Rindvieh ernährt, empfängt er in ihren festen und flüssigen Exkrementen den Stickstoff des Futters in der Form von Ammoniak und stickstoffreichen Produkten und damit einen Zuschuß von stickstoffreichem Dünger, oder von Stickstoff, den er seinen Kornfeldern gibt.

Die Regel ist, daß der Landwirt gewissen Pflanzen von schwacher Blatt- und Wurzelentwicklung und kurzer Vegetationszeit in *Quantität* im Dünger zuführen muß, was ihnen an *Zeit* zur Aufnahme aus natürlichen Quellen mangelt.

Die Zufuhr von Stickstoff im Stallmist entsprach den Kleeerträgen

Was die Anhäufung von Stickstoffnahrung durch Stallmistdüngung in der obersten Bodenschicht betrifft, welche für das volle Gedeihen der Halmgewächse besonders wichtig ist, so erkennt man leicht, daß diese wesentlich abhängt von dem Gedeihen der Futtergewächse.

Die ungedüngten Felder in den sächsischen Versuchen

	lieferten im Ganzen: *Stickstoff*	verloren durch Ausfuhr: *Stickstoff*	empfingen im Stallmiste: *Stickstoff*	Erträge am Kleeheu
1851 bis 1854	Pfd.	Pfd.	Pfd.	Pfd.
Cunnersdorf	342,4	78,4	263,6	9144
Mäusegast	279,5	84,1	175	5538
Kötitz	160,9	54,8	106,1	1095
Oberbobritzsch	127,7	57,2	70,5	911

Man bemerkt leicht, daß die Stickstoffmengen, welche dem Felde abgewonnen und in der Form von Stallmist wieder zugeführt werden konnten, sich nicht genau, aber doch bemerkbar genug wie die Kleeheuerträge verhielten, welche das Feld geliefert hatte; und es kann wohl kein Zweifel darüber bestehen, daß der Landwirt, der für das Gedeihen seiner Futtergewächse die richtigen Wege einschlägt, damit auch die Mittel erhält, die Ackerkrume seiner Felder mit einem Überfluß an Stickstoffnahrung für seine Kornpflanzen zu bereichern.

Es ist damit nicht gesagt, daß ein jeder Landwirt immer und allzeit auf die Zufuhr von Ammoniak von außen verzichten solle, denn die Felder sind ihrer Natur nach so außerordentlich verschieden, daß wenn man auch behaupten kann, daß die weitaus größte Zahl derselben keines Ersatzes an Stickstoffnahrung bedarf, so gilt dies nicht für alle ohne Unterschied.

Stickstoffverlust auf Kalkböden – dann ist Ammoniakzufuhr nützlich

In einem Boden, welcher reich an Kalk und humosen Materien ist, wird infolge des Verwesungsprozesses in der Ackerkrume eine gewisse Menge des in der Erde gebundenen Ammoniaks in Salpetersäure verwandelt, welche die Erde nicht zurückhält, sondern in der Form eines Kalk- oder Bittererdesalzes in die tieferen Schichten geführt wird. Dieser Verlust kann unter Umständen sehr viel mehr betragen, als die Atmosphäre ersetzt, und für solche Felder wird eine Zufuhr von Ammoniak stets von Nutzen sein; auch gilt dies für gewisse Felder, welche lange Jahre nicht bebaut worden waren und in denen, durch die Wirkung der eben angedeuteten Ursachen, der einst vorhandene notwendige Überschuß von Stickstoffnahrung allmählich verzehrt worden ist; auf diesen bringt, beim Beginn der Kultur derselben, eine Düngung mit stickstoffreichen Düngemitteln einen ganz besonders günstigen Erfolg hervor; später ist auch für diese die Zufuhr nicht mehr nötig. (Jedoch keine Ammoniak-, sondern nur Salpeterdünger. Hrsg.)

Einfluß der Stickstoffnahrung auf das Aussehen der jungen Pflanzen

Was in dem Geiste des Landwirtes in der Regel ein günstiges Vorurteil für die stickstoffreichen Düngmittel erweckt, dies ist bei solchen vergleichenden Versuchen, bei Anwendung derselben, die große Ungleichheit im Aussehen der jungen Saaten; die Halmpflanzen auf den mit Guano oder mit Chilisalpeter gedüngten Feldern zeichnen sich vor anderen durch ein tiefes Grün, durch breitere und zahlreichere Blätter aus, aber die Ernte entspricht in der Regel bei weitem nicht den Erwartungen, welche das gute Aussehen versprach. Auf einem an Stickstoffnahrung überreichen Felde tritt eine Art von Vergeilung bei ihrem ersten Wachstum wie in einem Mistbeete ein; die Blätter und Halme sind wasserreich und weich, sie hatten in ihrem übereilten Wachstum nicht Zeit genug, um gleichzeitig die gehörige Menge derjenigen Stoffe aus dem Boden aufzunehmen, welche, wie Kieselsäure und Kalk, ihren Organen eine gewisse Festigkeit und Widerstandsfähigkeit gegen äußere fremde Ursachen geben, die ihren Lebensprozeß gefährden; die Halme gewinnen nicht die gehörige Steifheit und Stärke und legen sich, namentlich auf Kalkboden, leicht um.

Besonders auffallend ist dieser schädliche Einfluß wahrnehmbar bei der Kartoffelpflanze, die, auf einem an Stickstoffnahrung überreichen Boden wachsend, beim plötzlichen Sinken der Temperatur und eintretender Nässe häufig der sogenannten Kartoffelkrankheit verfällt, während ein daneben liegender Kartoffelacker, der einfach mit Asche gedüngt worden ist, keine Spur davon erkennen läßt.

Empirischer und rationeller Betrieb

Zum Betrieb des Feldbaues, der auf der einfachen Bekanntschaft von Tatsachen ohne ihr Verständnis oder auf der Ausraubung des Feldes beruht, gehört eine sehr beschränkte Intelligenz, ja die einfache Überlieferung der Tatsachen befähigt den unwissendsten Menschen dazu; aber zum rationellen Betrieb, durch welchen dem Feld unausgesetzt und ohne Erschöpfung die höchsten Erträge, die es zu liefern fähig ist, mit der größten Ökonomie an Kapital und Arbeit abgewonnen werden sollen, gehört ein großer Umfang an Kenntnissen, Beobachtungen und Erfahrungen. Denn der rationelle Landwirt soll verstehen lernen, was ihm sein Feld in den Erscheinungen sagt, die er in seinem Betrieb wahrnimmt. Er soll zuletzt ein ganzer Mensch und nicht ein halber sein, der sich seines Tuns nicht mehr bewußt ist als ein Kater, der mit Kunst und Geschick aus einem Wasserbecken Goldfische zu fangen versteht.

Die Chemie in ihrer Anwendung auf Agrikultur und Physiologie. 7. Auflage 1862. 2. Band, Seiten 331-347.

Industrie, Handel und Chemie

Im 11. Brief seiner Chemischen Briefe *befaßt sich Liebig mit den vielfältigen Zusammenhängen zwischen Industrie, Handel und Chemie. Als Beispiel behandelt er Glas, Wasserglas, stereochromische Malerei, Infusorienerde, Seife, Schwefelsäure, Kupfervitriol. Es folgen hier die Abschnitte über einige landbaulich wichtige Produkte: Kupfervitriol, phosphorsaurer Kalk und Schwefel. Seine Betrachtungen zum Schwefelhandel reichen bis zu geschichtlichen und politischen Aspekten.*

Kupfervitriol

Der bei der Affinierung des Silbers auf dem beschriebenen Wege als Nebenprodukt gewonnene Kupfervitriol, welcher früher vorzüglich zur Darstellung grüner und blauer Farben diente, hat in der neuen Zeit eine sehr mannigfaltige Verwendung genommen. Holz, welches durch seine Masse hindurch mit einer Lösung von Kupfervitriol in Wasser getränkt wird, fault nicht und erhält sich in feuchter Erde liegend viele Jahre lang, ohne seinen Zusammenhang zu verlieren, daher denn seine Anwendung zur Erhaltung der Holzunterlagen, welche die Eisenbahnschienen tragen, deren Erneuerung eine höchst beträchtliche Ausgabe und Störung vielerlei Art veranlaßt. Die Landwirte benutzen den Kupfervitriol, um das Getreide, namentlich die Samen, während ihrer Entwicklung vor gewissen Krankheiten zu schützen, welche von der Entwicklung von Pilzen herrühren. Zu diesem Zweck wird das Saatkorn vor dem Säen 24 Stunden lang in einer verdünnten Lösung dieses Salzes eingeweicht, wodurch, wie man annimmt, die darin vorhandenen Pilzkeime zerstört werden. Die ausgedehnteste Anwendung findet der Kupfervitriol in der Galvanoplastik.

Phosphorsaurer Kalk – wichtigstes Düngemittel

Der bedeutendste Verbrauch von Schwefelsäure findet in der neuen Zeit in der Landwirtschaft statt; sie dient nämlich zur Darstellung des wirksamsten Düngers für Rüben, Gras und Kornpflanzen, des sogenannten *schwefelsauren Knochenmehls* oder *sauren phosphorsauren Kalks*. In der Fabrikation werden die hierzu dienenden Knochen, wenn sie frisch sind, zuvor in einem Kessel mit Wasser gedämpft, gewöhnlich unter verstärktem Druck, bis sie weich und leicht zerreiblich geworden sind; man setzt alsdann den zu einem dünnen Brei mit Wasser fein zerriebenen Knochen $^1/_3$ von dem Gewicht der Knochen an konzentrierter Schwefelsäure zu, wodurch die ganze Masse sich verdickt und fest wird. Diese Masse wird alsdann in der Wärme getrocknet, zu einem feinen Pulver auf einer Mühle gemahlen und in dieser Form in den Handel gebracht. Auf manchen großen Gütern wird dieser Dünger von den Landwirten selbst bereitet, und man begnügt sich alsdann, die gedämpften und in feines Pulver verwandelten Knochen mit der geeigneten Menge Schwefelsäure und mit so viel Wasser zu versetzen, daß eine dünne Milch entsteht, die man auf den Feldern gleichförmig verbreitet.

In Folge der Anwendung dieses Düngers ist der Ertrag der Rübenfelder in England um 50, häufig um 100 Prozent, und in einem ähnlichen, wie wohl kleineren Verhältnis der Kornertrag der Kornfelder und der Heuertrag der Wiesen gestiegen, und es läßt sich die Wichtigkeit dieses Düngers für die Landwirtschaft am besten vielleicht aus der Ausdehnung ermessen, welche diese Fabrikation gewonnen hat. Der Herzog von Argyll in seiner Eröffnungsrede der Naturforscherversammlung in Glasgow im Herbst 1855 erwähnt, daß von diesem künstlichen Dünger in England allein jährlich nicht weniger als 60 000 Tonnen oder 1 200 000 Zentner verbraucht werden. Auch in Deutschland, in Frankfurt a.M., am Rhein und in Preußen sind bedeutende Fabriken dieses Knochendüngers entstanden, und so verschieden auch sonst die Ansichten der Landwirte über die Wirksamkeit anderer Düngmittel sein mögen, alle sind darüber miteinander einverstanden, daß durch den Zusatz der Schwefelsäure die nützliche Wirkung des phosphorsauren Kalks der Knochen um das vielfache gesteigert wird. Der Verbrauch der Schwefelsäure ist durch diese Anwendung um mehr als das Doppelte gestiegen.

Schwefelhandel

Es würde die Grenze dieser Skizze überschreiten, wenn man alle Anwendungen der Schwefelsäure, der Salzsäure und des Natrons hier in ihren äußersten Verzweigungen verfolgen wollte; allein kaum dürfte man vermuten, daß die so schönen Stearinsäurekerzen, unsere so wohlfeilen Phosphorfeuerzeuge (die vortrefflichen Reibzündhölzchen) je in Gebrauch gekommen sein würden ohne die so außerordentliche Vervollkommnung der Schwefelsäurefabrikation. Die jetzigen Preise der Schwefelsäure, Salzsäure, Salpetersäure, der Soda, des Phosphors usw. würde man vor fünfzig Jahren für fabelhaft erklärt haben; wer kann voraussehen, welche neuen Fabrikationen wir in weiteren fünfundzwanzig Jahren erhalten werden? – Man wird nach dem Vorhergehenden die Behauptung nicht für übertrieben halten, daß die chemische Industrie eines Landes mit großer Genauigkeit nach der Anzahl von Pfunden Schwefelsäure beurteilt werden kann, die man in diesem Lande verbraucht.

In dieser Beziehung gibt es keine Fabrikation, welche von Seiten der Regierungen eine größere Beachtung verdient. Daß England sich zu so extremen Schritten gegen Neapel wegen des Schwefelhandels entschloß, lag ganz einfach in dem Druck, den die gesteigerten Schwefelpreise auf die Preise der gebleichten und gedruckten Baumwollenzeuge, der Seife und des Glases ausübten. Wenn man erwägt, daß England zum Teil Amerika, Spanien, Portugal, den Orient und Indien mit Glas und Seife versieht, daß es dagegen Baumwolle, Seide, Wein, Rosinen, Korinthen und Indigo eintauscht, daß zuletzt der Sitz der Regierung, London, der Hauptstapelplatz für den Handel mit Wein und Seide ist, so wird man die Bemühungen der englischen Regierung um die Aufhebung des Monopols des Schwefelhandels erklärlich finden.

Es war Zeit für Sizilien, daß ein seinen wahren Interessen so entgegengesetztes Verhältnis so bald ausgeglichen wurde; denn hätte es einige Jahre länger gedauert, so wäre sein ganzer Reichtum an Schwefel für das Königreich höchst wahrscheinlich völlig wertlos geworden. Wissenschaft und Industrie bilden heutzutage eine Macht, die von Hindernissen nichts weiß. Aufmerksame Beobachter konnten leicht den Zeitpunkt bestimmen, wo die Ausfuhr des Schwefels aus Sizilien aufhören mußte. Es sind in England fünfzehn Patente genommen auf Verfahrungsweisen, um den Schwefel bei der Sodafabrikation wiederzugewinnen und um ihn rückwärts wieder in Schwefelsäure zu verwandeln. Vor dem Schwefelmonopol dachte niemand an eine Wiedergewinnung; die Vervollkommnung dieser fünfzehn gelungenen Versuche wäre sicher nicht ausgeblieben, und die Rückwirkung auf den Schwefelhandel muß auch dem Befangensten einleuchtend sein.

Wir besitzen Berge von Schwefelsäure im Gips und Schwerspat, von Schwefel im Bleiglanz, im Schwefelkies; mit den steigenden Schwefelpreisen kam man darauf, den Schwefel dieser Naturprodukte für den Handel zu gewinnen; man stellte sich die Ausmittelung des wohlfeilsten Weges zur Aufgabe, um diese Materien für die Schwefelsäurefabrikation tauglich zu machen. Tausende von Zentnern Schwefelsäure werden bei den hohen Schwefelpreisen aus Schwefelkies gewonnen; man würde dahin gelangt sein, die Schwefelsäure aus dem Gips zu ziehen, freilich nicht ohne viele Hindernisse zu besiegen, allein sie würden überwunden worden sein. Der Anstoß ist jetzt gegeben, die Möglichkeit des Gelingens dargetan; wer weiß, welche schlimme Folgen sich aus einer unvernünftigen Finanzspekulation für Neapel in wenigen Jahren entwickeln werden!

Chemische Briefe. Wohlfeile Ausgabe 1865, 5. Auflage. 11. Brief, S. 104-106.

Einfluß der Chemie auf die Agrikultur

Ergänzend zum Text aus dem Kapitel „Der Dünger" der Agrikulturchemie *folgen hier praxisnahe Ausführungen über die Anwendung der verschiedenen Kalk- und Tonarten, über Mergeldüngung und ein wichtiger Hinweis zur Auswahl von Aschenarten, die sich zur Düngung eignen, aus den* Chemischen Briefen.

Der Inhalt meines letzten Briefes dürfte Ihnen einige Aufklärung verschafft haben über die allgemeinen Prinzipien, auf welchen die Kunst des Ackerbaues beruht; es bleibt mir jetzt noch übrig, Ihre Aufmerksamkeit auf einige besondere Verhältnisse zu lenken, welche mir vorzugsweise geeignet erscheinen, auf eine überzeugende Weise darzutun, wie innig der Zusammenhang zwischen Agrikultur und Chemie, und wie unmöglich es ist, in dieser wichtigsten aller Künste Fortschritte zu machen, ohne mit den Prinzipien der Chemie vertraut zu sein.

Alle Kulturpflanzen bedürfen der Alkalien, der alkalischen Erden, eine jede in einem gewissen Verhältnis; die Getreidearten gedeihen nicht, wenn in dem Boden Kieselsäure in löslichem Zustand mangelt. Die in der Natur vorkommenden Silikate unterscheiden sich durch die größere oder geringere Verwitterbarkeit, durch den ungleichen Widerstand, den ihre Bestandteile der auflösenden Kraft der atmosphärischen Agentien entgegensetzen, sehr wesentlich voneinander. Der Granit von Korsika zerfällt zu Pulver in einer Zeit, wo der polierte Granit der Bergstraße seinen Glanz noch nicht verliert.

Es gibt Bodenarten, die an leicht verwitterbaren Silikaten so reich sind, daß nach einem oder zwei Jahren so viel kieselsaures Kali löslich und assimilierbar geworden ist, als die Halme und Blätter einer ganzen Ernte Weizen bedürfen. In Ungarn sind große Strecken Landes nicht selten, wo seit Menschengedenken auf einem und demselben Felde Weizen und Tabak abwechselnd gebaut werden, ohne daß dieses Land jemals etwas von den Mineralbestandteilen zurück empfing, die mit den Blättern und Korn hinweggenommen wurden. Es gibt Felder, in denen erst nach Verlauf von zwei, von drei oder mehr Jahren die für eine Ernte Weizen nötige Quantität kieselsaures Kali zur Aufschließung gelangt.

Begriff der Brache

Brache heißt nun im weitesten Sinne diejenige Periode der Kultur, wo in dem Boden, dem Einfluß der Witterung überlassen, gewisse Bestandteile verbreitbar und für die Pflanzenwurzeln aufnehmbar werden, die es vorher nicht, oder in geringerem Grade waren. Im engeren Sinne bezieht sich das Brachliegen stets nur auf die Intervalle in der Kultur der Getreidepflanzen; für diese ist ein Magazin von löslicher Kieselerde neben den Alkalien eine Hauptbedingung ihres Gedeihens, und wenn wir auf dem nämlichen Feld Kartoffeln oder Rüben bauen, durch welche die aufgeschlossene Kieselerde nicht entführt wird, so muß es für die darauf folgende Weizenpflanze diese Bedingung behalten.

Weitere Mittel, den Boden aufzuschließen: gebrannter Kalk

Aus dem Vorhergehenden ergibt sich, daß die mechanische Bearbeitung des Feldes das einfachste und wohlfeilste Mittel ist, um die im Boden enthaltenen Nahrungsstoffe den Pflanzen allerorts zugänglich zu machen. Gibt es nun, kann man fragen, außer den mechanischen nicht noch andere Mittel, welche dazu dienen können, den Boden aufzuschließen und die Aufnahme seiner Bestandteile in den Organismus der Pflanzen vorzubereiten? Diese Mittel gibt es allerdings, und unter ihnen ist vorzüglich der gebrannte Kalk in England seit einem Jahrhundert in einem großen Maßstab in Gebrauch; es würde sehr schwer sein, um ein einfacheres und dem Zweck entsprechenderes aufzufinden. Um aber eine richtige Ansicht über die Wirkung des Kalkes auf die Ackerkrume zu gewinnen, ist es nötig, sich an die Prozesse zu erinnern, welche der Chemiker zu Hilfe nimmt, um in einer gegebenen kurzen Zeit ein Mineral aufzuschließen, seine Bestandteile in den auflöslichen Zustand zu versetzen.

Gelöschter Kalk

Ähnlich nun wie der Kalk zum Feldspat beim Brennen, verhält sich der gelöschte Kalk zu den meisten alkalischen Tonerde-Silikaten, wenn sie im feuchten Zustand längere Zeit miteinander in Berührung bleiben. Zwei Mischungen, die eine von gewöhnlichem Töpferton oder Pfeifenerde mit Wasser, die andere von Kalkmilch, werden beim Zusammenschütten augenblicklich dicker. Überläßt man sie monatelang in diesem Zustand sich selbst, so gelatiniert jetzt der mit Kalkbrei gemischte Ton, wenn man ihn mit einer Säure zusammenbringt; diese Eigenschaft ging ihm vor der Berührung mit Kalk beinahe völlig ab. Der Ton wird, indem der Kalk eine Verbindung mit seinen Bestandteilen eingeht, aufgeschlossen, und was noch merkwürdiger ist, der größte Teil der darin enthaltenen Alkalien wird in Freiheit gesetzt.

Im Sinne der jetzt verlassenen Humustheorie sollte man denken, daß der gebrannte Kalk eine nachteilige Wirkung auf den Boden ausüben müßte, weil die darin enthaltenen organischen Materien durch den Kalk zerstört, weil sie unfähig dadurch gemacht werden, einer neuen Vegetation Humus abzugeben; allein es tritt ganz das Gegenteil ein, die Fruchtbarkeit des Bodens für Cerealien findet sich durch den Kalk gesteigert. Die Cerealien bedürfen der Alkalien, der löslichen kieselsauren Salze, welche durch die Wirkung des Kalkes für die Pflanze assimilierbar gemacht werden. Ist nebenbei noch eine verwesende Materie vorhanden, welche Kohlensäure liefert, so wird ihre Entwicklung befördert; allein notwendig ist sie nicht. Geben wir dem Boden Ammoniak und die den Getreidepflanzen unentbehrlichen phosphorsauren Salze, im Fall sie ihm fehlen, so haben wir alle Bedingungen zu einer reichlichen Ernte erfüllt; denn die Atmosphäre ist ein ganz unerschöpfliches Magazin an Kohlensäure. Einen nicht minder günstigen Einfluß auf die Fruchtbarkeit des Tonbodens übt in manchen Gegenden das bloße Brennen desselben aus.

Der Ton und seine Modifikationen

Der gewöhnliche Töpferton gehört zu den sterilsten Bodenarten, obwohl er in seiner Zusammensetzung alle Bedingungen des üppigsten Gedeihens der meisten Pflanzen enthält; aber ihr bloßes Vorhandensein reicht nicht hin, um einer Pflanze zu nützen. Der Boden muß der Luft, dem Sauerstoff, der Kohlensäure zugänglich, er muß für diese Hauptbedingungen der freudigen Entwicklung der Wurzel durchdringlich, seine Bestandteile müssen in einem Zustand der Verbindung darin enthalten sein, der sie fähig macht, in die Pflanze überzugehen. Alle diese Eigenschaften fehlen dem plastischen Ton, sie werden ihm aber gegeben durch eine schwache Kalzination*).

Gebrannter und ungebrannter Ton verhalten sich verschieden

Die große Verschiedenheit in dem Verhalten des gebrannten und ungebrannten Tons zeigt sich in feuchten Gegenden an den mit Ziegeln aufgeführten Gebäuden. In den flandrischen Städten, wo fast alle Gebäude aus Backsteinen bestehen, bemerkt man an der Oberfläche der Mauern schon nach wenigen Tagen Auswitterungen von Salzen, welche sie wie mit einem weißen Filze überziehen. Werden diese Salze durch Regen abgewaschen, so kommen sie sehr bald wieder zum Vorschein, und dies beobachtet man selbst an Mauern, welche, wie die Tore der Festung Lille, schon Jahrhunderte lang

---

*) Ich sah in Hartwik Court bei Gloucester den Garten des Herrn Baker, der, aus einem steifen Ton bestehend, aus dem Zustand der höchsten Sterilität in den der größten Fruchtbarkeit durch bloßes Brennen überging. Die Operation war bis zu einer Tiefe von drei Fuß vorgenommen worden – ein nicht sehr wohlfeiles Verfahren, allein der Zweck wurde erreicht.

stehen. Es sind dies kohlensaure und schwefelsaure Salze mit alkalischen Basen, welche bekanntlich in der Vegetation eine sehr wichtige Rolle spielen. Auffallend ist der Einfluß des Kalkes auf diese Salzauswitterungen; sie kommen nämlich zuerst an den Stellen zum Vorschein, wo sich Mörtel und Stein berühren.

Mergeldüngung

Es ist klar, daß in Mischungen von Ton mit Kalk sich alle Bedingungen der Aufschließung des Tonsilikates, des Löslichwerdens der kohlensauren Alkalien vereinigt finden. Der in kohlensaurem Wasser sich lösende Kalk wirkt wie Kalkmilch auf den Ton ein, und hieraus erklärt sich der günstige Einfluß, den das Überfahren mit Mergel (womit man alle an Kalk reichen Tone bezeichnet) auf die meisten Bodenarten ausübt. Es gibt Mergelboden, welcher an Fruchtbarkeit für alle Pflanzengattungen alle anderen Bodenarten übertrifft. Noch weit wirksamer muß sich der Mergel in gebranntem Zustand zeigen, so wie die Mineralien, die ihm ähnlich zusammengesetzt sind: hierher gehören bekanntlich die Kalksteine, welche zur Bereitung des hydraulischen Kalkes sich eignen; durch sie werden dem Boden nicht allein die den Pflanzen nützlichen alkalischen Basen, sondern auch Kieselerde in dem zur Aufnahme fähigen Zustand zugeführt.

Braun- und Steinkohlenasche

Die Braun- und Steinkohlenaschen sind als vortreffliche Mittel zur Verbesserung des Bodens an vielen Orten im Gebrauch; man erkennt diejenigen, welche ganz besonders diesen Zweck erfüllen, an ihrer Eigenschaft mit Säuren zu gelatinieren, oder, mit Kalkbrei gemischt nach einiger Zeit, wie der hydraulische Kalk, fest und steinhart zu werden.

Die mechanischen Operationen des Feldbaues, die Anwendung des Kalkes und das Brennen des Tones vereinigen sich, wie man sieht, zur Erläuterung eines und desselben wissenschaftlichen Prinzips; es sind Mittel, um die Verwitterung der alkalischen Tonsilikate zu beschleunigen, um die Pflanzen beim Beginn einer neuen Vegetation mit gewissen ihnen unentbehrlichen Nahrungsstoffen zu versehen.

Chemische Briefe. Wohlfeile Ausgabe 1865, 5. Auflage. 35. Brief, Seiten 361-364.

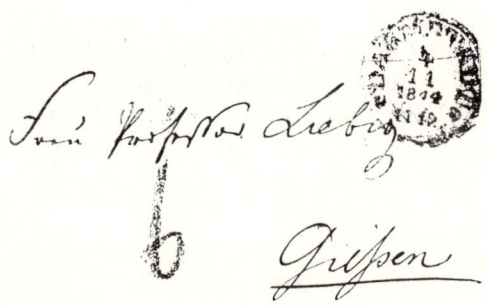

Brief Liebigs an seine Frau v. 4. Nov. 1844 über den Kauf des Schiffenbergs als Versuchsgelände.

Wirkungsweise des tierischen Düngers –
Ursprung der Exkremente

Die Chemischen Briefe *sind ab 1842 als Folge in der* Augsburger Allgemeinen Zeitung *erschienen, als Buch erstmals mit 26 Briefen 1844, in 3. Auflage mit 33 Briefen 1851 und mit 50 Briefen erstmals 1859, d. h. mit den zuvor als* Naturwissenschaftliche Briefe über die moderne Landwirtschaft *veröffentlichten 14 Briefen. Im hier folgenden 36. Brief der Gesamtausgabe hat Liebig die landwirtschaftlichen Studien seiner letzten Gießener Jahre verarbeitet – siehe die umfangreiche Fußnote am Schluß des hier folgenden Textes mit dem Bericht über sein Versuchsgelände und den Brief an seine Frau über den Ankauf dieses Grundstückes Seite 92.*

Um eine klare Vorstellung über den Wert und die Wirkungsweise der tierischen Exkremente zu haben, ist es vor allem wichtig, sich an den Ursprung derselben zu erinnern. Es ist jedermann bekannt, daß bei Enthaltung von aller Speise das Gewicht des lebenden tierischen Körpers in jedem Zeitmoment abnimmt. Wenn dieser Zustand längere Zeit dauert, so wird die Gewichtsabnahme auch dem Auge in der Abmagerung sichtbar: das Fett, die Muskeln nehmen ab und verschwinden zuletzt, so daß bei Personen, welche den Hungertod sterben, nur Häute, Sehnen und Knochen übrig bleiben. Aus dieser Abmagerung im sonst gesunden Zustand geht hervor, daß in jedem Lebensmoment eines Tieres ein Teil der lebendigen Körpersubstanz eine Veränderung erfährt, daß sie die Form von leblosen Verbindungen annimmt, welche mehr oder weniger verändert durch die Organe der Sekretion, durch Haut, Lunge und Harnblase austreten.

Dieses Austreten der lebendigen Körperteile steht in der innigsten Beziehung mit dem Respirationsprozeß; man kann sagen, daß es bedingt wird durch die Aufnahme von Sauerstoff aus der Luft, der sich mit gewissen Körperteilen vereinigt. (Gemeint sind in diesen Zusammenhang Körpersubstanzen. Hersg.) Mit jedem Atemzug wird dem Blut in der Lunge eine gewisse Menge Sauerstoff zugeführt, der sich mit gewissen Bestandteilen des Blutes verbindet; allein trotzdem, daß das Gewicht des zugeführten Sauerstoffes täglich auf dreißig bis vierzig Unzen (1 Unze = 28,35 g. Herausg.) steigen kann, wird das Gewicht des Körpers dadurch nicht vermehrt. Aller Sauerstoff, der beim Einatmen dem Körper zugeführt wird, tritt bei dem Ausatmen vollständig wieder aus, und zwar in der Form von Kohlensäure und Wasser; durch jeden Atmenzug wird der Kohlenstoff- und Wasserstoffgehalt des Körpers vermindert.

Bei der Abmagerung durch Hunger rührt die Gewichtsabnahme des Körpers aber nicht allein von dem Austreten des Kohlenstoffs und Wasserstoffs her, sondern alle anderen Substanzen, welche mit diesen Elementen vereinigt waren, werden ebenfalls abgeschieden. Der Stickstoff der lebendigen Gebilde, welche diese Veränderung erleiden, sammelt sich in der Harnblase an. Der Harn enthält eine an Stickstoff sehr reiche Verbindung, den Harnstoff, und neben diesem den Schwefel der Gebilde in der Form eines schwefelsauren Salzes; durch den Harn treten allmählich alle löslichen Salze des Blutes und aller tierischen Flüssigkeiten, das Kochsalz, die phosphorsauren Salze, Natron und Kali aus. Der Kohlenstoff und Wasserstoff des Blutes, der Muskelfasern und aller einer Veränderung fähigen Gebilde des Tierkörpers kehren in die Atmosphäre zurück, der Stickstoff sowie die löslichen anorganischen Bestandteile werden in der Form von Harn der Erde zugeführt.

In einem längeren Absatz gibt Liebig nun einen Abriß vom Stoffwechselgeschehen: wie Stoffe durch Haut, Lunge und Blase und in den Exkrementen ausgeschieden werden, d. h. feste und flüssige, gelöste und unlösliche Salze; wie sie durch die Speisen ersetzt werden und wie sich dieser Prozeß je nach Lebensalter wandelt. Er führt das Thema mit Fragen der Düngung fort:

Es ist klar, wir sind imstande, alle Bestandteile unserer Äcker, die wir in der Form von Tieren, Korn und Früchten ausgeführt haben, in den flüssigen und festen Exkrementen der Menschen, in den Knochen und dem Blut der geschlachteten Tiere wieder zu gewinnen; es hängt nur von uns ab, durch die sorgfältige Sammlung derselben das Gleichgewicht in der Zusammensetzung unserer Äcker wieder herzustellen. Wir können berechnen, wieviel an Bodenbestandteilen wir in einem Schaf, einem Ochsen, wieviel wir in einem Malter*) Gerste, Weizen oder Kartoffeln ausführen, und aus der bekannten Zusammensetzung der Fäces des Menschen läßt sich ermitteln, wieviel davon wir hinzuzuführen haben, um den Verlust, den unsere Äcker erlitten haben, wieder auszugleichen.

Die fixen Bestandteile der Exkremente sind abhängig von der Nahrung

Man bemerkt leicht, daß die Beschaffenheit der fixen Bestandteile in den Exkrementen sich mit der Nahrung ändert. Geben wir einer Kuh Runkelrüben oder Kartoffeln, ohne Heu oder Gerstenstroh, so haben wir in ihren festen

---

*) Malter, früheres Getreidemaß unterschiedlicher Größe: 100–150 Liter. (Hrsg.)

Exkrementen keine Kieselerde, wir haben darin phosphorsauren Kalk und Bittererde, in den flüssigen Exkrementen haben wir kohlensaures Kali und Natron, sowie Verbindungen dieser Basen mit anorganischen Säuren. Wir haben mit einem Wort in den flüssigen Exkrementen alle löslichen Bestandteile der Asche der genossenen Speise, in den festen Exkrementen haben wir die im Wasser nicht löslichen Teile dieser Asche. Hinterläßt das Futter oder die Speise nach dem Verbrennen eine Asche, welche lösliche phosphorsaure Alkalien enthält (Brot, Mehl, Samen aller Art, Fleisch), so bekommen wir von dem Tier, von dem sie verzehrt werden, einen Harn, in dem wir dieses phosphorsaure Alkali wiederfinden. Gibt die Asche des Futters an Wasser kein lösliches phosphorsaures Kali ab (Heu, Klee, Stroh), sind darin nur unauflösliche phosphorsaure Erden enthalten, so ist der Harn frei von phosphorsaurem Alkali; wir finden alsdann in den Fäces die phosphorsauren Erden. Der Harn der Menschen, der fleisch- und körnerfressenden Tiere enthält phosphorsaures Alkali, der Harn grasfressender Tiere ist frei von diesem Salz.

Analyse der fixen Bestandteile des Düngers

Die Analyse der Exkremente der Menschen, der fischfressenden Vögel, des Guano, sowie der Exkremente des Pferdes und der Kuh geben über die darin enthaltenen Salze den genügendsten Aufschluß. Wir bringen, wie diese Analysen ergeben, in den festen und flüssigen Exkrementen der Menschen und Tiere auf unsere Äcker *die Asche der Pflanzen zurück*, welche zur Nahrung dieser Menschen und Tiere gedient haben. Diese Asche besteht aus löslichen und unlöslichen Salzen und Erden, welche, zur Entwicklung der Kulturpflanzen unentbehrlich, der fruchtbare Boden liefern muß.

Es kann keinem Zweifel unterliegen, daß wir mit der Zufuhr dieser Exkremente die in der Ernte entzogenen Bodenbestandteile zurückbringen, daß wir damit dem Boden wieder das Vermögen geben, einer neuen Ernte Nahrung darzubieten – wir stellen das gestörte Gleichgewicht wieder her. Jetzt, wo wir wissen, daß die Bodenbestandteile des Futters in den Harn und in die Exkremente des Tieres übergehen, das sich davon ernährt, läßt sich mit der größten Leichtigkeit der verschiedene Wert der Düngerarten feststellen. Die festen und flüssigen Exkremente eines Tieres haben als Dünger für diejenigen Gewächse den höchsten Wert, welche dem Tiere zur Nahrung gedient haben. Der Kot der Schweine, die wir mit Erbsen und Kartoffeln ernährt haben, ist vor allem andern zur Düngung von Erbsen- und Kartoffelfeldern geeignet. Wir geben einer Kuh Heu und Rüben, und erhalten einen Dünger, der alle Bodenbestandteile der Graspflanzen und Rüben enthält, dem wir zur Düngung der Rüben vor jedem anderen den Vorzug geben müssen. So enthält der Taubenmist die mineralischen Bestandteile der Körnerfrüchte, der Kaninchenmist die der krautartigen und Gemüsepflanzen; der flüssige und feste Kot der Menschen enthält die Mineralbestandteile aller Samen in größter Menge*).

Chemische Briefe. Wohlfeile Ausgabe 1865, 5. Auflage. 36. Brief; Seiten 365-370.

---

*) Auf einem Stück Feld in der Nähe von Gießen, von der schlechtesten Beschaffenheit, auf welchem seit Jahrhunderten nur Kiefern gediehen und das als Ackerland kaum einen Wert hatte, habe ich drei Jahre lang eine Reihe von Versuchen über die Wirkung der Mineralbestandteile des Düngers angestellt und mich überzeugt, daß für perennierende Gewächse, für Holzpflanzen und Weinreben, ihre Aschenbestandteile ausreichen, um den Boden fruchtbar für diese Gewächse zu machen, daß aber für Getreide und Sommergewächse, um ein Maximum von Ertrag zu erzielen, der Gehalt des Bodens an organischen Substanzen von der größten Bedeutung ist. Durch Hinzufügen von Sägespänen wurde die Wirkung des Mineraldüngers in auffallendem Grade schon erhöht, und es scheint mir nicht im geringsten zweifelhaft zu sein, daß der Hauptgrund der erhöhten Wirksamkeit in der durch die Verwesung gebildeten Kohlensäure gesucht werden muß, die in diesem Fall weit weniger als Nahrungsmittel, sondern vorzüglich als *Lösungsmittel* für die phosphorsauren Erdsalze (phosphorsauren Kalk und Bittererde) und für die Überführung der neutralen kohlensauren Alkalien und Erden in Bicarbonate und zur Aufschließung der Silikate wirksam ist.

Diese Kohlensäure ist die von der Natur gegebene Bedingung des Übergangs der genannten Nahrungsmittel in den Organismus der Pflanze; denn die phosphorsauren und kohlensauren Erden sind für sich im Wasser nur dann löslich, wenn das Wasser Kohlensäure enthält, und ist offenbar die im Regenwasser vorhandene Kohlensäure-Menge nicht ausreichend, um in der kurzen Zeit des Wachstums der Sommerpflanzen die für ein Maximum ihrer Entwicklung unumgänglich nötige, verhältnismäßig große Menge von Mineralbestandteilen in den löslichen, d. h. in den für die Pflanzen geeigneten Zustand zu versetzen. Es ist bekannt, welchen Erfolg für diesen Zweck ein mäßiger Regen bewirkt und es läßt sich ermessen, in welchem hohen Grad dessen Wirkung gesteigert werden muß, infolge des Hinzutretens der Kohlensäure, durch welche das Lösungsvermögen des Regenwassers für diese Substanz um das Hundertfache, ja Tausendfache erhöht wird. Der Kohlensäuregehalt des gewöhnlichen Brunnenwassers, welches oft so beträchtliche Mengen von anorganischen Bestandteilen gelöst enthält, rührt von dieser Quelle, nämlich von der Verwesung organischer Stoffe her.

Am wirksamsten zeigte sich eine Mischung Stalldünger mit Mineraldünger; der Stalldünger enthält im Verhältnis zu seinen Mineralbestandteilen zu viel organische Substanz, so viel jedenfalls, daß durch die in seiner Verwesung gebildete Kohlensäure die vielfache Menge mehr an Mineralsubstanzen gelöst werden könnte. Die außerordentliche Erhöhung der Wirkung der Knochen durch Zusatz von Schwefelsäure beruht lediglich auf der Vergrößerung der Löslichkeit des phosphorsauren Kalks.

Bei den erwähnten Versuchen habe ich, wie viele vor mir, die Erfahrung gemacht, daß die Fruchtbarmachung eines an sich unfruchtbaren Bodens, wenn dessen Unfruchtbarkeit von dem Mangel an wirksamen Bestandteilen und nicht von einer ungeeigneten physikalischen Beschaffenheit herrührt, zu Ausgaben nötigt, welche mehr betragen, als man für den Ankauf des fruchtbarsten Feldes zu machen hätte. Man kann sich hierüber leicht eine Rechnung stellen.

Wenn man einem Acre (engl.) 8950 Pfund Asche oder Aschenbestandteile von Weizen, Kartoffeln usw. einverleibt, so reicht diese große Menge doch nur hin, um jedem Kubikzoll des Bodens auf 12 Zoll Tiefe einen einzigen Gran zu geben; dies ist weit weniger, als ein mäßig fruchtbarer Boden in einem Kubikzoll enthält, es ist hingegen weit mehr als eine Ernte bedarf. Da aber nur der Teil des Düngers wirkt, der in Berührung mit einer Wurzelfaser ist, so versteht man, warum der Boden das mehrfache enthalten muß. Es scheint, daß in vielen Fällen die Hauptwirkung des Düngers auf unseren Feldern darin besteht, daß infolge der reichlicheren Nahrung in der oberen Kruste des Feldes die Pflanzen während der ersten Zeit ihrer Entwicklung die zehnfache, vielleicht hundert- und tausendfache Anzahl von Wurzelfasern treiben, die sie in dem mageren Boden getrieben haben würden; und daß ihr späteres Wachstum im Verhältnis zu der Anzahl dieser Organe steht, durch die sie befähigt werden, den minder reichlichen Nahrungsstoff in den tieferen Schichten aufzusuchen und sich anzueignen, und es erklärt sich vielleicht hieraus, warum eine im Verhältnis zu der im Boden enthaltenen kleinen Menge von Ammoniak, von Alkalien und phosphorsauren Erden die Fruchtbarkeit in so hohem Grade erhöht.

Atmosphärische Nahrungsstoffe und stickstoffreiche Düngemittel

Im 42. und 43. seiner Chemischen Briefe *befaßt sich Liebig mit dem Ertragsproblem der verschiedenen Kulturpflanzen, das heißt einjähriger und mehrjähriger, Leguminosen und Nichtleguminosen. Er geht das Problem unter mehreren Gesichtspunkten an. Hier zeigt sich, daß der Stickstoffkreislauf noch nicht aufgeklärt war; es fehlte noch das Wissen um die biologische Stickstoffbindung und darüber, daß sich die Aktivität der hier beteiligten Bakteriengruppen je nach Bodenart und Jahreswitterung, d. h. vor allem Frühjahrserwärmung, verschieden entwickelt. Liebig zweifelte trotz dieser Erkenntnislücken nicht an der Richtigkeit seiner Grundauffassung. Erstaunlich ist vielmehr, wie er alle diese Erscheinungen beobachtet und richtige Schlüsse daraus zieht. Siehe hierzu auch den einleitenden Artikel über die Rolle des Stickstoffs in Liebigs Auffassungen von der Pflanzenernährung (Seite 21).*

Ein- und mehrjährige Pflanzen

In der Kultur zeigt sich der stickstoffhaltige Dünger besonders nützlich für die Getreidepflanzen, obwohl auch das Wachstum der Klee- und Wurzelgewächse auf vielen Feldern mächtig dadurch gesteigert wird; im allgemeinen beweist das üppige Gedeihen der Futtergewächse auf Feldern, die keinen stickstoffhaltigen Dünger empfangen haben, daß die Nützlichkeit oder Notwendigkeit dieser Dünger für die Getreidefelder nicht bedingt sein kann durch einen Mangel an Zufuhr von Stickstoff aus natürlichen Quellen, und nicht daraus erklärt werden kann, weil es den Getreidepflanzen an dieser Zufuhr gefehlt habe. Die über einem Klee- und Kornfeld schwebende Luftsäule bietet dem Korn ebensoviele Kohlensäure- und Ammoniakteilchen dar wie dem Klee, und auf dem nämlichen Boden, auf welchem der Landwirt einen sehr geringen Ertrag an Stickstoff in Korn und Stroh hatte, wenn er eine Futterpflanze darauf baut, erntet er das Drei- und Vierfache an stickhoffhaltigen Bestandteilen; die nämliche Quelle, woraus die Kleepflanze ihren Bedarf an Stickstoff schöpfte, stand auch der Kornpflanze offen, und wenn die Kleepflanze das Drei- bis Vierfache empfing, so konnte die Kornpflanze keinen Mangel daran haben. Es ist ganz sicher, daß ein Boden, welcher einen geringen Ertrag an Korn geliefert hat, nicht fruchtbarer wird für Korn, auch wenn demselben die reichlichsten Mengen Ammoniak zugeführt werden.

Der Grund des Nichtgedeihens des Korns muß demnach in anderen Verhältnissen liegen, und die nächstliegende Ursache muß in der Beschaffenheit des Bodens gesucht werden.

Auf der anderen Seite kann es nicht bezweifelt werden, daß zwei an den fixen Nahrungsmitteln der Gewächse gleich reiche Felder dennoch ungleich fruchtbar für Korngewächse sind, wenn das eine derselben mehr kohlenstoff- und stickstoffreiche organische Materien als das andere enthält; das hieran reichere liefert einen höheren Ertrag an Korn und Stroh; es ist ferner gewiß, daß von zwei Feldern, welche eine gleiche Zufuhr an fixen Nahrungsstoffen im Dünger empfangen haben, wenn das eine gleichzeitig, in organischen Materien, noch überdies eine Kohlensäure- und Ammoniakquelle empfängt und das andere nicht, daß dieses eine Feld einen höheren Ertrag an Korn im allgemeinen liefert als das andere.

Diese Steigerung des Ertrags findet in diesen Verhältnissen statt für Kornpflanzen sowohl wie für andere jährige Gewächse, welche eine schwache Blattentwicklung und Wurzelverzweigung haben, und die Ursache der Nützlichkeit einer Zufuhr von organischen und stickstoffreichen Materien ist leicht erkennbar.

Die biologischen Stationen des Stickstoff-Kreislaufes (siehe Abb. S. 54 und S. 99) waren zu Liebigs Zeit noch nicht entdeckt; er meinte, die Menge stickstoffreicher Produkte, die auf einer gegebenen Fläche gewonnen werden könne, stehe in einem bestimmten Verhältnis zwischen der Blattoberfläche und der Zeit, in welcher die in ihr enthaltenen „Organe der Aufsaugung" tätig sein könnten. Daraus folgte für ihn die sich aus der Erfahrung ergebende Praxis der Düngung:

Die Erfahrung hat den Landwirt gelehrt, in dieser Beziehung einen Unterschied zu machen; er düngt in der Regel ein Kleefeld nicht mit stickstoffreichen Materien, weil der Ertrag an Klee in der Regel nicht merklich oder nur unbedeutend dadurch gesteigert wird, während durch Düngung seiner Kornfelder mit diesen Stoffen die Erträge derselben zu seinem Vorteil zunehmen.

Der Landwirt benutzt darum die Futtergewächse als Mittel zur Erhöhung der Fruchtbarkeit seiner Kornfelder.

Die Futtergewächse, welche ohne stickstoffreichen Dünger gedeihen, sammeln aus dem Boden und verdichten aus der Atmosphäre in der Form von Blut- und Fleischbestandteilen das durch diese Quellen zugeführte Ammoniak; indem der Landwirt mit Futtergewächsen, Kleeheu, den Rüben usw. sein Rindvieh, seine Schafe und Pferde ernährt, empfängt er in ihren festen und flüssigen Exkrementen den Stickstoff des Futters in der Form von Ammoniak und stickstoffreichen Produkten und damit einen Zuschuß von stickstoffreichem Dünger oder von Stickstoff, den er seinen Kornfeldern gibt.

Immer stammt der Stickstoff, womit der Landwirt seine Kornfelder düngt, aus der Atmosphäre; jedes Jahr führt er eine gewisse Menge Stickstoff in

Schlachtvieh und Korn, in Käse oder Milch von seinem Gut aus; allein sein Betriebskapital an Stickstoff erhält und vermehrt sich, wenn er durch die Kultur von Futtergewächsen, im richtigen Verhältnis, den Ausfall zu ersetzen weiß.

In den gemäßigten Zonen sind es gewöhnlich die einjährigen Gewächse, welche die Nahrung des Menschen erzeugen, und es ist die Aufgabe des Landwirts, durch diese seinen Feldern ebensoviel an ernährenden Stoffen für den Menschen abzugewinnen, als eine gleiche Fläche Land mit perennierenden Gewächsen an Nahrungsstoffen für die Tiere liefert. Für das Tier, das für sich nicht sorgen kann, sorgt die Natur, während der Mensch für die Sicherung seines Bestehens das Vermögen empfangen hat, die Naturgesetze zu Dienern seiner Bedürfnisse zu machen.

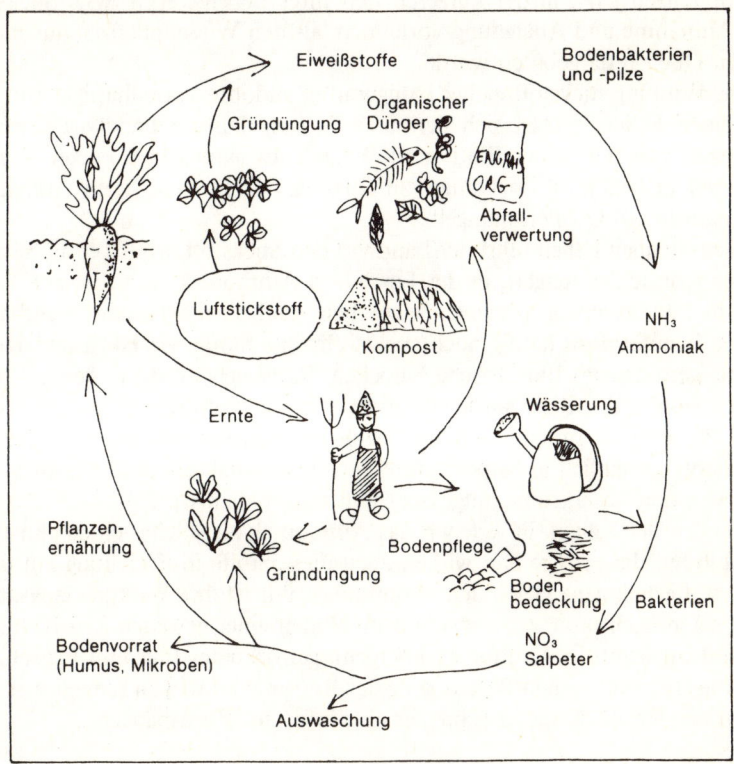

Volkstümliche Darstellung des Stickstoffkreislaufes, nach Paul Thorez, aus der Zeitschrift *Les quatre saisons du jardinage* (6 rue Saulnier, F 75009 Paris).

Das beste Getreidefeld, welches gedüngt worden ist, erzeugt im ganzen nicht mehr Blut- und Fleischbestandteile als eine gute Wiese, die keinen stickstoffhaltigen Dünger empfangen hat; ungedüngt würde das Getreidefeld weniger als die Wiese hervorgebracht haben.

Was den Kornpflanzen in der Aufnahme ihrer atmosphärischen Nahrungsstoffe aus natürlichen Quellen, der Zeit nach, fehlt, um ein Maximum an Korn und Stroh zu erzeugen, was die sparsamen Blätter während ihrer kurzen Lebensdauer aus der Luft nicht aufzunehmen vermögen, führt der Landwirt durch die Wurzeln zu.

Was die Wiesenpflanzen in acht Monaten an atmosphärischen Nahrungsmitteln aufnahmen und was die Kulturpflanzen, deren Aufnahmezeit auf vier bis sechs Wochen beschränkt ist, aus der Luft nicht empfangen konnten, ersetzt der Landwirt demnach im Dünger und er bewirkt damit, daß die Kornpflanzen jetzt, in der kürzeren Zeit ihres Lebens, ebensoviel Stickstoff zur Aufnahme und Aneignung vorfanden, als den Wiesenpflanzen aus natürlichen Quellen dargeboten wurde.

Die Wirkung stickstoffreicher Düngemittel und ihre Vorteilhaftigkeit in den einzelnen Fällen, erklärt sich demnach daraus, daß der Landwirt gewissen Pflanzen von schwacher Blatt- und Wurzelentwicklung und kurzer Vegetationszeit in *Quantität* im Dünger zuführt, was ihnen an *Zeit* zur Aufnahme aus natürlichen Quellen mangelt.

Nicht in allen Fällen führt der Landwirt den Stickstoff, womit er die Erträge seiner Kornfelder steigert, in der Form von Ammoniak zu, in welcher er in den in Fäulnis übergegangenen Menschen- und Tierexkrementen enthalten ist. Er benutzt dazu häufig noch stickstoffreiche Stoffe wie Horn und Hornspäne, getrocknetes Blut, frische Knochen, Rapskuchenmehl u. dergl.

Wir wissen, daß diese sowie alle stickstoffreichen Stoffe, welche von Tieren und Pflanzen stammen, nach und nach im Boden verwesen, und daß ihr Stickstoff allmählich in Salpetersäure und Ammoniak übergeht, welches letztere von der Ackerkrume aufgesaugt und festgehalten wird.

In allen den Fällen, in welchen das Ammoniak als solches einen günstigen Einfluß auf die Erträge hat, wirken auch diese Stoffe in Beziehung auf ihren Stickstoffgehalt ganz gleich dem Ammoniak, nur ist ihre Wirkung langsamer, weil sie je nach ihrer Zersetzbarkeit im Boden einer gewissen Zeit bedürfen, ehe ihr Stickstoff in Ammoniak übergeht; getrocknetes Blut und Fleisch, sowie die stickstoffreichen Bestandteile des Rapsmehles wirken schneller als der Leim der Knochen, dieser schneller als Horn und Hornspäne.

Chemische Briefe. Wohlfeile Ausgabe 1865. 5. Auflage. 42. Brief, S. 421-424.

Wurzelkraft und Pflanzenernährung

Im 44. seiner Chemischen Briefe *befaßt sich Liebig ähnlich wie im Kapitel „Die Wechselwirtschaft" seiner* Agrikulturchemie *(s. Seite 63) mit den mineralischen Nährstoffen oder Aschenbestandteilen, die die Kulturpflanzen in sehr verschiedener Weise dem Boden entziehen. Das Wurzelsystem der Pflanzen und dessen Kraft, Nährstoffe aus dem Untergrund aufzuschließen, aber behandelt er besonders anschaulich und ausführlich in den folgenden Absätzen des 44. Briefes.*

Die Erschöpfung des Untergrundes

Der letzte Fall, den wir zu betrachten haben, ist, wenn der Landwirt anstatt Kartoffeln und Klee, Rüben und Luzerne baut, welche vermöge ihrer langen und tiefgehenden Wurzeln eine große Menge von Bodenbestandteilen aus dem Untergrund holen, den die große Mehrzahl der Wurzeln der Getreidepflanzen nicht erreicht. Wenn die Felder einen solchen Untergrund besitzen, welcher die Kultur dieser Gewächse gestattet, so stellt sich das Verhältnis etwa so, wie wenn sich die kulturfähige Oberfläche verdoppelt hätte. Empfangen die Wurzeln dieser Pflanzen die eine Hälfte ihrer mineralischen Nahrungsmittel vom Untergrund und die andere von der Ackerkrume, so wird die letztere durch die Ernte nur halb soviel verlieren, als sie durch eben diese Pflanzen verloren haben würde, wenn sie *alle* von der Ackerkrume genommen worden wären.

Als ein von der Ackerkrume getrenntes Feld gedacht, gibt hiernach der Untergrund an die Rüben- und Luzernepflanzen eine gewisse Quantität von Bodenbestandteilen ab, und wenn die ganze Rüben- und Luzerne-Ernte im Herbst auf dem Weizenfeld untergepflügt worden wäre, welches eine mittlere Ernte Weizenkorn geliefert hat, und dieses ebensoviel oder mehr empfängt als es in dem Korn verloren hat, so kann dieses Weizenfeld in dieser Weise *auf Kosten des Untergrundes eben so lange auf einem gleichbleibenden Zustand der Fruchtbarkeit erhalten werden, als derselbe fruchtbar für Rüben und Luzerne bleibt.*

Da aber die Rüben und Luzerne zu ihrer Entwicklung einer sehr große Menge Bodenbestandteile bedürfen, so ist der Untergrund um so früher erschöpft, je weniger er davon enthält, und da er in Wirklichkeit von der Ackerkrume nicht getrennt ist, sondern unterhalb derselben liegt, so kann er von allen den Bestandteilen, die er verloren hat, kaum etwas zurückempfangen, weil die Ackerkrume den ihr davon zugeführten Teil zurückhält; nur dasjenige Kali, Ammoniak, die Phosphorsäure, Kieselsäure, welche die Ackerkrume nicht festhält und bindet, können in den Untergrund gelangen.

Durch die Kultur dieser tiefwurzelnden Gewächse kann mithin ein Überschuß von Nahrungsstoffen für alle Gewächse gewonnen werden, die ihre Nahrung vorzugsweise aus der Ackerkrume schöpfen; aber dieser Zufluß hat keine Dauer; in einer verhältnismäßig kurzen Zeit gedeihen diese Gewächse auf vielen Feldern nicht mehr, weil der Untergrund erschöpft und seine Fruchtbarkeit nur schwierig wiederherstellbar ist. Zunächst kommt die Luzerne nicht mehr fort, und die Rüben gedeihen nur insofern, als sie ihren vollen Bedarf von der Ackerkrume empfangen können. Die Kartoffeln halten am längsten aus, weil sie ihre Nahrung der obersten Schicht der Ackerkrume entziehen.

Verhältnis der Nahrungsaufnahme einer Pflanze zur Wurzeloberfläche

Die Menge von Nahrung, welche eine Pflanze aus dem Boden empfängt, hängt nicht allein ab von der Quantität, die sich in den kleinsten Teilen der Ackerkrume befindet, sondern auch von der Anzahl der Organe, welche diese Nahrung dem Boden entziehen. Zwei Wurzeln holen doppelt soviel als eine Wurzel.

Von der ersten Bewurzelung hängt zum Teil die Ernte ab.

Ein Weizen- oder Gerstenkorn enthält in seiner eigenen Masse eine so große Menge von Nahrungsstoffen, daß sie in der ersten Zeit ihrer Entwicklung den Boden nicht bedürfen; einfach durchfeuchtet entwickeln die Samen dieser Nährpflanzen zehn oder mehr Würzelchen von 6 bis 8 Linien Länge; je schwerer das Korn ist, umso stärker und kräftiger ist die Bewurzelung; ohne daß das Samenkorn von dem Boden irgendetwas empfängt, breitet es rings umher seine Aufsaugungsorgane aus, die ihm aus einer verhältnismäßig großen Entfernung Nahrung zuführen. Auf die sorgfältige Wahl des Saatkorns legt darum der Landwirt einen besonderen Wert.

Samen, welche sehr klein sind, wie die des Tabaks, Mohns, Klees, bedürfen einer reicheren oder wohl zubereiteten Bodenoberfläche, wenn nicht der größte Teil davon zu Grunde gehen soll, weil der Boden in der nächsten Nähe des Samens sogleich beim Keimen in Anspruch genommen wird und Nahrung abgeben muß. Darum sind diese Pflanzen, wie der Landwirt sagt, schwieriger aufzubringen.

Die Samen der Nährpflanzen lassen sich mit einem Hühnerei vergleichen, welches alle zur Entwicklung des jungen Tieres notwendigen Elemente in sich enthält, und sicherlich würde der Feldbau eine ganz andere Form annehmen, wenn für eine einzige Getreidepflanze ebensoviele Samen wie beim Mohn, Tabak und selbst Klee zu Grunde gehen würden.

Auf einem und demselben Boden steht die Menge von Nahrung, die eine Pflanze daraus aufnimmt, im Verhältnis zu ihrer aufsaugenden Wurzeloberfläche; von zwei Pflanzenvarietäten, welche dieselbe Menge und ein gleiches Verhältnis von mineralischer Nahrung bedürfen, nimmt die mit doppelter Wurzeloberfläche doppelt soviel Nahrung auf.

Wenn es wahr ist, daß die Aschenbestandteile der Gewächse für das Leben und das Gedeihen der Pflanze unentbehrlich sind, so sieht man ein, daß alles, was auch sonst auf das Wachstum derselben einen fördernden Einfluß auszuüben vermag, *untergeordnet ist dem Gesetz*, daß der Boden, um in landwirtschaftlichem Sinn fruchtbar für eine Kulturpflanze zu sein, die Aschenbestandteile des Gewächses in hinlänglicher Menge und in der zur Aufnahme geeignetsten Beschaffenheit enthalten muß.

Mit dem Boden hat es der Landwirt allein zu tun, nur durch den Boden vermag er eine unmittelbare Wirkung auf die Pflanze auszuüben; die Erreichung aller seiner Zwecke auf die vollkommenste und vorteilhafteste Weise setzt voraus die genaue Kenntnis der im Boden wirksamen chemischen Bedingungen des Lebens der Gewächse, ihrer Nahrung und der Quelle, aus der sie stammt, sowie die Bekanntschaft mit den Mitteln, um den Boden für die Ernährung der Pflanze geeignet zu machen, und Übung und Geschicklichkeit, um sie in der rechten Zeit und richtigen Weise anzuwenden.

Aus den vorhergehenden Auseinandersetzungen ergibt sich, daß die Kultur der Gewächse den fruchtbaren Boden erschöpft oder unfruchtbar macht; in den Früchten seiner Felder, welche zur Ernährung der Menschen und Tiere dienen, führt der Landwirt einen Teil seines Bodens, und zwar die zu ihrer Erzeugung dienenden wirksamen Bestandteile desselben aus; fortwährend nimmt die Fruchtbarkeit seiner Felder ab, ganz gleichgültig, welche Pflanzen er baut, und in welcher Ordnung er sie baut. Die Ausfuhr seiner Früchte ist nichts anderes als eine Beraubung seines Bodens an den Bedingungen ihrer Wiedererzeugung.

Ein Feld ist nicht erschöpft für Korn, für Klee, für Tabak, für Rüben, solange es noch lohnende Ernten *ohne Wiederersatz* der entzogenen Bodenbestandteile liefert; *es ist erschöpft* von dem Zeitpunkt an, wo ihm die fehlenden Bedingungen seiner Fruchtbarkeit *durch die Hand des Menschen* wiedergegeben werden müssen. *Die große Mehrzahl aller unserer Kulturfelder ist in diesem Sinn erschöpft.*

Chemische Briefe. Wohlfeile Ausgabe 1865. 5. Auflage. 44. Brief, Seiten 441–443.

Ammoniak als Nahrungsmittel der Pflanze

Auf den Inhalt des 47. der Chemischen Briefe *ist im einleitenden Artikel über Liebigs Auffassungen von der Rolle des Stickstoffs in der Pflanzenernährung schon nachdrücklich hingewiesen worden (s. Seite 23). Liebig wollte mit seinen Gegnern im Streit um die Stickstoffdüngung wohl einmal „abrechnen". Er bringt alle seine Argumente geschlossen vor, mit vielen damals aktuellen, aber auch heute noch überzeugenden Beispielen, wie dem Hinweis auf die Zucker-rübenmelasse oder die Wirtschaftsweise der Winzer und Tabakpflanzer. Weg-gelassen wurde eine längere Fußnote von Seite 486 der Originalausgabe. (Der Amerikaner H.C. Carey, offenbar ein Liebig-Anhänger, klagt dort die Land-wirte der USA der „Bodenschlächterei" und Verschwendung an.)*

Entfallen mußte aus Platzgründen leider auch eine einleitende Betrachtung „Die Rolle des Wassers in der Vegetation". Es liefert der Pflanze das Element Wasserstoff als Baustoff, und es transportiert die Nährstoffe. Zur Erzielung optimaler Erträge muß es zur rechten Zeit verfügbar sein. Liebig leitet damit über zum Thema Ammoniak.

Ganz so verhält es sich mit dem Ammoniak. Vermehren wir den Ammoni-akgehalt der Luft oder des Bodens, so findet die Pflanze zu *günstiger Zeit* mehr von diesem Nahrungsmittel als sonst vor, und die Folge davon ist, daß in entsprechender Weise mehr Bodenbestandteile wirksam werden. Da mit den Blättern täglich nur ein gewisses Luftvolumen in Berührung kommen kann, so kann die Pflanze aus dieser Luft nicht mehr Ammoniak und Koh-lensäure aufnehmen als sie enthält, und es gehört demnach zur Aufnahme oder Vermehrung der Pflanzenmasse eine *gewisse Zeit;* nimmt sie in jedem Tage gleich viel auf, so nimmt sie in zwei Tagen doppelt soviel als in einem Tag.

Wenn die Pflanze an günstigen Tagen doppelt oder viermal soviel minerali-sche Nahrung empfangen hat als sonst, so wird der Überschuß warten müs-sen, um wirksam zu sein, bis so viel Kohlensäure und Ammoniakteilchen durch die Blätter hinzugekommen sind, daß sie zusammen zu Pflanzenbe-standteilen übergehen können. Keiner von den Nahrungsstoffen wirkt, wenn die anderen nicht dabei sind und mitwirken. Wenn wir demnach, da es an Kohlensäure in der Regel nicht fehlt, den Ammoniakgehalt des Bodens oder der Luft vermehren, so wird unter gleichen Umständen die Entwicklung der

Pflanze außerordentlich beschleunigt, was nichts anderes sagen will, als daß der Ertrag an Pflanzenmasse in der Zeit zunimmt, wie man dies an Mistbeeten sieht. *Wären die Bodenbestandteile nicht in der Pflanze gegenwärtig und wirkungsfähig* gewesen, so würde das Ammoniak nicht die allergeringste Wirkung auf die Vermehrung der Pflanzenmasse gehabt haben.

Ammoniak als Düngemittel

Man wird demnach über die außerordentliche Wirkung des Guano auf die Vermehrung der Kornerträge sich nicht wundern können, denn der Guano enthält nicht allein die Bedingungen zur Kornbildung, welche der Boden hergeben muß, sondern auch in dem Ammoniak einen unentbehrlichen Nahrungsstoff, der ihre Wirkung in der Zeit steigert und erhöht. Auf manchen Feldern kann das Ammoniak im Guano bei günstiger Witterung möglicherweise doppelt soviel von diesen Bodenbestandteilen wirksam machen und in *einem* Jahr einen Ertrag liefern, den diese Bodenbestandteile für sich allein erst in zwei Jahren geliefert hätten.

Man wird ferner einsehen, daß das Ammoniak für sich allein, einem Boden gegeben, der die Bedingungen zur Kornbildung in genügender Menge enthält, eine günstige Wirkung auf die Erhöhung des Ertrags haben muß; da man aber in dem geernteten Korn mehr von den Bedingungen hinwegnimmt, die das Ammoniak wirksam gemacht haben, so müssen die Erträge des Feldes in den folgenden Jahren – wenn man fortfährt Ammoniak zu geben, ohne die hinweggenommenen Bodenbestandteile zu ersetzen – in eben dem Grad abnehmen als sie im ersten und zweiten Jahr höher gewesen sind.

Das Ammoniak ist mit einem Wort ein sehr nützliches Düngemittel, wenn es begleitet ist von den Bodenbestandteilen, die es wirksam machen, oder wenn es im Boden die zu seiner Wirksamkeit notwendigen Bedingungen vorfindet, und es wird vollkommen wertlos für den Landwirt, wenn er für den Ersatz oder die Zufuhr dieser Bedingungen nicht Sorge trägt.

In einem Boden, welcher reich genug an Stickstoff und arm an einzelnen für die Kultur mancher Gewächse unentbehrlichen Bodenbestandteilen ist, ist die Anwendung des Ammoniaks oder seiner Salze jedenfalls unnützlich und häufig geradezu schädlich. Auf einem solchen Boden, dem es einfach an Phosphorsäure fehlt, wird diese – unbegleitet von Ammoniak – als Düngemittel dieselbe Wirkung haben, welche der Guano in gleichem Grad vielleicht nicht hervorbringen würde. Eine Düngung mit saurem phosphorsaurem Kalk (Phosphorit) erhöhte auf einem der ärmsten ausgenutzten Felder in der Umgegend Münchens, in Versuchen, welche das Generalkomité des landwirtschaftlichen Vereins zu Schleißheim ausführen ließ, den Kornertrag (Sommerweizen) um mehr als das Doppelte des ungedüngten Stückes. Wäre dieses

Stück mit Guano gedüngt worden, so würde der Ertrag ohne allen Zweifel den des ungedüngten Stücks weit überstiegen haben, und ein Anhänger der sogenannten Stickstofftheorie würde ebenso zweifellos dem im Guano zugeführten Ammoniak die Wirkung zugeschrieben haben, von welcher in dem erwähnten Versuch nicht die Rede sein kann. Durch dasselbe Düngmittel hat man an vielen andern Orten, ohne alle Mitwirkung von Ammoniak, Erträge an Korn erhalten, welche die mit Guano erzielten häufig übertrafen; und daß für Felder dieser Art das Pfund Ammoniak keinen Pfennig wert ist, liegt auf der Hand.

Auch der Grund hiervon ist durch die chemische Untersuchung des Bodens ermittelt worden; es hat sich ergeben, daß die meisten Felder auf zehn bis zwölf Zoll Tiefe hundert-, fünfhundert-, oft tausendmal mehr Ammoniak in einer ähnlichen Form enthalten, als es im verrotteten Stallmist, im Knochenmehl oder Repskuchenmehl enthalten ist, und man sieht ein, wenn es an einem einzigen der andern Bodenbestandteile mangelt, daß der vorhandene Reichtum an Ammoniak nicht wirksam und tätig sein kann.

In der Umgebung Magdeburgs hat man angefangen, die Brennrückstände der Rübenzuckermelasse, welche die löslichen Salze der Runkelrübe (keine Ammoniaksalze) enthalten, als Düngemittel zu verwenden, und ich bin versichert worden, daß damit auf einem und demselben Feld mehrere Jahre hintereinander die reichsten Raps- (ebenfalls eine Rüben-)Ernten erzielt worden sind. Für ein jedes Feld gibt es ein solches Mittel; wenn man sich aber begnügt, das Ammoniak lobzupreisen, so findet man es nicht. (Brennrückstände der Rübenzuckermelasse, heutiger Handelsname: Vinasse. Hrsg.)

Der Boden enthält, wie aus dem 38sten Brief*) erhellt, niemals freies Ammoniak, und während der Fäulnis des Mistes geht der größte Teil des frei gewordenen in eine chemische Verbindung mit den humosen Bodenbestandteilen über, die das Ammoniak der Jauche entzieht, woher es denn kommt, daß diese verhältnismäßig so arm an diesem Bestandteil ist. Führt man freies Ammoniak oder ein Ammoniaksalz dem Feld zu, so geht es augenblicklich mit den Bestandteilen der Ackerkrume eine Verbindung ein, von welcher die Pflanze diesen Nahrungsstoff empfängt. In dieser Weise häufte und häuft sich das im Regen zugeführte Ammoniak im Boden an, und man sollte deshalb verständigerweise kein Geld für das teuerste aller Düngemittel ausgeben, ehe man sich versichert hat, daß weder phosphorsaurer Kalk für sich oder mit Schwefelsäure aufgeschlossen, oder Asche, oder beide vereinigt, oder Kalk eine Wirkung auf dem Feld, zunächst bei Hackfrüchten, auf welche man Halmgewächse folgen läßt, hervorbringen. Erst wenn dies alles geschehen, ist die Anwendung des Ammoniaks gerechtfertigt.

---

*) Vgl. „Allgemeinste Bedingungen des Pflanzenlebens", s. S. 139. (Herausg.)

In einem Absatz „Landwirtschaftlicher Wert der Guanosorten und tierischen Exkremente" erklärt Liebig, durch die genauesten chemischen Analysen sei festgestellt worden, daß zwischen der Stickstoffmenge in den Samen und ihrem Gehalt an phosphorsauren Salzen bzw. zwischen dem Stickstoff und den Asche-bestandteilen der Samen ein festes, unveränderliches Verhältnis besteht. In Wirklichkeit verwandelt sich aber der Stickstoff in den Exkrementen durch Fäulnis in Ammoniak, und ein Teil gehe durch Verdunstung und Versickerung verloren. Er folgert daraus:

Es ist deshalb nicht ungereimt, sondern wohlbegründet, zu sagen, daß der Wert der Guanosorten, der Poudrette und des Stallmistes in einem gewissen Verhältnis zu ihrem Stickstoffgehalt stehe; aber der Schluß, den man daraus gezogen hat: daß ihr ganzer Wert, ihre ganze Wirkung auf die Felder auf diesem Stickstoffgehalt beruhe, daß diese Dünger mithin in der Kultur mit gleichem Erfolg ersetzt und vertreten werden könnten durch Ammoniak und seine Salze, ist keiner Begründung fähig und eine Übereilung. Wäre ein Land-wirt auf die Empfehlung der Verbreiter dieser sogenannten Stickstofftheorie hin so töricht, seine Felder nur zehn Jahre hintereinander mit Ammoniaksal-zen oder Chili-Salpeter zu düngen, und im Vertrauen darauf, daß sie den Stalldünger, die Poudrette, den Guano ersetzen könnten, alle seine Feldfrüchte zu verkaufen, er würde nach diesen zehn Jahren ein Bettler sein; und wenn alle Landwirte in Deutschland überein kämen, die mineralischen Bestandteile ihres Mistes ihren Feldern nicht zuzuführen, weil nach den Versicherungen ihrer Lehrer sie daran unerschöpflich sind, so wäre die halbe Bevölkerung Deutschlands nach zehn Jahren verhungert.

Es ist überhaupt eine der niederschlagendsten Erscheinungen in der Land-wirtschaft, daß in der Beurteilung des Wertes eines Düngemittels und seiner Wirkung oft die gebildetsten Männer auf alles Urteil und den gesunden Men-schenverstand verzichten.

Wenn ein Agrikulturchemiker behauptet, daß „er dem Guano hauptsäch-lich die bestimmte Überzeugung von der hohen Wichtigkeit leicht assimilier-barer Stickstoffverbindungen für unsere Landwirtschaft und mittelbar sonach die schönste Errungenschaft seiner agrikulturchemischen Tätigkeit verdanke", so ist das letztere allein richtig, insofern man – wäre der Guano nicht gewesen – schwerlich von der agrikulturchemischen Tätigkeit dieses Mannes in weite-ren Kreisen etwas erfahren hätte; ein Mann der Wissenschaft sollte sich, um zu schwimmen, nicht an ein Stück Kork hängen, und wenn es ihn trägt, so sollte er dankbar dafür und nicht stolz darauf sein. Der Guano bedurfte des Korks nicht; er hätte seinen Weg doch gemacht wie die Eisenbahnen, so wie er denn in anderen Ländern einen weit größeren Weg zurückgelegt hat als bei uns, ohne irgend die Beihilfe eines Chemikers zu bedürfen. Dinge, welche Geld einbringen, machen ihren Weg von selbst.

Und wenn Agrikulturchemiker behaupten, daß das Ammoniak oder die Ammoniaksalze Universalmittel seien für die Weizenkultur, oder der saure phosphorsaure Kalk für die Rübengewächse, so beweisen sie eben, daß sie den eigentlichen Kern der landwirtschaftlichen Lehre nicht verstehen.

Liebig berechnet nun den „Verlust an Düngemitteln durch Nahrungsausfuhr in die Städte". Mit 2000 kg Weizen führe der Landwirt 17 kg Phosphorsäure und 10,5 kg Kali aus, und in tierischen Produkten entsprechende Mengen an phosphorsaurem Kalk und phosphorsauren Salzen.

Ersatz der in die Städte geführten Düngemittel durch Guano

Wir haben seit Jahrhunderten den großen Städten in dem Fleisch und den Feldfrüchten die Bestandteile des Guano zugeführt, und diesen Guano nicht zurückgebracht, und wir schicken jetzt Schiffe nach Chile, Peru und nach Afrika und holen uns diesen Guano zurück. Für je 45 Millionen Pfund zahlen wir an das Ausland die Summe von 3 Millionen Gulden.

Unsere Felder haben durch jene *Ausfuhr* an Fruchtbarkeit verloren; hätten sie dies nicht, wie wäre es denkbar oder nur möglich, daß wir durch die *Einfuhr* derselben ihre Fruchtbarkeit hätten steigern können!? Ein in *der besten Beschaffenheit* befindliches Feld darf durch *kein Düngemittel* in seiner Ertragsfähigkeit gesteigert werden können, und auf gut bewirtschafteten Gütern ist der Mehrertrag durch den Guano darum in der Regel weit geringer als auf schlechten; während er auf den ersteren, sobald sein Preis um etwas höher steigt, keine *lohnenden* Erträge mehr gibt, werden ihn die schlechten Wirtschafter immer noch, und mit Recht, als ein Mittel preisen, das ihnen Vorteile gewährt.

Liebig rechnet hier aus, was in den Jahren 1855 und 1856 in England und in Sachsen je ha an Aschenbestandteilen durch Guano zugeführt und in Korn entzogen wurde und fährt dann fort:

Es gibt unter den Gewerbetreibenden keinen, dessen Sinn mehr auf den augenblicklichen und vorübergehenden Gewinn gerichtet ist als der des gewöhnlichen Bauern, obwohl gerade bei diesem das Gegenteil vermutet werden sollte, keinen, der im industriellen Sinne weniger zu rechnen versteht.

Der *kluge* Landwirt, welcher den Bauern in seiner Umgegend ihre Kartoffeln abkauft, um Branntwein daraus zu brennen, oder den Raps, um Öl daraus zu schlagen, *weiß*, daß jede Kartoffelernte von zwei Tagwerken Feld, die ihm der Bauer verkauft, in ihren Rückständen ihm drei Ernten Roggen (Samen) oder eine volle Ernte Reps einbringt; *er weiß*, daß ein jeder Zentner Reps ihm in den Repskuchen zwei Zentner Weizenkorn wert ist, und in der Anlage seiner Brennerei oder Ölmühle bringt er diese Vorteile in diesem Zuwachs an den Bedingungen der Fruchtbarkeit seiner Felder in Rechnung.

Der Bauer, der ihm diese Kartoffeln oder den Reps verkauft, *weiß*, daß der andere diesen Zuwachs für *erheblich* hält, er selbst hält ihn aber für seine Felder für *unerheblich*; es fällt ihm gar nicht ein, dafür zu sorgen, daß er die Düngerbestandteile mit Aufopferung eines Teils des empfangenen Silbers für sein Feld zurückhält. Der Repssamenverkäufer sollte, wenn er Landwirt ist, nur das Öl, der Kartoffelverkäufer den Industriellen nur das Stärkemehl verkaufen, denn nur in dieser Weise erhält sich der Kreislauf.

Der Landwirt veräußert aber nicht bloß Korn, er veräußert Kartoffeln, Rüben (zur Zuckerfabrikation), Tabak, Hanf, Flachs, Krapp, Mohn, Reps und Wein. (Reps: veraltete Bezeichnung für Raps. – Hrsg.)

Indem der korn- und fleischerzeugende Landwirt in seinen Produkten nur Phosphorsäure, Alkalien und alkalische Erden ausführt, behält er die Bestandteile des Strohes und der Futtergewächse auf seinen Feldern zurück, sie wandern in dem Wechsel seiner Gewächse von einem Feld zum anderen; der tiefer wurzelnde Klee und die Rüben entziehen sie dem Untergrund, und durch den Mist häufen sie sich fortwährend in der Ackerkrume an. Die Ackerkrume, sowie sein Mist empfangen jährlich einen Zuwachs an löslicher Kieselsäure, an Alkalien und Salzen mit alkalischer Basis; ihr Gehalt an phosphorsauren Salzen nimmt stetig ab.

Man wird hieraus verstehen, warum die Düngung seiner Felder mit eben diesen Stoffen – mit löslicher Kieselsäure, mit Kali und Kalisalzen – auf den Feldern des korn- und fleischerzeugenden Landwirts nicht die allergeringste Wirkung hervorbringt, denn seine Felder enthalten in der Regel einen Überschuß davon, der ebenfalls wegen des Mangels an phosphorsauren Salzen keine Wirkung hat. Man wird ferner verstehen, warum der korn- und fleischerzeugende Landwirt auf die Zufuhr von phosphorsauren Salzen, von Guano und Menschenexkrementen *einen Wert vorzugsweise*, und auf die *anderen Pflanzennahrungsstoffen so gut wie keinen Wert legt*.

Auf solchen Feldern kann die einfache Düngung mit Menschenexkrementen eine unendliche Reihe von Jahren hindurch hohe Kornernten liefern mit oder ohne Mitwirkung von Stalldünger, allein die fortgesetzte Anwendung von Guano erschöpft auch dieses Land. Die Menschenexkremente enthalten die im Korn und Fleisch entzogenen Bodenbestandteile *vollständig*; in dem Guano *fehlt* es zum vollständigen Ersatz an einer gewissen Menge Kali. Darum nimmt auf kaliarmen (auf Kalk- und Sand-)Feldern nach einer gewissen Zeit seine Wirkung bemerklich ab, und man stellt sie alsdann durch kalireiche Holzasche wieder her.

Ein ganz anderes Verhältnis findet statt bei dem Kartoffel- und Rübenerzeuger, der seine Früchte an den Branntweinbrenner oder Zuckerfabrikanten
veräußert. In dem mittleren Ertrag von 3 Hektaren Feld veräußert der Kartof-
felerzeuger die Samenbestandteile von vier Weizenernten und noch außerdem
über 600 Pfund Kali.

In den Erträgen von 3 Hektaren Feld veräußert der Rübenerzeuger die
Samenbestandteile von vier Weizenernten und *10 Zentner Kali.* Eine einzige
Zuckerfabrik, die zu Waghäusel, bringt jedes Jahr an 200 000 Pfund Kalisalze,
welche aus den Melasserückständen gewonnen werden, in den Handel, die
von den Feldern der badischen Rübenpflanzer stammen. (Melasserückstände
heute als Vinasse im Handel. Hrsg.)

Es ist einleuchtend, daß in der Kultur der Kartoffeln und Rüben zwei
Ursachen der Erschöpfung auf die Felder einwirken; es wird ihnen in diesen
Früchten in jeder Ernte ein Drittel mehr phosphorsaure Salze entzogen als in
der Kultur des Weizens, und außerdem eine enorme Quantität an Kali und
Kalisalzen. Rüben- und Kartoffelfelder, welche reich an Kali sind, können
hiernach durch die einfache Düngung mit Guano oder mit saurem phosphorsaurem Kalk in ihren Erträgen gesteigert werden; da aber der Guano und der
Knochendünger das entzogene Kali nicht ersetzen, so tritt für diese Felder
nach einer Reihe von Jahren eine umso größere Erschöpfung ein. Auf anderen
Rüben- und Kartoffelfeldern (alkaliarmen) besitzt der alkalireiche Stallmist
eine den Guano übertreffende Wirkung.

Schädlicher Einfluß des Wein- und Tabakbaues auf die Korn- und Fleischerzeugung

Die Erzeuger von Handelsgewächsen sind in Bezug auf den Ersatz der
durch diese den Feldern entzogenen Bedingungen ihrer Fruchtbarkeit in der
ungünstigsten Lage. Der Tabakpflanzer führt in den Tabaksblättern eine
enorme Quantität von Bodenbestandteilen aus (im Kleeheu z. B. nicht über
10 Prozent, in den Tabaksblättern 18 bis 24 Prozent). Wenn er Futterfelder
hat, die ihm den Dünger für seine Tabakspflanzen liefern, so ist er in die Lage
eines Landwirts versetzt, der seinen Klee, seine Rüben usw. verkauft, d. h. er
kommt in wenigen Jahren an eine Grenze, wo seine Felder keinen Tabak
mehr liefern, und er wendet sich, um den ihm nötigen Ersatz zu erhalten, an
seine korn- und fleischerzeugenden Nachbarn und kauft diesen zu hohen
Preisen *ihren Klee* und *ihre Rüben* in *ihrem Stalldünger* ab. Wenn dieser
Nachbar auch in der Überschätzung seines Überflusses an Mist dem Tabakpflanzer davon abgibt, so kommt er meistens bald von seinem Irrtum zurück,
indem er wahrnimmt, daß seine Erträge abnehmen; er wird zunächst gewahr,
daß man den Dünger nicht nach seinem Willen erzeugen kann, und daß der
Rat: „er solle nur mehr Futter erzeugen, dann werde das Getreide von selbst

kommen", ihm nichts nützt; er wird gewahr, daß sein Mist ihm das sechste oder siebente Korn für sieben, vielleicht für zehn Ernten und darin seinen ganzen Gewinn geliefert hat, den er in seinem Mist im voraus, auf viele Jahre hinaus, zu einem Schleuderpreis verkauft hat – der Mist ist ihm nicht mehr feil.

Der Tabakspflanzer, welcher anfänglich den Dünger in der Nähe hatte, wendet sich nun an Fleisch- und Körnererzeuger, welche diese Erfahrung, die sein Nachbar machte, erst machen müssen, und so erweitert sich in jedem Jahr sein Raubgebiet, bis er dann zuletzt genötigt ist, seinen Dünger in den Städten zu holen, und die Elemente, die dem Städtedünger fehlen, auf anderem Weg zu ergänzen.

Ganz dasselbe Verhältnis tritt in Ländern mit ausgedehntem Weinbau ein. Die Weinberge haben in der Regel eine geneigte Lage und keine Ackerkrume; der Boden ist verhältnismäßig unendlich ärmer an Pflanzennahrungsstoffen als die Felder, welche in Ebenen liegen. Der Weinberg erzeugt keinen Dünger; er empfängt bis zu einer gewissen Grenze den ihm noch fehlenden Zuschuß an Nahrung von den Korn- und Futterfeldern der umliegenden Orte, und die Besitzer derselben, wenn sie dazu Gelegenheit haben, rauben ihrerseits den nahen Wald aus.

Durch tiefe Rodungen sucht der Weinbauer seinen armen Boden dem tiefwurzelnden Rebstock aufzuschließen und zugänglich zu machen, und durch zeitweilige Anpflanzung von Luzerne und Klee die dem Obergrund mangelnden Bestandteile darin aufzuhäufen; er führt die verwitterten Trümmer von alkalireichen Gesteinen seinen Weinbergen als Dünger zu, sowie die Ackerkrume von Feldern, die er zu diesem Zweck erwirbt.

Der Weinbau übt hiernach auf die Korn- und Fleischerzeugung einen ähnlichen schädlichen Einfluß aus wie der Anbau von Tabak und Handelsgewächsen überhaupt; der Erzeuger von Korn und Fleisch raubt nach dem üblichen System sein eigenes Feld, der Erzeuger von Wein und Handelsgewächsen raubt den Korn- und Fleischerzeuger aus, und die großen Städte verschlingen allmählich, bodenlosen Abgründen gleich, die Bedingungen der Fruchtbarkeit der größten Länder.

In dieser Weise erschöpften die Pfälzer und Bergsträßer Weinbauern und Tabakspflanzer die Felder des hessischen und badischen Odenwaldes und vollendeten den Ruin des an sich armen und verschuldeten Bauers, der dem verlockenden Klange des Silbers, das er für seinen Mist empfing, nicht zu widerstehen vermochte.

Naturgesetzliche Verarmung der Länder durch die Kultur

In gleicher Weise verschlangen nach einer Reihe von Jahrhunderten die Kloaken der ungeheuren Weltstadt den Wohlstand des römischen Bauers, und als dessen Felder die Mittel zur Ernährung ihrer Bewohner nicht mehr zu liefern vermochten, so versank in diesen Kloaken der Reichtum Siziliens, Sardiniens und der fruchtbaren Küstenländer von Afrika.

Nur da erhielt sich die Fruchtbarkeit der Felder ungeschwächt seit Jahrhunderten, wo eine feldbautreibende Bevölkerung auf einer verhältnismäßig kleinen Fläche zusammengedrängt wohnt, wo der Bürger und Handwerker der kleinen, auf derselben Fläche zerstreuten Städte sein eigenes Stückchen Feld mit seinen Gesellen bebaut.

Wenn auf einer Quadratmeile solchen Landes 2000 bis 3000 Menschen wohnen, so ist ein Export von Korn und Fleisch nicht möglich, denn die erzeugten Feldfrüchte reichen nur hin, um diese Bevölkerung zu ernähren; ein Überschuß, welcher ausgeführt werden könnte, ist nicht oder nur selten vorhanden. Die Fruchtbarkeit eines solchen Landes erhält sich in dem regelmäßigen Kreislauf ihrer Bedingungen. Alle Bodenbestandteile der verzehrten Produkte kehren ohne Verlust auf die Felder zurück, auf denen sie erzeugt worden sind. Nichts davon geht verloren, denn jeder weiß, was er daran verliert, jeder ist besorgt zu erhalten und zu sammeln.

Denkt man sich dasselbe Land in den Händen von zehn großen Grundbesitzern, so tritt der Raub an die Stelle des Ersatzes. Der kleine Grundeigentümer ersetzt dem Feld nahezu vollständig, was er demselben nimmt, der große führt Korn und Fleisch den großen Mittelpunkten des Verbrauchs zu, und verliert darum die Bedingungen ihrer Wiedererzeugung. Nach einer Reihe von Jahren ist dieses Land eine Einöde wie die römische Campagna.

Dies ist der naturgesetzliche Grund der Verarmung der Länder durch die Kultur; es gibt keinen anderen; nur die Lehrer unserer modernen Landwirtschaft kennen diesen Grund nicht und sind mit allen ihren Kräften bemüht, den Ruin des deutschen Feldbaues zu beschleunigen und unwiederherstellbar zu machen. Die fruchtbaren Felder sind, so lehren sie ja, unerschöpflich an den Bedingungen ihrer Fruchtbarkeit, nur an der Peitsche fehlt es, um sie in Bewegung zu setzen. In dem Guano sandte ihnen ein gütiges Geschick einen Rettungsanker in ihrer Not, die sie durch ihre Lehre selbst verschuldet; und in ihrer unglücklichen Hand wird diese Hilfe zu einem Mittel, um in dem Verlauf der Zeit die Verarmung noch vollständiger zu machen. Aber auch diese Hilfe wird versiegen, und was dann?

So weit sind wir noch nicht, meinen alle, welche bis jetzt noch reiche Felder und gesegnete Ernten gehabt haben; und so weit sind wir noch nicht, sagte jener Räuber, der sich bessern sollte, bis ihm der Strick um den Hals gelegt war. So weit wird es denn auch kommen müssen! Landwirtschaftliche Erfahrung mag es sein, aber Wissenschaft ist es nicht.

Chemische Briefe. Wohlfeile Ausgabe 1865, 5. Auflage. 47. Brief, Seiten 479-492.

Die Landwirtschaft in China

An vielen Stellen seiner Werke erwähnt Liebig lobend, ja verehrend, das „älteste aller Ackerbau treibenden Völker, das Chinesische" – so im Abschnitt „Der Dünger" (s. S. 73). Im nun folgenden 49. seiner Chemischen Briefe *widmet er sich diesem Thema ganz. Als Quellen nennt der Verfasser zeitgenössische Reiseberichte und wissenschaftliche Blätter. 1909, später also, bereiste der amerikanische Agrarprofessor und leitende Staatsbeamte F.H. King Ostasien. In seinem erstmals 1911 erschienen Reisebericht „Farmers of Forty Centuries…", deutsche Übersetzung „4000 Jahre Landbau in China, Korea und Japan", 1. Auflage 1983 – s. Anzeige im Anhang – bestätigte er die Angaben früherer Berichterstatter.*

Ich will den Lehrern der Landwirtschaft ein anderes Volk zeigen, welches ohne alle Wissenschaft, von der dieses Volk nichts weiß, den Stein der Weisen gefunden hat, den sie in ihrer Blindheit vergeblich suchen – ein Land, dessen Fruchtbarkeit seit dreitausend Jahren, anstatt abzunehmen, fortwährend gestiegen ist, und in welchem auf einer Quadratmeile mehr Menschen als in Holland oder England leben.

In China (nach allen Berichten älterer und neuester Zeit von *Davis, Hedde, Fortune* und anderen, sowie nach einer Untersuchung, welche der verstorbene Sir *Robert Peel* auf meinen Wunsch und für meine Zwecke über den chinesischen Ackerbau an Ort und Stelle anstellen ließ), weiß man nichts von einer *Wiesenkultur* oder von *Futtergewächsen*, die wegen des Stallviehes gebaut werden; man weiß nichts von *Stallmist*, von *Hofdünger*, ein jedes Feld trägt jährlich *zweimal Früchte*, und liegt niemals *brach*.

Der Weizen liefert häufig das 120ste Korn und darüber. (Eckeberg.) Als mittleren Ertrag rechnet man das fünfzehnfache Korn. (Davis.) Alle die Mittel, welche der deutsche Lehrer der Landwirtschaft als ganz *unentbehrlich* für die Steigerung der Erträge der Felder ansieht und seine Schüler anzuwenden lehrt, sind dem chinesischen Landwirt nicht nur *vollkommen* entbehrlich, sondern er bringt auch ohne ihre Wirkung Erträge hervor, welche die des intensiven deutschen Landwirts um das Doppelte übertreffen.

Es ist ganz richtig, in China bestehen andere Verhältnisse als bei uns, die Chinesen sind zum Teil Buddhisten und essen kein Rindfleisch, wir essen mehr Fleisch, und müssen deswegen auch Futter für die Fleischerzeugung bauen; allein darum handelt es sich nicht, sondern um Grundsätze, welche die Praxis leiten sollen. Unsere Lehrer der modernen Landwirtschaft lehren nicht Futter zu bauen, um Fleisch zu erzeugen, sondern sie lehren, daß man Futter bauen müsse, um Mist zu erzeugen, und in diesem Sinne zeigen sie, daß sie das Wesen des Feldbaues nicht richtig auffassen und von einem wissenschaftlichen Grundsatz nichts wissen.

Das Wort „Phlogiston" ist verbraucht

In der Feststellung eines wissenschaftlichen Grundsatzes handelt es sich zunächst nicht darum, ob seine Anwendung vorteilhaft sei, sondern ob *er wahr sei*; denn wenn er wahr ist, *so muß er* Nutzen bringen.

In der wissenschaftlichen Landwirtschaft existiert kein „Mist" mehr, denn die Begriffe, die sich an dieses Wort knüpfen, sind verbraucht, so wie das Wort *Phlogiston* verbraucht ist, mit welchem man bis zu Ende des vorigen Jahrhunderts die chemischen Erscheinungen erklärte.

So lange man nicht wußte, was das Phlogiston war, diente dieses Wort als Sammelwort, um eine Anzahl *unbekannter* wirkender Ursachen zusammenzubinden und in der Lehre sich verständlich zu machen; nachdem man aber erfahren hatte, was das „Phlogiston" eigentlich war und vorstellte, so traten an seine Stelle die richtigen Begriffe, und die Erklärungen wurden jetzt wahr, sicher und zuverlässig, was sie vorher nicht waren. Das Holz brennt deshalb nicht anders wie vorher, und die Luft war früher dabei wie jetzt, auch das Wasser macht noch naß wie sonst; aber welch' einen unermeßlichen Fortschritt hat das Menschengeschlecht dadurch gemacht, daß an die Stelle des Phlogiston richtige Vorstellungen von der Luft, dem Sauerstoff und dem Verbrennungsprozeß getreten sind!

Viehstand und Misterzeugung

Ein gleicher, aber weit größerer und unendlich segensreicherer Fortschritt wird sich aus der richtigen Erkenntnis des Ernährungsprozesses der Pflanzen und Tiere entwickeln, und so abgeschmackt es sein würde, wenn ein Lehrer der Chemie irgendeinen chemischen Vorgang aus dem Phlogiston erklären wollte, ebenso unzulässig ist es, wenn ein Lehrer der wissenschaftlichen Landwirtschaft einen gegebenen Fall mit dem Begriff von „Mist" erklären will, denn an die Stelle des veralteten Begriffs von „Mist", *der jetzt keinen Sinn mehr hat*, sind für jede Pflanze ganz bestimmte *Nahrungsmittel* getreten, aus deren Zusammenwirkung die Erscheinung oder der Fall erklärt werden muß.

Die Lehre von der Notwendigkeit der Misterzeugung durch Futtergewächse und damit der Aufrechterhaltung eines Viehstandes für den Feldbau ist eine Irrlehre.

Man muß hierin *Notwendigkeit* und *Nützlichkeit* zu trennen wissen. Der Viehbestand kann dem Landwirt nützlich sein und ihm in Butter, Käse, Fleisch eine Rente gewähren; dies ist eine andere Sache, allein er muß wissen und es muß ihm gelehrt werden, daß der Viehstand kein Zwang sein darf.

Für die Misterzeugung ist der Viehstand notwendig; allein die Misterzeugung ist für die Fruchtbarmachung der Kornfelder nicht notwendig. In dem System der Wechselwirtschaft ist der Anbau von Futtergewächsen und die Einverleibung ihrer Bestandteile in die Ackerkrume der Kornfelder *allein notwendig*, und es ist für die Halmgewächse vollkommen zwecklos und gleichgültig, ob die Futtergewächse vorher vom Vieh gefressen und in Mist verwandelt werden.

Gründüngung

Wenn die Lupinen, Wicken, der Klee, die Rüben usw. zerschnitten und grün untergepflügt werden, so ist ihre Wirkung weit größer.

Die Kornerzeugung steht in keinem naturgesetzlichen Zusammenhang mit der Fleisch- und Käseerzeugung, sie schaden sich vielmehr gegenseitig und müssen wissenschaftlich auseinander gehalten werden; denn was man im Fleisch verkauft, geht dem Korn ab, und umgekehrt. Wir können weder Fleisch, noch Milch, noch Käse entbehren, und wenn dies der Viehzüchter produziert, der sich womöglich gar nicht mit dem Kornbau beschäftigt, so werden beide sowohl wie die Verzehrer Vorteil davon haben. In England findet diese Trennung allmählich statt, und wenn die deutschen Landwirte das Einmaleins, nach und nach wie man hoffen muß, gelernt haben werden, so ist zu erwarten, daß man auch bei uns dazu kommen wird. So legt man eine chemische Fabrik nicht überall an, sondern nur da, wo die Lokalitäten gewisse natürliche Vorteile bieten, und die Landwirtschaft ist zuletzt eine Industrie wie eine andere.

In China weiß man von der Grundlage der deutschen Landwirtschaft nichts: außer der Gründüngung kennt und schätzt man keinen anderen Mist als die Ausleerungen der Menschen; was der chinesische Landwirt sonst noch zur Erhöhung seiner Erträge anwendet, ist in Quantität und Wirkung verschwindend gegen die Wirkung der Menschenexkremente.

Menschenexkremente

Es ist ganz unmöglich, sich bei uns eine Vorstellung von all der Sorgfalt zu machen, welche der Chinese anwendet, um den Menschenkot zu sammeln; ihm (so berichteten *Davis, Fortune, Hedde u. a.*) ist er der Nahrungssaft der Erde, und verdankt dieselbe ihre Tätigkeit und Fruchtbarkeit hauptsächlich diesem energischen Agens.

Der Chinese, dessen Haus noch immer, was es ursprünglich gewesen sein mag, ein Zelt ist, nur von Stein und Holz, weiß nichts von Latrinen wie sie bei uns sind, sondern er hat in dem ansehnlichsten und bequemsten Teil seiner Wohnung irdene Kufen oder auf das allersorgfältigste ausgemauerte Zisternen, und der Begriff der Nützlichkeit beherrscht so völlig seinen Geruchssinn, daß, wie Fortune (The Tea districts of China and India. Vol. I., p. 221) erzählt: „dasjenige was in jeder zivilisierten Stadt Europas als ein unerträglicher Mißstand (nuisance) angesehen ist, dort von allen Klassen, reich und arm, mit dem äußersten Wohlbehagen (complacency) betrachtet wird, und ich bin gewiß", fährt er fort, „daß nichts einen Chinesen mehr in Erstaunen setzen würde, als wenn irgendeiner sich über den Gestank beklagte, der sich von diesen Behältern verbreitet". Sie desinfizieren diesen Dünger nicht, aber sie wissen vollkommen, daß derselbe durch den Einfluß der Luft an treibender Kraft einbüßt, und suchen ihn sorgfältig vor Verdunstung zu schützen.

Nach dem Handel mit Getreide und Nahrungsmitteln ist kein Handel so ausgedehnt wie der mit diesem Dünger. In langen, plumpen Fahrzeugen, welche die Straßenkanäle durchkreuzen, werden diese Stoffe täglich abgeholt und in dem Land verbreitet. Ein jeder Kuli, welcher des Morgens seine Produkte auf den Markt gebracht hat, bringt am Abend zwei Kübel voll von diesem Dünger an einer Bambusstange heim.

Die Schätzung dieses Düngers geht so weit, daß jedermann weiß, was ein Tag, ein Monat, ein Jahr von einem Menschen abwirft, und der Chinese betrachtet es als mehr denn eine Unhöflichkeit, wenn der Gastfreund sein Haus verläßt und ihm einen Vorteil verträgt, auf den er durch seine Bewirtung einen gerechten Anspruch zu haben glaubt. Von fünf Personen schätzt man den Wert der Ausleerungen auf zwei Teu für den Tag, was aufs Jahr 2000 Kash beträgt, ungefähr 20 Hektoliter zu einem Preis von sieben Gulden.

In der Nähe großer Städte werden diese Exkremente in Poudrette verwandelt, die in der Form von viereckigen Kuchen, den Backsteinen ähnlich, in die weitesten Entfernungen hin versendet werden; sie werden in Wasser eingeweicht, und in flüssiger Form verbraucht. Der Chinese düngt, den Reis ausgenommen, nicht das Feld, sondern die Pflanze.

Gewerbliche Abfälle, Ruß, Asche

Eine jede Substanz, die von Pflanzen und Tieren stammt, wird von dem Chinesen sorgfältig gesammelt und in Dünger verwandelt; die Ölkuchen, Horn und Knochen sind hoch geschätzt, ebenso Ruß und besonders Asche; es reicht hin zu erwähnen, um den Begriff von dem Wert tierischer Abfälle vollständig zu machen, daß die Barbiere die Abfälle der Bärte und Köpfe, welche bei Hunderten von Millionen Köpfen, die täglich rasiert werden, schon etwas ausmachen, sorgfältig zusammenhalten und Handel damit treiben; der

Chinese ist mit der Wirkung des Gipses und Kalks vertraut, und es kommt häufig vor, daß sie den Bewurf der Küchen erneuern, bloß um den alten als Dünger zu benützen. (Davis.)

Kein chinesischer Landwirt sät einen Getreidesamen, bevor er in flüssiger mit Wasser verdünnter Jauche eingequellt worden ist und angefangen hat zu keimen, und es hat ihn (so behauptet er) die Erfahrung belehrt, daß nicht nur die Entwicklung der Pflanzen dadurch befördert, sondern auch die Saat vor den im Boden verborgenen Insekten geschützt werde. (Davis.)

Während der Sommermonate werden alle Arten von vegetabilischen Abfällen mit Rasen, Stroh, Gras, Torf, Unkraut mit Erde gemischt, in Haufen gesetzt und, wenn diese trocken sind, angezündet, so daß sie in mehreren Tagen langsam verbrennen und das Ganze in eine schwarze Erde verwandelt ist. Dieser Dünger wird nur zur Samendüngung verwendet. Wenn die Säzeit da ist, macht ein Mann die Löcher, ein anderer folgt und legt den Samen ein, ein dritter fügt die schwarze Erde hinzu – die junge Saat, in dieser Weise gepflanzt, entwickelt sich mit einer solchen Kraft, daß sie dadurch befähigt ist, ihre Wurzeln durch den strengen dichten Boden zu treiben, und die Bestandteile desselben sich anzueignen. (Fortune.)

Weizenanbau im Umpflanzverfahren

„Den Weizen sät der chinesische Landmann, nachdem die Samen in Mistjauche eingeweicht gewesen sind, in Samenbeete ganz dicht, und versetzt die Pflanzen; bisweilen werden auch die eingeweichten Körner sofort in den zubereiteten Acker dergestalt gesteckt, daß sie vier Zoll voneinander kommen. Die Verpflanzungszeit ist gegen Dezember; im März treibt die Saat sieben bis neun Halme mit Ähren, aber kürzeres Stroh als bei uns. Man hat mir gesagt, daß der Weizen das 120ste Korn und darüber gebe, was die aufgewendete Mühe und Arbeit reichlich lohnt." (Eckeberg, Bericht an die Akademie der Wissenschaften in Stockholm, 1765.)*)

Auf Tschusan und über die ganze Reisgegend von Tschekiang und Kiangsu werden zwei Pflanzen ausschließlich zur Gründüngung für den Reis kultiviert,

---

*) In dem „Dresdener Journal" vom 16. September 1856 findet sich folgende Notiz: „Wie uns aus Eibenstock mitgeteilt wird, hat der dortige Forstinspektor *Thiersch* bereits seit mehreren Jahren sehr gelungene Versuche mit dem Verpflanzen von Winterkorn in der Herbstzeit gemacht. Derselbe versetzte nämlich in der Mitte des Monats Oktober die dazu bestimmten Pflänzchen, 1 Metze Aussaat auf 100 Quadratruten Fläche, was ein ungewöhnlich ergiebiges Resultat lieferte. Es kamen Stöcke vor, die bis zu 51 Halme mit Ähren enthielten, wovon letztere wieder bis zu 100 Körner zählten."
Ich habe Herrn F.J. Thiersch um nähere Erläuterung seiner Versuche gebeten, und nach seiner Mitteilung über Kosten und Ertrag scheint es keinem Zweifel zu unterliegen, daß auf reichen Feldern und in Gegenden, wo es an Händen nicht fehlt, das chinesische Kulturverfahren auch bei uns Vorteile verspricht. Einer meiner Freunde, welcher das Versuchsfeld sah, teilte mir mit, daß er an einer zufällig ausgerissenen (nicht ausgewählten) Pflanze 21 Halme mit vollen Ähren gezählt habe. Für arme Felder paßt diese Kultur durchaus nicht.

die eine ist eine Spezies von *Coronilla,* die andere ist Klee. Breite Balkenfurchen, ähnlich denen zur Selleriekultur, werden aufgeworfen, und der Samen auf die Höhenfurchen fleckchenweise, fünf Zoll voneinander, eingestreut; in wenigen Tagen beginnt die Keimung, und lange ehe der Winter vorüber, ist das ganze Feld bedeckt mit üppiger Vegetation; im April werden die Pflanzen in den Boden eingebracht; es beginnt sehr rasch die Zersetzung derselben, begleitet von einem sehr unangenehmen Geruch. Diese Methode ist überall im Gebrauch, wo Reis gebaut wird. (Fortune, Vol. 1, p. 238.)

Praxis des ältesten ackerbautreibenden Volkes der Welt

Diese Mitteilungen, welche der Raum verbietet weiter auszudehnen, dürften genügen, um dem deutschen Landwirt die Überzeugung beizubringen, daß seine Praxis gegen die des ältesten ackerbautreibenden Volkes in der Welt sich verhält wie die eines Kindes zu der eines gereiften und erfahrenen Mannes; es ist der Feldbau der Chinesen um so merkwürdiger, und wenn man ins Auge faßt, was sie auch in anderen mechanischen und chemischen Gewerben haben, beinahe umso unbegreiflicher, da sie alles der reinsten Empirie verdanken; denn die chinesische Unterrichtsmethode schließt alle und jede Frage nach einem Grund oder einem letzten Grund, was sie zu wissenschaftlichen Grundsätzen und zu einer Wissenschaft hätte führen können, so vollständig seit Jahrtausenden aus, daß in dem Volk die Fähigkeit eines weiteren Fortschritts, außer durch Nachahmung, bis auf die Wurzel zerstört zu sein scheint. Die Ermittlung oder das Verhältnis von Naturgesetzen, welche den Europäer zu den Dampfmaschinen, den elektrischen Telegraphen und der Beherrschung der Naturkräfte in zahllosen anderen Dingen geleitet hat, ist für den chinesischen Gelehrten vollkommen unmöglich; es ist das Gebot ihres ersten und ältesten Religionslehrers, Konfutse, daß der Student keinen anderen Gedanken in sich aufkommen lassen und denken dürfte, als der in seinen Büchern steht.

Es ist wahr, daß das, was für ein Volk gut ist, nicht für alle Länder und alle Völker paßt; aber eine Wahrheit, mächtig und unbesiegbar, geht aus der Kenntnis des chinesischen Ackerbaues hervor, und dies ist: daß die Felder des chinesischen Landwirts ihre Fruchtbarkeit bewahrt und erhalten haben, ungeschwächt und in dauernder Jugend seit Abraham und seit der Zeit, wo die erste Pyramide in Ägypten (in denen man chinesische Prozellangefäße von derselben Form und Schrift findet, wie sie heute noch verfertigt werden) gebaut worden ist, und zwar einzig und allein durch den Ersatz der Bedingungen der Fruchtbarkeit, die man den Feldern in ihren Produkten entzogen hat, oder, was das nämliche ist, mit Hilfe eines Düngers, von dem der größte Teil dem europäischen Feldbau verloren ist.

Chemische Briefe. Wohlfeile Ausgabe 1865, 5. Auflage. 49. Brief.

Die Wirkung des Baker Guano
Kalidüngung und Zuckergehalt der Rüben

In die Auseinandersetzungen um Liebigs Mineralstofflehre spielten wirtschaftliche Belange hinein. Das zeigen schon manche Stellen der hier wiedergegebenen Abschnitte aus Liebigs Werken, wird aber im Briefwechsel mit dem Hamburger Düngemittelimporteur und -händler Emil Güssefeld eigens angesprochen. Der Verein Deutscher Düngerfabrikanten *hat 22 Briefe Liebigs an Güssefeld als Mappe herausgebracht. Daraus folgen hier zwei Briefe – je einer zur Frage der Stickstoff- bzw. Guanodüngung und zur Kalidüngung. (Buchausgabe des Briefwechsels Liebig/Güssefeld: Leipzig 1907, Einzelheiten siehe Paoloni-Bibliographie Nr. 797.)*

Herrn E. Güssefeld in Hamburg   München, 18. Nov. 1862

Geehrter Herr,
ich glaube nicht, daß Sie irgendeinen Grund haben, sich in Beziehung auf den Absatz des Baker Guano und das Gelingen Ihrer Unternehmungen die mindesten Sorgen zu machen. Bei den Landwirten gehen alle neuen Dinge sehr langsam ein, ist aber ein Dünger gut und der Anfang in der Anwendung gemacht, so nimmt diese ihren regelmäßigen steigenden Verlauf.

Ich habe mich des Baker Guano angenommen, weil ich denselben für den überhaupt besten Dünger halte, welchen die deutschen Felder bedürfen, und man wird, wie ich glaube, sehr bald die Vorzüge erkennen, welche derselbe vor dem an Phosphorsäure verhältnismäßig so viel ärmeren Peru-Guano besitzt. Ich sehe freilich, daß der Baker Guano seine Feinde hat, wie z.B. die abgeschmackte Berechnung über dessen Wert im Vergleich mit Knochenmehl in der Zeitschrift des landwirtsch. Vereins für Rheinpreußen No. 8, September, Seite 367, ergibt. Der Verfasser des Artikels zieht von dem Knochenmehl den eingebildeten Wert des Stickstoffs ab und berechnet aus dem Rest den Preis des phosphorsauren Kalks.

Der Gehalt des Baker Guano ist 79 bis 82% Phosphat, im Mittel 80 p.c. Der Berechner nimmt aber 75%, die von Ihnen garantierte Menge an, obwohl gehaltlich 5% mehr darinnen sind.

Nach meiner Ansicht ist das wirksamste Mittel, um diese Feindseligkeiten zu beseitigen, wenn Sie sich entschließen, die bis jetzt über den Baker Guano erhaltenen günstigen Resultate zu sammeln, auf einen Zettel abzudrucken und ihren Agenten zuzusenden, zum Beispiel:

Vergleichende Versuche mit Baker Guano und Knochenmehl

(s. Amtsblatt No. 3,1. März 1862 für die landw. Vereine in Sachsen)

1 Acker	Weizen	
	Korn	Stroh
3 Ztr. Baker Guano lieferten	2929	5022
6 Ztr. gedämpftes Knochenmehl	3015	4755
ungedüngt	1955	3702

Hiernach besitzt der Baker Guano bei gleichem Gewicht die doppelte Wirkung von der des Knochenmehls.

Ihre Bemerkung in betreff des Absatzes in Bayern ist ganz richtig und ein Beweis von dem niedrigen Standpunkt der bayerischen Landwirte. Wenn man sieht, daß die Bayern viele tausend Ztr. Knochenmehl aus ihrem Land nach Sachsen gehen lassen, so wird man über den künftigen Zustand des Ackerbaues wahrhaft mit Kummer erfüllt.

Was den Wunsch des Herrn Schoch sowie den Ihrigen in Beziehung auf die Analyse von dessen Superphosphat betrifft, so halte ich eine Wiederholung der bereits vorliegenden Analysen für vollkommen überflüssig; ich will sie aber dennoch machen, wenn Sie glauben, daß sie in Ihrem Interesse und dem der guten Sache ist. Analysen dieser Art mache ich nicht auf Bestellung oder gegen Honorar, wenn Sie mir aber dafür ein paar hundert gute Havannah Cigarren schicken wollen, so werde ich Ihnen sehr dankbar dafür sein, da ich mir dergleichen hier nicht verschaffen kann.

Wenn sich die Angabe in der Analyse von B. Lucanus bestätigt, daß nämlich das Superphosphat mit Baker Guano des Herrn Schoch 23 p.c. lösliche Phosphorsäure enthält, dann ist es unbezweifelbar das beste Superphosphat, welches im Handel existiert. Zwischen der löslichen Phosphorsäure in dem Superphosphat aus Knochen und dem des Herrn Schoch aus Bakerguano besteht der von ihm vermutete Unterschied nicht. Die Lösung enthält bei beiden das saure phosphorsaure Kalksalz.

In der Nähe von Braunschweig wird sehr viel Superphosphat halb mit Salzsäure, halb mit Schwefelsäure fabriziert, ohne daß dessen Wirkung ungünstiger ist. Die Salzsäure gestattet aber, den Preis des Superphosphats zu vermindern.

Mit dem Ausdruck der vollkommensten Hochachtung

Ganz der Ihrige
J. v. Liebig
Vorstand der königlichen Akademie der Wissenschaft

Herrn Emil Güssefeld in Hamburg   München, 6. März 1864

Geehrter Herr,

aus Ihrem Brief vom 22. Febr. ersehe ich, daß Sie mit Andern ein Verfahren zur Darstellung von Kalisalzen aufgefunden haben, welches Sie in den Stand setzt, diese Salze den Landwirten zu einem Preise zu liefern, welcher die Anwendung als Düngemittel gestattet.

Diese Nachricht ist mir höchst erfreulich gewesen, denn sie interessiert mich aufs lebhafteste für die Zuckerfabrikation, welche für Deutschland eine so große Bedeutung gewonnen hat und meine Besorgnis ist sehr groß gewesen, daß sie wegen mangelndem Kaliersatz in Deutschland allmählich wieder verschwinden wird; die Gefahr ist sehr viel näher als man gewöhnlich glaubt, aber Einzelnen ist sie bereits fühlbar geworden; vor zwei Jahren kam Herr von Frey, ein sehr großer Zuckerfabrikant aus Prag, nach München, um mich in seiner „Desperation", wie er sich ausdrückte, um Rat zu fragen. Der Zuckergehalt in seinen selbstgebauten Rüben hatte sich in einem so hohen Grade vermindert, daß der Fortbetrieb der Fabrik nur durch zugekaufte Rüben möglich war. Der hohe Preis und der Gewinn, den die Fabrikanten an der Pottasche machten, war selbstverständlich der Grund des Übels.

Eine andere Tatsache ähnlicher Art erfuhr ich vor einigen Wochen durch ein Schreiben von der großen Fabrik in Waghäusel im Badischen, worin uns die Direktion auf eine Bestellung auf Pottasche für das hiesige chemische Laboratorium erwiderte, daß sie die Pottasche-Fabrikation aufgegeben hätten, da sie dieselbe wieder zur Düngung verwendeten. Vor 3 Jahren hielt man dies für die Felder der Fabrik in Waghäusel noch nicht für nötig.

Wenn der Kaliersatz bewirkt werden kann durch Chlorkalium und schwefelsaures Kalium, was ich für höchstwahrscheinlich halte, so wird der Zuckerfabrikant fortfahren können, Pottasche zu erzeugen, und da diese den doppelten Preis der genannten Salze im Handel besitzt, so wird ihm dieser Ersatz sehr erleichtert und der Handel mit Pottasche nicht beeinträchtigt werden.

Diese Sache ist von großer nationalökonomischer Bedeutung und eine wohlfeile Quelle für Kali, gegenwärtig eines der wichtigsten und segensreichsten Probleme für den Zuckerrübenbau.

Ich wünsche Ihnen den besten Erfolg und daß sich Ihre Hoffnungen verwirklichen möchten.

Mit dem Ausdruck der vollkommensten Hochachtung

Ihr ergebener

J.v. Liebig

Briefe von Justus von Liebig. Aus dem Archiv des Vereins deutscher Düngerfabrikanten. Ohne Jahr. (1965, lt. Dr. Emil Heuser.)

Verwendung der Kloakenstoffe für landwirtschaftliche Zwecke

*Im Januar und Februar 1865 berichtet Liebig in Briefen an Wöhler und Reu-
ning über seine Gutachten zur Kloakenfrage der Stadt London. Diese Briefe
zeigen, wie Liebig von dieser Aufgabe bewegt ist. Sie beleuchten ferner seinen
Einsatz für das Versuchswesen, die Entwicklung von Versuchsstationen und die
allgemeine Ausbildung in der Landwirtschaft. Gekürzt wurden beide Briefe um
persönliche Mitteilungen, unter anderem über eine Berufung nach Berlin.*

Justus Liebig an Friedrich Wöhler   München, 23. Januar 1865.
    Ich bin seither mit einer schweren Arbeit beschäftigt gewesen, die der
Grund meines langen Stillschweigens ist. Sie betrifft die Kloakenfrage in
London, über die ich zu einem Bericht von dem Lordmayor von London
aufgefordert wurde. Es ist dies eine so wichtige und in ihren Folgen bedeu-
tungsvolle Sache, daß ich mit einer gewissen Sorge dem Resultat entgegen-
sehe. Seit zwanzig Jahren bemühe ich mich, die Leute zur Verwendung der
Kloakenstoffe für landwirtschaftliche Zwecke zu bringen, und der Moment ist
nun gekommen, in dem es sich entscheiden muß, ob die Völker für ihre
Wohlfahrt in der Zukunft ein Verständnis haben. Das Beispiel Englands wird
durchschlagend sein. Der Wert der Kloakenstoffe ist aber zwei Millionen
Pfund Sterling. Ich machte eine Anzahl Analysen des Wassers, worin Fische,
Kartoffeln, Blumenkohl und Weißkraut gekocht wurden, und fand das beinahe unglaubliche Resultat, daß in diesem Wasser in London nahe eine
Million Pfund Kali und 281 000 Pfund Phosphorsäure in die Kloaken übergehen. Das Zeug ist dünn wie Wasser und sieht kaum schmutzig aus, so groß ist
die Verdünnung. Die Schwierigkeit wird sein, das Kloakenwasser auf die
Felder zu bringen. Auf der anderen Seite ist die Verdünnung ein Vorteil, weil
sich nur in diesem Zustand die Düngstoffe durch Maschinen und Pumpwerke
verbreiten lassen.
    Ich hätte Dir längst schreiben wollen und sollen, allein ein zweites Gutach-
ten für die Stadt London beschäftigte mich bis vor wenigen Tagen. Die Sache

ist die, daß eine Gesellschaft, an deren Spitze *Napier* und *Hope,* zwei sehr einflußreiche Männer, stehen, welche die Kloakenstoffe auf eine für die Landwirtschaft sowie für die Städte gleich nachteilige Weise verwenden will, von der Behörde, die sie zu vergeben hat (dem *Board of Works*), unterstützt wird. Um dies zu verhindern, mußte ich dieses Projekt angreifen und womöglich vernichten, was mir umso leichter zu sein schien, da es gegen alle naturwissenschaftlichen Gesetze gerichtet ist. Der Plan ist, wie dergleichen nur in England vorkommt, grandios; sie wollen eine Strecke Land, welche jetzt noch vom Meer bedeckt ist, demselben abgewinnen, zwanzig Quadratmeilen durch einen Seedamm von fünfunddreißig Meilen Länge; darauf wollen sie die Kloakenstoffe der Stadt London leiten und die gewonnene Strecke in fruchtbare Wiesen verwandeln, was schlechterdings unmöglich ist. Die Sache ist jetzt vor dem Parlament, von dessen Entscheidung die Annahme dieses Planes oder dessen Verwerfung abhängt. Da nun alle meine Hoffnungen für die Zukunft der Landwirtschaft auf die Anwendung der Kloakenstoffe der Städte gegründet sind, und die Engländer allein die Geldmittel und Energie haben, um auch vor dem riesenhaftesten Plan nicht zurückzuschrecken, so halte ich es für meine Pflicht, alle Kräfte aufzubieten, um die schädlichen Pläne zu beseitigen und die mir zweckdienlich scheinenden zu befördern. Es ist ja dies die Spitze meines Lebens.

Die Londoner Corporation hat mir einen Dank auf Pergament votiert, was sehr ehrenvoll sein soll; daran liegt mir aber alles nichts; die Hauptsache ist, daß ich die Engländer zur Anwendung der Kloakenstoffe auf ihren Feldern bringe; wenn ich scheitere, so hat dies keine Bedeutung für mich. Ich bin sehr begierig, wie man meinen zweiten Bericht aufnimmt.

Wöhler und Liebig. Briefe von 1829-1873. Herausgeber: Wilhelm Lewicki. 2. ungekürzte Auflage, Göttingen 1982.

München, den 24. Januar 1865.

Mein teurer Freund!

Endlich bin ich von einer schweren Arbeit, die wie ein Alp auf mir lastete, befreit und mein Erstes ist, Ihnen meinen wärmsten Dank auszudrücken für Ihre Briefe und für das Gutachten über die Versuchsstationen. Ich hatte zwei Monate lang mit einem Gutachten über den Wert der Kloakenstoffe der Stadt London zu tun, zu welchem ich von dem Lord-Mayor aufgefordert worden war. Sie wissen, wie diese Sache mir am Herzen liegt und daß in der Anwendung der Kloakenstoffe für die Zwecke des Feldbaus meine ganze 20jährige Wirksamkeit gipfelt. Mein Gutachten ist gestern abgegangen und ich sehe mit einer gewissen Bangigkeit der Entscheidung der Sache entgegen. Nach meiner Berechnung läßt sich der Wert der Londoner Kloakenstoffe auf etwa 2 Mill. Pfund Sterling veranschlagen; es ist dies der Wert, der sich herausstellt, wenn diese Stoffe für die Düngung der Ackerfelder verwendet werden, als Beidünger zum Stallmist, der dessen Wirkung vervollständigt, sicher und dauernd macht. Auf Wiesen als ausschließlicher Dünger angewendet, vermindert sich der Wert desselben auf $1/4$. – Zwei Ansichten stehen sich in London einander entgegen, die einen wollen den Kloaken-Dünger nur für Wiesen, die anderen auch auf Ackerland verwendet wissen.

In meinem Gutachten habe ich die Fragen, die sich an beide Verwendungen knüpfen, hauptsächlich behandelt.

Mit wahrer Freude erkenne ich den Umschwung an, der in der Landwirtschaft stattgefunden hat, und ich verkenne nicht, daß derselbe wesentlich dadurch bedingt gewesen ist, daß sich Männer wie Sie der wissenschaftlichen Lehre angenommen haben. Glauben Sie mir, daß noch viel größeres dadurch angebahnt wird, denn die Notwendigkeit einer tieferen geistigen Bildung wird die Landwirte zu ganz anderen Menschen machen, zu anderen im Staate und in den Kammern; die Advokaten werden fernerhin nicht mehr die Hauptrolle in der Gesetzgebung spielen und alles wird sich dem wichtigsten Betrieb im Land, den Bedürfnissen der Landwirtschaft allmählich unterordnen müssen. Das geistige Licht wirkt wie das Licht überhaupt nicht nach einer Richtung, sondern nach allen erleuchtend. Daß man durch Nachdenken zu Verbesserungen kommen konnte, war in der Landwirtschaft eine unbekannte Sache.

Die beiliegende Notiz über Fleischextrakt in der Reichszeitung dürfte Sie interessieren und ich schicke Ihnen eine Probe des Extrakts von Uruguay, was Ihnen vielleicht Gelegenheit gibt, die Aufmerksamkeit von Ärzten u. U. darauf zu lenken; es ist eine wichtige Sache für Europa. Der Fleischextrakt wird in heißem Wasser aufgelöst und muß einen ziemlich starken Zusatz von Kochsalz erhalten. Da 1 Pfund den löslichen Teilen von 30 Pfund Muskelfleisch entspricht, so gibt dies für das Verhältnis Wasser einen Anhaltspunkt für die Stärke der Fleischbrühe ab, die man bereiten will.

Über die Vorgänge hier werde ich Sie in Kenntnis setzen; vorläufig suche ich meine unterbrochene Korrespondenz wieder in Ordnung zu bringen.

Mit unveränderlicher Anhänglichkeit

Ihr treuer
J.v.Liebig

Justus von Liebig und Theodor Reuning. Briefwechsel über landwirtschaftliche Fragen aus den Jahren 1854-1873. Dresden 1884.

Quellen des Ersatzes
der durch die Ernten entzogenen Stoffe

Auf Liebigs Ausführungen im Brief vom 1.12.1858 hatte Reuning am 15.2.1859 kritisch bemerkt, man könne die Phosphorsäure nicht ersetzen, wenn noch genügend Vorrat im Boden vorhanden sei, weil dann das Geldkapital festläge. Liebig antwortete am 27.2.1859, man wisse nicht immer, warum Phosphordünger nicht gewirkt habe, d.h. ob der Vorrat noch ausreiche, es sollten in jedem Fall „die in den Städten sich anhäufenden Exkremente der Tiere und Menschen gesammelt..." werden. Liebig erweist sich hier als Vertreter eines konsequenten Recycling, wie wir heute sagen würden. (Von Schwermetallen und sonstigen toxischen Stoffen im Klärschlamm konnte er noch nichts ahnen.)

München, den 1. Dezember 1858

Mein verehrtester Freund!

Es ist mir ganz außerordentlich leid, daß wir zu keinem Verständnis kommen können und ich muß wohl selbst Schuld daran sein. Wenn Sie sich nur an die Stelle eines Lehrers versetzen wollten, der für allgemeine und spezielle Fälle Regeln und Grundsätze geben muß, so werden Sie sich genötigt sehen als Regel anzunehmen, daß ein Feld, um fruchtbar zu bleiben, dasjenige wieder empfangen muß, was man ihm in der Ernte nimmt, dies hindert nicht, daß ich Ihnen 10 000 spezielle Fälle zugebe, in welchen auf den Ersatz von einem oder mehreren entzogenen Bestandteilen auf lange hin noch verzichtet werden darf; den zehntausend Ackern, wo dies noch nicht nötig ist, steht aber eine Million gegenüber, wo ein unvollständiger Ersatz die Ernten beeinträchtigt. Nicht die Ausnahmen sondern das Gesetz muß uns im Ratgeben leiten, denn dann sind Sie sicher, daß der, welcher darnach handelt, sich keinen Schaden tut. Es ist dies umso wichtiger, da man die einzelnen Fälle, wo eine Ausnahme statt hat, nicht auszuscheiden vermag.

Gekürzt wurde dieser Brief um einen Absatz, in dem Liebig meint, der Landwirt dürfe sich nicht auf die Verwitterung als „Quellen des Ersatzes" verlassen. Er fährt fort:

Ein Landwirt darf nicht glauben gemacht werden, daß diese Quellen für ihn fließen, wenn man nicht mit positiver Gewißheit weiß, daß sie ihm wirklich fließen, er muß stets darauf hingewiesen werden, daß er auf ungewisse Dinge keine Rechnung machen darf, sondern daß er handeln muß, wie wenn alle seine Erfolge von ihm abhängig seien.

Die Tatsachen, die Sie anführen in Beziehung auf die Intervalle, in welcher Erbsen und Klee usw. gedeihen, sind alle erklärbar, aber wir dürfen sie nicht erklären, so wie Sie es tun durch die „Zeit der Verwitterung", weil dies ja nur ein gemachter Begriff ist, der keinen Boden hat. Bedenken Sie nur, was wir in der neueren Zeit über die Eigenschaften der Ackerkrume erfahren haben, sowie über die Wirkung des Chilisalpeters und Kochsalzes, deren Erklärung jetzt eine ganz andere Form angenommen hat, an die man früher nicht dachte. Ich wünsche weiter nichts, als daß ein Mann wie Sie, der auf die Praxis einen so tiefen und eingreifenden Einfluß hat, zum Segen derselben, die Methode der Wissenschaft festhalten möchte, d. h. nichts für wahr, für sicher und erklärt zu halten, was als wahr und sicher und beweisbar nicht festgestellt worden ist.

Was Sie irreführt und gewissermaßen zu meinem Widersacher macht, ist das Land, in dem Sie leben, denn es ist nicht zu leugnen, daß in Sachsen, wo man nur Fleisch und Korn erzeugt, nur an wenigen Orten und im allgemeinen kein Raubbau stattgehabt hat. Ist aber der Ackerbau überall wie in Sachsen? Und wo sind die Felder, auf denen Rüben und Handelsgewächse erzeugt werden, durch Knochenmehl und Guano allein fruchtbar zu erhalten?
Mit aufrichtigster Hochachtung

Ihr ergebener Just. Liebig.

München, den 27. Februar 1859

Mein verehrter Freund!
Wir würden uns leicht verständigen, wenn Sie nicht einzelne Fälle, sondern die Regel ins Auge fassen wollten, welche uns sagt, daß man das Entzogene wiedergeben müsse, damit zu keiner Zeit Mangel im Felde sei. Es ist wohl klar, daß wenn man mit einiger Gewißheit weiß, daß man phosphorsauren Kalk im Vorrat im Feld hat, daß man in diesem Fall von der Regel abweichen kann, weil derselbe in dem Gesetz eingeschlossen ist, daß Vorrat vorhanden sein müsse. Dasselbe gilt für Kali, Ammoniak usw. Ich beanstande die Schlüsse der Landwirte; wenn Knochenmehl auf einem Feld nicht wirkt, so kann dies von vielerlei Ursachen herrühren, der Mangel an irgendeinem andern Bestandteil macht den phosphorsauren Kalk unwirksam. Aus der Unwirksamkeit machen Sie aber den direkten, vielleicht begründbaren aber noch keineswegs begründeten Schluß, daß *Vorrat* vorhanden ist.

In Wahrheit weiß man nur, daß es auf eine gegebene Frucht nicht erhöhend gewirkt hat, und wenn es im zweiten, dritten und vierten Jahr auf dieselbe oder eine andere Frucht günstig wirkt, so schreibt der Landwirt diese Wirkung jeder anderen Ursache, aber sicherlich nicht dem Knochenmehl zu, weil er im Jahr der Düngung damit keine Wirkung gesehen hat. Sie nehmen in den Körnern einem Acker Weizen jährlich etwa für 25 Ngr. Phosphorsäure (in der

Form von phosphorsauren Salzen), und in dubio rate ich immerhin, diese dem Feld zurückzugeben. Sind Sie aber über den Vorrat nicht im Zweifel, so bin ich unbedenklich der Ansicht, daß man sich davon dispensieren kann. Von dem Standpunkt des Staats, welcher der Ihrige und der Wissenschaft, welcher der meinige ist, müssen wir in allen zweifelhaften Fällen darauf halten, daß der Ersatz gegeben werden müsse. Jeder einzelne tut doch, was ihm vorteilhaft ist, er tut es eben mit Rücksicht auf die Lehre, welche seine Aufmerksamkeit stets rege erhält. Nehmen Sie an, die Felder von 10 oder 100 Landwirten besäßen wirklich einen Überschuß von Phosphaten und das Knochenmehl wirke darum nicht, so gibt es tausend Felder, auf denen das Knochenmehl aus *anderen Ursachen* ebenfalls nicht wirkt.

Wenn Sie den letzteren raten, darum Knochenmehl zu sparen, so fügen Sie diesen Landwirten einen Schaden zu.

Im ganzen betrachtet ist der Raubbau in den Staaten die Regel und der vollständige Ersatz eine Ausnahme. Von Ihrem Standpunkt aus, müssen Sie alles tun, was Sie können, um dem Raubbau entgegenzuarbeiten.

Wenn der intensive Raubbau (Felder ohne vollständigen Ersatz) fortdauert, *so muß* die Welt dem Hungertod entgegen gehen; es kann noch Jahrhunderte dauern, allein das Ende ist gewiß. Wenn Sie in dieser Beziehung auf die Seite der Landwirte treten, so beschleunigen Sie dieses Ende. Ich leugne deswegen nicht, daß mit vermehrtem Futterbau die Getreideernten bis zu einer gewissen Periode zunehmen.

Ich bin nicht gegen die Viehhaltung, ich sage nur, man soll das Ausgeführte ersetzen und dabei soviel Vieh halten, als man Lust hat. Je größer der Erfolg und je höher die Ernten, je mehr muß man darauf bedacht nehmen, sie dauernd zu machen. Der Erfolg ist kein Beweis für die *Dauer.*

Was Sie beunruhigt und stört, dies ist, daß Sie vieles, was in der Landwirtschaft vorkommt, nicht erklären können. Dies kann ich auch nicht, und es mag noch Jahrhunderte einer fortschreitenden Entwicklung kosten, ehe wir die speziellen Gesetze für die verschiedenen Kulturpflanzen und Felder kennenlernen. Ein Gesetz aber kennen wir und dies heißt, daß die Dauer der Erträge von der Wiederkehr ihrer Bedingungen abhängt, und daran wollen wir unter allen Umständen festhalten. Um dies möglich zu machen, müssen wir Anstalten zu gründen suchen, in denen die in den Städten sich anhäufenden Exkremente der Tiere und Menschen gesammelt und in eine versendbare Form gebracht werden.

Lesen Sie, mein verehrter Freund, meine landwirtschaftlichen Briefe ohne Vorurteile und lassen Sie sich durch Dinge, die wir noch nicht erklären können, an dem nicht irre machen, was erkennbar und wahr ist.

Von Herzen ganz der Ihrige
Just. v. Liebig.

Stickstoffdüngung – Wirkung organischer Dünger und der Leguminosen

Ein weiterer Brief Liebigs an Reuning – aus dem Jahre 1861 – beleuchtet seine Ansichten zu den Fragen der Stickstoffdüngung, der Wirkung organischer Düngung am Beispiel des Peruguano und der Wirkung der Leguminosen am Beispiel der Erbsenkultur. Sie zeigen auch auf, wie Liebig – was die Wirkung bestimmter Düngemittel angeht – zwischen wissenschaftlichen Versuchen und praktischer Landwirtschaft säuberlich trennte.

Im Brief vom 29. Februar 1864 schließlich findet sich die Antwort auf die im einleitenden Aufsatz (Seite 26) gestellte Frage: „War Liebig Gegner der Stickstoffdüngung?"

München, den 5. Juni 1861.

Mein verehrter Freund!
Auf Ihren Brief beeile ich mich, Ihnen einige Zeilen zu antworten. Zunächst bitte ich Sie zu glauben, daß ich auch nicht in Gedanken anmaßend genug war, vorauszusetzen, Sie würden mein flüchtiges Geschreibsel zum Ihrigen machen. Sie wollten meine Ansicht über Ihre Abhandlung haben, und ich gab sie Ihnen in der Form, wie wenn ich selbst diese Abhandlung schreiben wollte. Wenn Sie das, was ich geschrieben habe, mit dem Ihrigen vergleichen, so werden Sie das Rechte finden. Die Kritik über Lawes' Versuche ist lediglich für Sie und zu Ihrer eigenen Aufklärung geschrieben, was ihr wissenschaftlich zugrunde liegt, ist längst gedruckt und bekannt und jeder kann es benützen. Ich habe Ihnen, wie Sie sagen, an Sicherheit genommen, weil ich manches strich und zweifelhaft ließ, was Sie als Argument und festgestellt behandelt haben, so z. B. die Löslichmachung durch Kalk und Stickstoff.

Die wichtigste Tatsache in Ihrer Abhandlung ist, daß die stickstoffhaltigen Dünger nicht proportionell dem Stickstoffgehalt wirken, daß unter gewissen Verhältnissen phosphorsäurereiche mehr Stickstoff in den Ernten liefern als stickstoffreiche. Halten Sie an dieser Tatsache fest, und gehen Sie darüber hinaus. Wenn Sie sich entschließen, *eine Reihe* von Versuchen mit Kalk allein auf verschiedenen Bodenarten anzustellen, so wird uns dies zu klaren Ansichten über seine Wirkungsweise führen, ein Versuch allein führt zu nichts und am wenigsten zu einer Erklärung.

In dem Peruguano war für mich immer ein X, d. h. eine unbekannte Größe; und ist es nicht sonderbar, daß ich dieses X erst nach so vielen Jahren fand? Daß der Guano anders und viel stärker wirke als eine Mischung von Knochenmehl und Ammoniaksalzen, mit äquivalenten Mengen Ammoniak und Phosphorsäure, war mir lange ein Rätsel; aber die Tatsache erkannte ich an, ohne sie zu erklären; hätte ich sie mir nach der Stickstofftheorie zurechtgelegt oder wie man sagt, erklärt, so hätte ich die Auflösung schwerlich gefunden; so ist es auch mit der Erbsenkultur, ich registriere mir alle Ihre Einsprüche und Bedenken und nehme an, daß noch manches andere dabei in Betracht genommen werden muß, aber den einen Grund des Nichtgedeihens halte ich fest, und wenn von diesem aus Versuche gemacht werden, so wird sich das andere schon finden.

Für Klee und Erbsen muß eine neue Kultur- und Düngungsmethode aufgesucht werden, und ich zweifle nicht, sowie man sie sucht, wird man sie auch finden.

Sie hatten mir in Ihrer Abhandlung ein großes Lob erteilt, und ich wünsche eben nicht gelobt zu werden, namentlich nicht von denen, mit welchen ich befreundet bin; auch meiner Verdienste zu erwähnen ist für mich selbst ohne allen Wert. Die Akademie in Paris hat mich vor 14 Tagen zu einem ihrer *sechs* auswärtigen ordentlichen Mitgliedern erwählt (einer ihrer 100 Korrespondenten bin ich seit 30 Jahren); dies ist wohl für den Ehrgeizigsten genug, wenn eine Korporation wie diese ein solches „Lob" ausspricht. Einer Würdigung meiner Verdienste bedarf ich also nicht, aber, mein teurer Freund, daß die Landwirte meistens gar keine Vorstellung von dem Fundament haben, auf welchem meine Ansichten beruhen, dies ist unter allen Hindernissen, welche meinen Lehren entgegenstehen, das größte, denn eine jede Lehre muß zur Verbreitung entweder Leute finden, die sie verstehen, oder solche, die daran *glauben.* Machen Sie sich über das, was ich Ihnen schickte, keine weiteren Sorgen; mein einziger Zweck war, Sie auf meinen Standpunkt zu stellen, und für niemand anders als für Sie hätte ich die Zeit und Arbeit, auch wenn sie klein erscheint, daran gewendet. An eine Vermittlung meiner Ansichten dachte ich auch nicht, mein lebhaftes Verlangen war, den Ihrigen die volle Kraft einer wissenschaftlichen Grundlage zu geben und alle Unbestimmtheiten auszuschließen. Schicken Sie mir das Manuskript nicht zurück, sondern werfen es einfach in den Papierkorb.

Meine Gesinnungen wahrer Hochachtung und Freundschaft bleiben darum unverändert.

Ihr J. v. Liebig

München, den 29. Februar 1864.

Verehrter Freund!

Wie kann ein Mann von Verstand im Zweifel sein, daß die Bestreitung der sogenannten Stickstofftheorie von der allergrößten Wichtigkeit für die Landwirte war, da man ihnen, auf sie gestützt, zugemutet hatte, den Wert der Dünger nach Prozenten, d. h. Stickstoffgehaltes, *zu bezahlen* und da diese Theorie sie unempfänglich für die wahren Grundsätze der Düngung machen mußte; diese Lehre war verderbenbringend für die Leute, für die sie bestimmt gewesen ist; und wie kann jemand, der mit diesen Tatsachen bekannt ist, sagen, daß es nicht der Mühe wert gewesen sei, sie zu bekämpfen! Das komische bei Grouven wie bei Stöckhardt ist, daß sie ganz allmählich alle die Schlußfolgerungen und Gesetze, zu denen ich gekommen bin und die sie früher leugneten, nach und nach annehmen, ja daß sie in der Düngung den Ersatz *aller* hiernach genommenen Elemente predigen, nur mit der Voraussetzung, daß ihnen das alles längst bekannt gewesen sei. Es sind Leute von einem geringen Vorrate kurzer Ideen, welche bald erschöpft sein werden, womit sich dann ihr Wirkungskreis abschließt.

Wir haben an Kühn in Halle und Komers in Prag zwei durchaus tüchtige Männer gewonnen und ich bedaure nur, daß letzterer in Beziehung auf den Ersatz des Stickstoffes noch im unklaren ist. Ich halte eine Anhäufung von Stickstoff in der Ackerkrume, für alle Pflanzen von kurzer Lebensdauer und schwacher Blattentwicklung, wie für die Kornpflanzen für notwendig, um eine Maximalernte zu erzielen.

Von der Nützlichkeit oder Notwendigkeit eines Ersatzes an Stickstoff für diese kann also nicht weiter die Rede sein; ganz anders verhält es sich aber mit dem *Zukauf.* Die fixen Nahrungsstoffe Phosphorsäure, Kali usw. müssen *ersetzt* und *zugekauft werden*, aber nur in gewissen Fällen der Stickstoff; er ist beweglich und ein Teil des ausgeführten kehrt ohne unser Zutun auf das Feld zurück. Ich habe die Ansicht ausgesprochen, daß der Korn- und *Fleischerzeuger* keinen Stickstoff zuzukaufen hat. Als Fleischerzeuger muß er Futtergewächse bauen und in diesen hat er Werkzeuge, die das Plus, was den Kornpflanzen fehlt, aus der Atmosphäre für ihn sammeln. Denkt man sich nun den extremen Fall, es sei möglich, Korn auf Korn und immer Korn zu bauen, so werden die fixen Nahrungsstoffe allein nicht zureichen, um Maximalerträge zu erzielen; mit denselben muß auch Stickstoff in irgendeiner Form zugeführt werden. Dasselbe gilt für den Korn- und Rübenerzeuger, welcher die Rüben nicht verfüttert, sondern an die Zuckerfabriken verkauft.

Justus von Liebig und Theodor Reuning. Briefwechsel über landwirtschaftliche Fragen aus den Jahren 1854-1873. Dresden 1884.

Ernährung

Pflanzenernährung

Der 33. und 38. der Chemischen Briefe *zeigen, wie Liebig das Leben der Pflanzen in so gegensätzlichen „Umwelten" wie dem Wasser einerseits und Boden bzw. Luft andererseits gründlich beobachtet und sich so allmählich an das Hauptproblem, die Ernährung der Kulturpflanzen, herantastet. Ausführlich kommt er auf die Rolle des Wassers und des Bodens in diesem Zusammenhang zu sprechen. (Im 39. Brief kann er dann sozusagen die Ernte dieser Studien einbringen und eine erstaunlich „moderne" Darstellung der Pflanzenernährung wagen.)*

Meerpflanzen

Jedermann weiß, daß in dem begrenzten, wie wohl ungeheuren Raume des Meeres ganze Welten von Pflanzen und Tieren aufeinander folgen, daß eine Generation dieser Tiere alle ihre Elemente von den Pflanzen erhält, daß die Bestandteile ihrer Organe nach dem Tode des Tieres die ursprüngliche Form wieder annehmen, in welcher sie einer neuen Generation von Pflanzen zur Nahrung dienen.

Der Sauerstoff, den die Seetiere in ihrem Atmungsprozeß der daran so reichen im Wasser gelösten Luft (sie enthält 32 bis 33 Volumen-Prozente, die atmosphärische nur 21 Prozent Sauerstoff) entziehen, wird in dem Lebensprozeß der Seepflanzen dem Wasser wieder ersetzt; er tritt an die Produkte der Fäulnis der gestorbenen Tierleiber, verwandelt ihren Kohlenstoff in Kohlensäure, ihren Wasserstoff in Wasser, während ihr Stickstoff die Form von Ammoniak wieder annimmt.

Wir beobachten, daß im Meer, ohne Hinzutritt oder Hinwegnahme eines Elementes, ein ewiger Kreislauf stattfindet, der nicht in seiner Dauer, wohl aber in seinem Umfang begrenzt ist, durch die in dem begrenzten Raum in endlicher Menge enthaltene Nahrung der Pflanze.

Wir wissen, daß bei den Seegewächsen von einer Zufuhr an Nahrung, von Humus, durch die Wurzel nicht die Rede sein kann. Welche Nahrung kann in der Tat die faustdicke Wurzel des Riesentangs aus einem nackten Felsstück ziehen, an dessen Oberfläche man nicht die kleinste Veränderung wahrnimmt – eine Pflanze, welche eine Höhe von 360 Fuß erreicht (Cook), von der ein Exemplar mit seinen Blättern und Zweigen Tausende von Seetieren ernährt.

Diese Pflanzen bedürfen offenbar nur einer Befestigung, welche den Wechsel des Ortes hindert, oder eines Gegengewichts, um sie schwimmend zu halten; sie leben in einem Medium, das allen ihren Teilen die ihnen nötige Nahrung zuführt; das Meerwasser enthält ja nicht allein Kohlensäure und Ammoniak, sondern auch die phosphorsauren und kohlensauren Alkalien und Erdsalze, welche die Seepflanze in ihrer Entwicklung bedarf, und die wir als nie fehlende Bestandteile in ihrer Asche finden. Alle Erfahrungen geben zu erkennen, daß die Bedingungen, welche das Dasein und die Fortdauer der Seepflanzen sichern, die nämlichen sind, welche das Leben der Landpflanzen vermitteln.

Landpflanzen

Die Landpflanze lebt aber nicht wie die Seepflanze in einem Medium, das alle ihre Elemente enthält und jeden Teil ihrer Organe umgibt, sondern sie ist auf zwei Medien angewiesen, von denen das eine *(der Boden)* die Bestandteile enthält, die dem anderen *(der Atmosphäre)* fehlen.

Wie ist es möglich, kann man fragen, daß man jemals über den Anteil, den der Boden, den seine Bestandteile an dem Gedeihen der Pflanzenwelt nehmen, in Zweifel sein konnte? Daß es eine Zeit gab, wo man die mineralischen Bestandteile der Pflanze nicht als wesentlich und notwendig betrachtete? Auch an der Oberfläche der Erde hat man ja den nämlichen Kreislauf beobachtet, einen unaufhörlichen Wechsel, eine ewige Störung und Wiederherstellung des Gleichgewichts. Die Erfahrungen in der Agrikultur geben zu erkennen, daß die Zunahme an Pflanzenstoff auf einer gegebenen Oberfläche wächst mit der Zufuhr an gewissen Stoffen, ursprünglich Bestandteile der nämlichen Bodenoberfläche, die von der Pflanze daraus aufgenommen worden waren: die Exkremente der Menschen und Tiere stammen ja von den Pflanzen, es sind ja gerade die Materien, welche in dem Lebensprozeß der Tiere, oder nach ihrem Tod die Form wieder erhalten, die sie als Bodenbestandteile besaßen. Wir wissen, daß die Atmosphäre keinen dieser Stoffe enthält und keinen ersetzt; wir wissen, daß ihre Hinwegnahme von dem Acker eine Ungleichheit der Produktion, einen Mangel an Fruchtbarkeit nach sich zieht, daß wir durch Hinzuführung dieser Stoffe die Fruchtbarkeit erhalten, daß wir sie vermehren können.

Der Boden, die Atmosphäre und die Lebensprozesse der Pflanzen

Kann man nach so vielen, so schlagenden Beweisen über den Ursprung der Bestandteile der Tiere und der Bestandteile der Pflanzen, den Nutzen der Alkalien, der phosphorsauren Salze, des Kalkes den kleinsten Zweifel über die Prinzipien hegen, auf welchen die rationelle Agrikultur beruht?

Beruht denn die Kunst des Ackerbaues auf etwas anderem, als auf der Wiederherstellung des gestörten Gleichgewichts? Ist es denkbar, daß ein rei-

ches, fruchtbares Land mit einem blühenden Handel, welches jahrhunderte-
lang die Produkte seines Bodens in der Form von Vieh und Getreide ausführt,
seine Fruchtbarkeit behält, wenn der nämliche Handel ihm nicht die entzogenen Bestandteile seiner Äcker, welche die Atmosphäre nicht ersetzen kann,
in der Form von Dünger wieder zuführt? Muß nicht für dieses Land der
nämliche Fall eintreten, wie für die einst so reichen fruchtbaren Gegenden
Virginiens, in denen kein Weizen und kein Tabak mehr gebaut werden
kann?

In Englands großen Städten werden die Produkte der englischen und überdies noch fremden Agrikultur verzehrt; die den Pflanzen unentbehrlichen
Bodenbestandteile von einer ungeheuren Oberfläche kehren aber nicht auf die
Äcker zurück. Einrichtungen, welche in den Sitten und Gewohnheiten des
Volkes liegen und diesem Land eigentümlich sind, machen es schwierig, vielleicht unmöglich, die unermeßliche Menge der phosphorsauren Salze (der
wichtigsten, wiewohl in dem Boden in kleinster Menge enthaltenen Mineralsubstanzen) zu sammeln, welche täglich in der Form von flüssigen und festen
Exkrementen den Flüssen zugeführt werden. Wir sahen für die an phosphorsauren Salzen so erschöpften englischen Felder den merkwürdigen Fall eintreten, daß die Einfuhr von Knochen (des phosphorsauren Kalkes) von dem
Kontinent den Ertrag derselben wie durch einen Zauber ums Doppelte
erhöhte! Die Ausfuhr dieser Knochen muß aber, wenn sie in dem nämlichen
Maßstab fortdauern sollte, nach und nach den deutschen Boden erschöpfen;
der Verlust ist umso größer, da ein einziges Pfund Knochen so viel Phosphorsäure wie ein ganzer Zentner Getreide enthält.

Die unvollkommene Kenntnis von der Natur und den Eigenschaften der
Materie gab in der alchemistischen Periode zu der Meinung Veranlassung, daß
die Metalle, das Gold, sich aus einem Samen entwickeln. Man sah in den
Kristallen und ihren Verästelungen die Blätter und Zweige der Metallpflanze
und alle Bestrebungen gingen dahin, den Samen und die zu seiner Entwicklung geeignete Erde zu finden. Ohne einem gewöhnlichen Pflanzensamen
scheinbar etwas zu geben, sah man ihn ja zu einem Halm, zu einem Stamme
sich entwickeln, welcher Blüten und wieder Samen trug; hatte man den
Metallsamen, so durfte man ähnliche Hoffnungen hegen.

Diese Vorstellungen konnte nur eine Zeit gebären, in der man von der
Atmosphäre so gut wie nichts wußte, wo man von dem Anteil, den die Erde,
den die Luft an den Lebensprozessen in der Pflanze und den Tieren nimmt,
keine Ahnung hatte. Die heutige Chemie stellt die Elemente des Wassers dar,
sie setzt dieses Wasser mit allen seinen Eigenschaften aus diesen Elementen
zusammen, aber sie kann diese Elemente nicht schaffen, sie kann sie nur aus
dem Wasser gewinnen. Das neugebildete künstliche Wasser ist früher Wasser
gewesen. Viele unserer Landwirte gleichen den alten Alchemisten: wie diese
dem Stein der Weisen, so streben sie dem wunderbaren Samen nach, der ohne

weitere Zufuhr von Nahrung auf ihrem Boden, der kaum reich genug für die einheimisch gewordenen Pflanzen ist, hundertfältig tragen soll!

Die seit Jahrhunderten, seit Jahrtausenden gemachten Erfahrungen sind nicht imstande, sie vor immer neuen Täuschungen zu bewahren; die Kraft des Widerstandes gegen solchen Aberglauben kann nur die Kenntnis wahrer wissenschaftlicher Prinzipien gewähren.

In der ersten Zeit der Philosophie der Natur war es das Wasser allein, aus dem sich das Organische entwickelte, dann war es das Wasser und gewisse Bestandteile der Luft, und jetzt wissen wir, daß noch andere Hauptbedingungen von der Erde geliefert werden müssen, wenn die Pflanze das Vermögen sich zu vervielfältigen erlangen soll.

Die Menge der in der Atmosphäre enthaltenen Nahrungsstoffe der Pflanzen ist begrenzt; allein sie muß vollkommen ausreichend sein, um die ganze Erdrinde mit einer reichen Vegetation zu bedecken.

Beachten wir, daß unter den Tropen und in den Gegenden der Erde, wo sich die allgemeinsten Bedingungen der Fruchtbarkeit, Feuchtigkeit, ein geeigneter Boden, Luft und eine höhere Temperatur vereinigen, daß dort die Vegetation kaum durch den Raum begrenzt ist, daß da, wo der Boden zur Befestigung fehlt, die absterbende Pflanze, ihre Rinde und Zweige selbst zum Boden werden. Es ist klar, daß es den Pflanzen dieser Gegenden an atmosphärischem Nahrungsstoff nicht fehlen kann; er fehlt auch unseren Kulturpflanzen nicht. Durch die unaufhörliche Bewegung der Atmosphäre wird allen Pflanzen eine gleiche Menge von den zu ihrer Entwicklung nötigen atmosphärischen Nahrungsstoffen zugeführt; die Luft unter den Tropen enthält nicht mehr davon, als die Luft in den kalten Zonen, und dennoch, wie verschieden scheint das Produktionsvermögen von gleichen Flächen Landes dieser verschiedenen Gegenden zu sein!

Alle Pflanzen der tropischen Gegenden, die Öl- und Wachspalmen, das Zuckerrohr, sie enthalten, verglichen mit unseren Kulturgewächsen, nur eine geringe Menge der eigentlichen, zur Ernährung des Tieres notwendigen Blutbestandteile. Die Knollen der einem hohen Strauch gleichen Kartoffelpflanze in Chile würden, von einem ganzen Morgen Land gesammelt, kaum hinreichen, um das Leben einer irländischen Familie einen Tag lang zu fristen *(Darwin)*. Die zur Nahrung dienenden Pflanzen, welche Gegenstände der Kultur sind, sind ja nur Mittel zur Erzeugung dieser Blutbestandteile. Beim Mangel an den Elementen, die für ihre Erzeugung der Boden liefern muß, wird sich vielleicht Amylon, Zucker, Holz, aber es werden sich diese Blutbestandteile nicht bilden können. Wenn wir auf einer gegebenen Fläche mehr davon hervorbringen wollen, als auf dieser Fläche die Pflanze im freien wilden, im normalen Zustand aus der Atmosphäre fixieren oder aus dem Boden empfangen kann, so müssen wir eine künstliche Atmosphäre schaffen, wir müssen dem Boden die Bestandteile zusetzen, die ihm fehlen.

Bedeutung der mineralischen Nahrungsstoffe für das Leben der Pflanzen

Die Nahrung, welche verschiedenen Gewächsen in einer gegebenen Zeit zugeführt werden muß, um eine freie und ungehinderte Entwicklung zu gestatten, ist sehr ungleich.

Auf dürrem Sande, auf reinem Kalkboden, auf nacktem Felsen gedeihen nur wenige Pflanzengattungen, meistens nur perennierende Gewächse; sie bedürfen zu ihrem langsamen Wachstum nur sehr geringe Mengen von Mineralsubstanzen, die ihnen der für andere Gattungen unfruchtbare Boden in hinreichender Menge noch zu liefern vermag; die einjährigen, namentlich die Sommergewächse, wachsen und erreichen ihre vollkommene Ausbildung in einer verhältnismäßig kurzen Zeit, sie kommen auf einem Boden nicht fort, welcher arm ist an den zu ihrer Entwicklung notwendigen Mineralsubstanzen. Um ein Maximum an Größe in der gegebenen kurzen Periode ihres Lebens zu erlangen, reicht die in der Atmosphäre enthaltene Nahrung nicht hin. Es muß für sie, wenn die Zwecke der Kultur erreicht werden sollen, in dem Boden selbst eine künstliche Atmosphäre von Kohlensäure und von Ammoniak geschaffen, und dieser Überschuß von Nahrung, welchen die Blätter sich aus der Luft nicht aneignen können, muß den ihnen korrespondierenden Organen, die sich im Boden befinden, zugeführt werden. Das Ammoniak reicht aber mit der Kohlensäure allein nicht hin, um zu einem Bestandteil der Pflanze, um zu einem Nahrungsstoff für das Tier zu werden; ohne die Alkalien wird kein Albumin, ohne phosphorsaure Alkalien und Erdsalze wird kein Pflanzenfibrin, kein Pflanzencasein gebildet werden können; die Phosphorsäure des phosphorsauren Kalkes, den wir in den Rinden und Borken der Holzpflanzen in so großer Menge als Exkrement sich ausscheiden sehen, wir wissen, daß er unseren Getreide- und Gemüsepflanzen für die Bildung ihrer Samen unentbehrlich ist.

Wie verschieden verhalten sich von den Sommergewächsen die immergrünenden Gewächse, die Fettpflanzen, Moose, die Nadelhölzer und Farrenkräuter! Sommer und Winter nehmen sie zu jeder Zeit des Tages Kohlenstoff durch ihre Blätter auf, durch Absorption von Kohlensäure, die ihnen der unfruchtbare Boden nicht liefern kann; ihre lederartigen oder fleischigen Blätter halten das aufgesaugte Wasser mit großer Kraft zurück, sie verlieren, verglichen mit anderen Gewächsen, nur wenig davon durch Verdunstung.

Wie gering ist zuletzt die Menge der Mineralsubstanzen, die sie während ihres kaum still stehenden Wachstums das ganze Jahr hindurch dem Boden entziehen, wenn wir sie mit der Menge vergleichen, die z. B. eine Ernte Weizen bei gleichem Gewicht in drei Monaten von dem Boden empfängt!

Wenn es im Sommer an Feuchtigkeit fehlt, durch deren Vermittlung die Pflanze die ihr nötigen Alkalien und Salze vom Boden erhält, so beobachten wir eine Erscheinung, welche früher, wo die Bedeutung der mineralischen

Nahrungsstoffe für das Leben der Pflanze nicht erkannt war, völlig unerklärlich schien. Wir sehen nämlich, daß die Blätter in der Nähe des Bodens, die sich zuerst und vollkommen entwickelt hatten, ohne eine sichtbar auf sie einwirkende schädliche Ursache ihre Lebensfähigkeit verlieren, sie schrumpfen zusammen, werden gelb und fallen ab. Diese Erscheinung zeigt sich in dieser Form nicht in feuchten Jahren, man beobachtet sie nicht an immergrünenden Gewächsen, und nur in seltenen Fällen an Pflanzen, welche lange und tiefe Wurzeln treiben; sie zeigt sich nur im Herbst und Winter an perennierenden Gewächsen.

Die Ursache dieses Absterbens ist jetzt einem Jeden klar. Die völlig entwickelt vorhandenen Blätter nehmen unausgesetzt aus der Luft Kohlensäure und Ammoniak auf, welche zu Bestandteilen neuer Blätter, Knospen und Triebe übergehen; aber dieser Übergang kann ohne die Mitwirkung der Alkalien und der übrigen Mineralbestandteile nicht stattfinden. Ist der Boden feucht, so werden sie unausgesetzt zugeführt, die Pflanze behält ihre lebendige grüne Farbe; ist aber bei trockenem Wetter die Zufuhr aus Mangel an Wasser abgeschnitten, so findet in der Pflanze selbst eine Teilung statt. Die mineralischen Bestandteile des Saftes der schon ausgebildeten Blätter werden denselben entzogen und zur Ausbildung der jungen Triebe verwendet, und mit der Entwicklung des Samens findet sich ihre Lebensfähigkeit völlig unterdrückt. Die abgewelkten Blätter enthalten nur Spuren von löslichen Salzen, während die Knospen und Triebe außerordentlich reich daran sind.

Wir sehen auf der anderen Seite, daß in einem mit Salzen zu reichlich versehenen Boden durch einen Überfluß an löslichen Mineralbestandteilen bei vielen, vorzüglich Küchengewächsen, auf der Oberfläche der Blätter Salze abgesondert werden, welche das Blatt mit einer weißen filzigen Kruste bedecken; in Folge dieser Ausschwitzungen kränkeln die Pflanzen, ihre organische Tätigkeit nimmt ab, ihr Wachstum wird gestört, und wenn dieser Zustand längere Zeit dauert, so stirbt die Pflanze ab. Diese Beobachtung macht man namentlich an blattreichen Pflanzen von großer Oberfläche, welche eine beträchtliche Menge von Wasser ausdunsten.

Chemische Breife. Wohlfeile Ausgabe 1865. (5. Auflage mit 50 Briefen und 1 Anhang.) 33. Brief, Seiten 351-356.

Allgemeinste Bedingungen des Pflanzenlebens

Im 38. seiner Chemischen Briefe *gibt Liebig eine Kurzdarstellung seiner Pflanzenernährungslehre. Einleitend macht er einige Feststellungen sozusagen „in eigener Sache". Er wiederholt seine Überzeugung, daß das gegenwärtige Ackerbausystem ein Raubsystem sei und macht sich anheischig, dies zu beweisen. Durch die bisherige Bodenbearbeitung und Düngung würden zwar immer wieder Erträge erzielt, und manche Landwirte würden sogar reich. Dennoch sei das System nicht vernunftgemäß, denn es gewähre keine Dauerfruchtbarkeit. Die Mehrzahl der Landwirte glaube aber daran. Hier möchte er Zweifel erwekken, und dazu sei es nötig, „sich an die allgemeinsten Bedingungen des Pflanzenlebens zu erinnern".*

Bestandteile der Pflanzenasche

Die Pflanzen enthalten verbrennliche und unverbrennliche Bestandteile. Die letzteren sind die Bestandteile der Asche, welche alle Pflanzenteile nach dem Verbrennen hinterlassen; die wesentlichsten in unseren Kulturpflanzen sind *Phosphorsäure, Kali, Kieselsäure, Schwefelsäure, Kalk, Bittererde, Eisen, Kochsalz.*

Es wird jetzt als eine unabstreitbare Tatsache angesehen, daß die Bestandteile der Pflanzenasche Nahrungsmittel, und demgemäß zur Bildung des Pflanzenkörpers und seiner Teile unentbehrlich sind. Aus *Kohlensäure, Wasser, Ammoniak* entstehen ihre verbrennlichen Elemente; sie sind als Nahrungsmittel gleich unentbehrlich.

In dem Lebensprozesse der Pflanzen bildet sich aus diesen Stoffen der Pflanzenleib, wenn die Atmosphäre und der Boden die ebengenannten Bedingungen in der angemessenen Menge und im richtigen Verhältnis gleichzeitig darzubieten vermögen.

Die atmosphärischen Elemente ernähren nicht ohne gleichzeitige Mitwirkung der Bodenbestandteile, und die letzteren sind wirkungslos, wenn es an den ersteren fehlt; beide müssen immer zusammen sein, wenn die Pflanze wachsen soll.

Nahrungsstoffe der Pflanzen

Es versteht sich hiernach von selbst, daß kein einzelner der genannten Pflanzennahrungsstoffe einen Wert vorzugsweise von dem anderen hat, sie sind für das Pflanzenleben *gleichwertig*. Für den Landwirt, welcher zur Erreichung seiner Zwecke dafür sorgen muß, daß seine Felder alle diese Stoffe in gehöriger Menge enthalten, sind sie hingegen *ungleichwertig*, denn in dem Fall, wo einer davon im Boden fehlt, kann er nur dann auf eine Ernte rechnen, wenn er diesen fehlenden Bestandteil dem Feld gibt; der fehlende oder mangelnde gewinnt dann einen Wert *vorzugsweise*, d. h. in Beziehung zu den anderen, die sein Feld (z. B. Kalk im Kalkboden) in größter Menge enthält.

Alle Nahrungsmittel der Gewächse gehören dem Mineralbereich an, die *luftförmigen* werden von den Blättern, die *feuerbeständigen* von den Wurzeln aufgenommen; die ersteren sind häufig Bestandteile des Bodens, und verhalten sich dann zu den Wurzelfasern ähnlich wie zu den Blättern, d. h. sie können auch durch die Wurzeln in die Pflanzen gelangen. Die luftförmigen sind ihrer Natur nach *beweglich*, die feuerbeständigen sind *unbeweglich*, und können den Ort, wo sie sich befinden, nicht von selbst verlassen.

Ein Nahrungsstoff ist wirkungslos, wenn ein einziger der anderen Nahrungsstoffe fehlt, welche Bedingungen seiner Wirksamkeit sind.

Die Futtergewächse und die Kornpflanzen bedürfen zu ihrer Entwicklung die nämlichen Bodenbestandteile, aber in sehr ungleichen Verhältnissen. Das Gedeihen einer Futterpflanze auf einem Feld beweist, daß sie in der Luft und im Boden ein für ihre Ernährung entsprechendes Verhältnis von atmosphärischen Nahrungsstoffen und Bodenbestandteilen vorgefunden hat. Das Nichtgedeihen der Kornpflanze auf demselben Feld weist darauf hin, daß für sie im Boden etwas gefehlt hat. In allen Fällen des Nichtgedeihens einer Kulturpflanze muß hiernach der nächste Grund im Boden, und nicht in einem Mangel an atmosphärischen Nahrungsstoffen gesucht werden, denn die Quelle, welche dem Futtergewächs diese Elemente geliefert hat, stand auch der Kornpflanze offen.

Wirkung und Teilnahme des Bodens an der Vegetation

Wie wirkt nun der Boden, und in welcher Weise nehmen seine Bestandteile Teil an der Vegetation?

Wir wollen diese Frage jetzt einer näheren Untersuchung unterziehen. Der Ernährungsprozeß ist ein Aneignungsprozeß der Nahrung; eine Pflanze wächst, indem sie an Masse zunimmt, und ihre Masse vermehrt sich, indem die Bestandteile der Nahrung zu Bestandteilen des Pflanzenkörpers werden. Aus der Kohlensäure entsteht z. B. der Zucker, die Kieselsäure wird zu einem Bestandteil des Stengels, das Kali ist im Saft, die Phosphorsäure, Kali, Kalk, Bittererde werden zu Bestandteilen des Samens.

Schnelligkeit und Dauer der Wirkung eines Nahrungsstoffes

In der Wirkung eines Nahrungsstoffes hat man zu unterscheiden die Raschheit, oder *Schnelligkeit*, von der Dauer seiner Wirkung.

Im allgemeinen hängt die Wirkung ab von der Summe der vorhandenen wirkenden Teile, entsprechend der Menge, welche überhaupt von der Pflanze in einer Vegetationsperiode aufnehmbar ist, und aufgenommen wird; ein Mangel vermindert die Ernte, aber ein Überschuß erhöht sie nicht über eine gewisse Grenze hinaus. Der Überschuß wirkt in der nächsten Vegetationsperiode; die Dauer der Ernten richtet sich nach dem Rest, der nach jeder Vegetationsperiode im Boden bleibt; ist der Rest zehnmal größer als eine volle Ernte bedarf, so reicht er aus für zehn volle Ernten in zehn Jahren.

Ein Körper, z. B. ein Stück Zucker, löst sich um *so rascher* in einer Flüssigkeit, je *feiner* er gepulvert ist; durch das Pulvern wird seine Oberfläche und damit die Anzahl der Teilchen vergrößert, die in *einer gegebenen Zeit* mit der Flüssigkeit in Berührung kommen, die sie auflöst; in allen chemischen Aktionen dieser Art geht die Wirkung von der Oberfläche aus; ein Nahrungsmittel, welches sich im Boden befindet, wirkt durch seine Oberfläche, was unterhalb der Oberfläche liegt, ist wirkungslos, weil es nicht auflöslich ist; je mehr in einer gegebenen Zeit von der Pflanze davon aufgenommen wird, desto wirksamer ist es in dieser Zeit. Fünfzig Pfund Knochen können je nach dem Grad ihrer Zerteilung soviel in einem Jahr wirken wie hundert, zweihundert oder dreihundert Pfund in grobem Pulver; das letztere ist nie wirkungslos, aber um zu wirken, das ist um sich aufzulösen, braucht es längere Zeit; die Wirkung ist geringer, hält aber länger an.

Um die Wirkung des Bodens und seiner Bestandteile auf die Vegetation richtig zu verstehen, muß man fest im Auge behalten, daß die darin enthaltenen Nahrungsmittel immer wirkungsfähig, wie wohl nicht immer wirksam sind; sie sind immer bereit in den Kreislauf zu treten, wie ein Mädchen zum Tanz, aber es gehört ein Tänzer dazu.

Acht Stoffe hat der Landwirt im Boden nötig, wenn alle seine Pflanzen üppig gedeihen, wenn seine Felder die höchsten Erträge liefern sollen. Manche davon, aber nicht alle, sind stets und in Menge darin vorrätig, drei sind den meisten Feldern nur geliehen. Diese acht Stoffe sind gleich acht Ringen einer Kette um ein Rad; ist einer davon schwach, so reißt die Kette bald, der fehlende ist immer der Hauptring, ohne den das Rad die Maschine nicht bewegt. Die Stärke der Kette bedingt der schwächste von den Ringen.

Falsche Ansicht über die Wirkung des Wassers

Wir haben geglaubt, daß die Pflanzen ihre Nahrung aus einer Lösung empfangen; daß die Schnelligkeit ihrer Wirkung mit ihrer Löslichkeit in nächster Beziehung stehe. Durch das Regenwasser im Verein mit der Kohlensäure würden die wirksamen Bestandteile derselben den Pflanzenwurzeln zugeführt. Die Pflanze sei wie ein Schwamm, der zur Hälfte in der Luft, zur Hälfte im feuchten Boden stehe; was der Schwamm durch die Verdunstung in der Luft verliere, sauge er unaufhörlich wieder aus dem Boden auf. Aus den Blättern verdunste das durch die Wurzel aufgenommene Wasser, die Wurzeln empfingen das verlorene Wasser aus dem Boden wieder; was in dem Wasser gelöst ist, gehe mit den Wasserteilchen in die Wurzeln über; die Pflanze eigne sich das Gelöste im Ernährungsprozeß an, der Boden und die Pflanze seien beide passiv.

Wir haben gelehrt, daß ein Nahrungsmittel in dem Boden, entfernt von jeder Wurzelfaser, die Pflanze ernähren könne, wenn sich zwischen der Faser und dem Nahrungsstoff Wasserteilchen befänden, die denselben aufzulösen vermögen. Infolge der Verdunstung durch die Blätter saugen die Wurzeln die Wasserteilchen auf, die in dieser Weise alle zusammen eine Bewegung nach der Wurzelfaser hin empfangen; mit den Wasserteilchen bewege sich der gelöste Stoff. Das Wasser, so glaubten wir, ist der Karren, der die entfernten Bodenbestandteile in die Nähe und in unmittelbare Berührung mit der Pflanze bringt.

Wenn 4000 Pfund Körner und 10000 Pfund Stroh 100 Pfund Kali und 50 Pfund Phosphorsäure zu ihrer Entwicklung bedürfen, und ein Hektar Feld diese 100 Pfund Kali und 50 Pfund Phosphorsäure in löslichem aufnehmbarem Zustand enthält, so reichen diese Mengen zu diesem Ernteertrag hin; enthält das Feld doppelt oder hundertmal so viel, so erwarten wir zwei oder hundert Ernten; so haben wir gelehrt.

Alles dies ist ein großer Irrtum gewesen.

Wir haben aus der Wirkung, welche das Wasser und die Kohlensäure auf das Gestein ausüben, auf die Wirkung beider auf die Ackererde geschlossen, *aber dieser Schluß ist falsch.*

Es gibt in der Chemie keine wunderbarere Erscheinung, keine, welche alle menschliche Weisheit so sehr verstummen macht, wie das Verhalten eines für den Pflanzenwuchs geeigneten Acker- und Gartenbodens.

Verhalten der Ackererde gegenüber Kali, Ammoniak und Phosphorsäure

Durch die einfachsten Versuche kann sich jeder überzeugen, daß beim Durchfiltrieren von Regenwasser durch Ackererde oder Gartenerde dieses Wasser keine Spur von *Kali*, von *Kieselsäure*, von *Ammoniak*, von *Phosphorsäure* auflöst, daß die Erde von allen den Pflanzennahrungsstoffen, die sie enthält, kein Teilchen an das Wasser abgibt, daß das Wasser nichts davon hinwegnimmt. Der anhaltendste Regen vermag dem Felde, außer durch mechanisches Hinwegkommen, keine von den Hauptbedingungen seiner Fruchtbarkeit zu entziehen.

Die Ackerkrume hält aber nicht nur fest, was von Pflanzennahrungsstoffen in ihr ist, sondern ihr Vermögen den Pflanzen zu erhalten, was diese bedürfen, reicht noch viel weiter. Wenn Regen- oder ein anderes Wasser, welches *Ammoniak, Kali, Phosphorsäure, Kieselsäure* in aufgelöstem Zustand enthält, mit Ackererde zusammengebracht wird, so verschwinden diese Stoffe beinahe augenblicklich aus der Lösung; die Ackererde entzieht sie dem Wasser. Und nur solche Stoffe werden dem Wasser von der Ackererde *vollständig* entzogen, welche *unentbehrliche* Nahrungsmittel für die Pflanzen sind, die anderen bleiben ganz oder zum größten Teil gelöst.

Füllt man einen Trichter mit Ackererde und gießt auf diese Erde eine Auflösung von kieselsaurem Kali (Kali-Wasserglas), so läßt sich meistens in dem abfließenden Wasser keine Spur von Kalk und nur unter gewissen Umständen *Kieselsäure* entdecken.

Löst man frisch gefällten *phosphorsauren Kali* oder *phosphorsaure Bittererde* in Wasser, welches mit *Kohlensäure* gesättigt ist, und läßt diese Lösungen in gleicher Weise durch Ackererde durchfiltrieren, so enthält das abfließende Wasser keine *Phosphorsäure*. Eine Auflösung von phosphorsaurem Kalk in verdünnter *Schwefelsäure* oder von *phosphorsaurem Bittererde-Ammoniak* in kohlensaurem Wasser verhält sich auf gleiche Weise. Die Phosphorsäure des phosphorsauren Kalks, die Phosphorsäure und das Ammoniak des Bittererde-salzes bleiben in der Erde zurück.

Die Kohle verhält sich gegen manche lösliche Salze ähnlich; sie nimmt Farbstoffe und Salze aus Flüssigkeiten in sich auf; es liegt nahe, den Grund der Wirkung beider in einerlei Ursache zu suchen; bei der Kohle ist es eine chemische Anziehung, die von der Oberfläche ausgeht, aber bei der Ackererde nehmen ihre Bestandteile an ihrer Wirkung teil, und sie ist deshalb in vielen Fällen eine ganz andere.

Kali und Natron stehen sich bekanntlich in ihrem chemischen Verhalten ganz außerordentlich nahe, und auch ihre Salze haben viele Eigenschaften miteinander gemein. Chlorkalium z. B. hat dieselbe Kristallgestalt wie Kochsalz, in Geschmack und Löslichkeit sind sie wenig verschieden. Ein Ungeübter unterscheidet beide kaum, aber die Ackerkrume unterscheidet sie vollkommen.

Chemische Briefe. Wohlfeile Ausgabe 1865, 5. Auflage. 38. Brief, Seiten 384-391.

Die Absorptionsfähigkeit des Bodens

Liebig hatte durch einen Schmelzprozeß die pflanzenwirksamen Bestandteile in seinem Patentdünger unlöslich gemacht, so daß sie sich nicht im Boden verbreiten konnten. Nach fünfjährigen Versuchen und Irrwegen (1850–1855) fand er die Erklärung. In den beiden vorstehenden Absätzen über die Wirkung des Wassers und der Ackererde auf die Pflanzennährstoffe aus den Chemischen Briefen hat er die Zusammenhänge dargestellt. Hier eine weitere, berühmte Stelle zu diesem Thema aus der Agrikulturchemie:

Ich hatte mich an der Weisheit des Schöpfers versündigt, und dafür meine gerechte Strafe empfangen, ich wollte sein Werk verbessern, und in meiner Blindheit glaubte ich, daß in der wundervollen Kette von Gesetzen, welche das Leben an die Oberfläche der Erde fesseln und immer frisch erhalten, ein Glied vergessen sei, was ich, der schwache ohnmächtige Wurm, ersetzen müsse. Es war aber dafür gesorgt, freilich in so wunderbarer Weise, daß der Gedanke an die Möglichkeit des Bestehens eines solchen Gesetzes der menschlichen Intelligenz bis damals nicht zugänglich war, so viele Tatsachen auch dafür sprachen; allein die Tatsachen, welche die Wahrheit reden, werden stumm, oder man hört nicht, was sie sagen, wenn sie der Irrtum überschreit. So war es denn bei mir. Die Alkalien, bildete ich mir ein, müßte man unlöslich machen, weil sie der Regen sonst entführe! Ich wußte damals noch nicht, daß sie die Erde festhalte, sowie ihre Lösung damit in Berührung komme, denn das Gesetz, zu welchem mich meine Untersuchungen über die Ackerkrume führten, heißt: An der äußersten Kruste der Erde soll sich unter dem Einfluß der Sonne das organische Leben entwickeln, und so verlieh denn der große Baumeister den Trümmern dieser Kruste das Vermögen, alle diejenigen Elemente, welche zur Ernährung der Pflanzen und damit auch der Tiere dienen, anzuziehen und festzuhalten, wie der Magnet Eisenteile anzieht und festhält, so daß kein Teilchen davon verloren geht; in dieses Gesetz schloß der Schöpfer ein zweites ein, wodurch die pflanzentragende Erde ein ungeheurer Reinigungsapparat für das Wasser wird, aus dem sie durch das nämliche Vermögen alle der Gesundheit der Menschen und Tiere schädlichen Stoffe, alle Produkte der Fäulnis und Verwesung untergegangener Pflanzen und Tiergenerationen entfernt.

Die Chemie in ihrer Anwendung auf Agrikultur und Physiologie. 7. bzw. 8. Auflage, Band I Einleitung Seite 69.

Die Pflanze bezieht ihre Nahrung wahrscheinlich direkt von der Ackerkrume

In dieser Abhandlung spiegeln sich des Verfassers Vorstellungen vom Stoffwechsel der Pflanze. Schon Jahrzehnte vor Entdeckung der Osmose, des Edaphons oder gar des Ionenaustausches kam er der Wahrheit sehr nahe. Mehrere Stellen entsprechen sogar den Auffassungen des modernen biologischen Landbaues: Liebig spricht von konzentrierten Düngemitteln, durch die die Saat verbrennt. Und was die „mineralische Nahrung" angeht, so sagt er, daß die meisten Kulturpflanzen „verkümmern und absterben, wenn ihnen diese Bestandteile in einer Lösung zugeführt werden".

Es ist jetzt mehr als wahrscheinlich, daß die große Mehrzahl der Kulturpflanzen darauf angewiesen ist, ihre Nahrung direkt von den Teilen der Ackerkrume zu empfangen, welche mit den aufsaugenden Wurzeln sich in Berührung befinden, und daß sie absterben, wenn ihnen die Nahrung in einer Lösung zugeführt wird. Die Wirkung *konzentrierter* Düngmittel, durch welche, wie der Landwirt sagt, die Saat *verbrennt*, scheint damit in Beziehung zu stehen.

Aus dem Verhalten der Ackerkrume geht hervor, daß die Pflanze in der Aufnahme ihrer Nahrung selbst eine Rolle spielen muß; als organisches Wesen ist ihre Existenz nicht gänzlich abhängig von äußeren Ursachen.

Empfingen die Landpflanzen ihre Nahrung aus einer Lösung, so würden sie von dieser Lösung der Zeit nach im Verhältnis nur soviel aufnehmen können, als Wasser durch ihre Blätter verdunstet, sie würden nur aufnehmen können, was die Lösung enthält und zuführt. Es ist ganz gewiß, daß das Wasser, welches den Boden durchfeuchtet, sowie die Verdunstung durch die Blätter in dem Assimilationsprozeß als notwendige Vermittlungsglieder mitwirken; allein in dem Boden besteht eine Polizei, welche die Pflanze vor einer schädlichen Zufuhr schützt; sie wählt aus, was sie bedarf, und was der Boden darbietet, kann nur dann in ihren Organismus übergehen, wenn eine innere, in der Wurzel tätige Ursache mitwirkt.

Es ist wahrscheinlich, daß die größte Anzahl der Kulturpflanzen darauf angewiesen ist, ihre mineralische Nahrung direkt von der Ackerkrume zu empfangen, und daß ihr Bestehen gefährdet wird, daß sie verkümmern und absterben, wenn ihnen diese Bestandteile in einer Lösung zugeführt werden.

Mitwirkung der Pflanze an der Auflösung der Mineralbestandteile

Man findet häufig in Wiesen glatte Kalkgeschiebe, deren Oberfläche mit seinen Furchen netzartig bedeckt ist; und wenn der Stein frisch aus der Erde genommen wird, so sieht man, daß eine jede vertiefte Linie oder Furche einer Wurzelfaser entspricht, wie wenn sich diese in den Stein eingefressen hätte.

Es ist sehr schwer, sich eine Vorstellung zu machen, in welcher Weise die Pflanzen mitwirken, um die Auflösung der Mineralbestandteile zu bewerkstelligen; daß Wasser für den Übergang derselben unentbehrlich ist, versteht sich von selbst.

Die Schwierigkeit der Erklärung darf zunächst nicht abhalten, die Tatsachen an sich nach allen Richtungen hin festzustellen und den Umfang ihres Einflusses zu ermitteln. Ausnahmen gibt es genug.

Für viele Wasserpflanzen, deren Wurzeln den Boden nicht berühren, müssen, wie sich von selbst versteht, für die Aufnahme ihrer mineralischen Nahrung andere Gesetze bestehen, sie müssen sie wie die Seegewächse aus dem umgebenden Medium nehmen, denn überall, wo eine Pflanze wächst, muß sie die Bedingungen ihrer Existenz vorfinden.

Untersuchung der Wasserlinsen

Die Untersuchung der Wasserlinsen *(Lemna trisulca)* bot in dieser Hinsicht einige interessante Beobachtungen dar. Diese Pflanze wächst in stehenden Wassern, Teichen und Sümpfen und schwimmt auf der Oberfläche des Wassers, sodaß ihre Wurzeln außer aller Berührung mit dem Boden sind.

Es wurde eine Portion dieser Pflanzen von einem künstlichen Sumpf des hiesigen botanischen Gartens gesammelt, getrocknet und verbrannt und ihr Aschengehalt bestimmt; es wurden gleichzeitig 10 bis 15 Liter des Sumpfwassers, welches eine schwach grünliche Farbe besaß, filtriert und zur Trockne abgedampft; die Asche sowie der Salzrückstand des Wassers wurden der Analyse unterworfen.

Der Verfasser bringt nun die Analysenzahlen und beurteilt sie u. a. wie folgt: „Diese Bestandteile nahm die Pflanze unzweifelhaft aus einer Lösung auf, allein es fand, was das Bemerkenswerteste ist, eine Auswahl statt." Und: „Die Pflanze nahm die löslichen Mineralbestandteile in den Verhältnissen auf, wie sie sie für ihren Lebensprozeß bedurfte, und keineswegs in den Verhältnissen, in denen sie ihr von der Flüssigkeit dargeboten wurden."

Sumpfschlamm als Düngemittel

An vielen Orten wird der Schlamm aus Teichen, stehenden Wassern und manchen Sümpfen als ein treffliches Mittel hochgeschätzt, um die Felder zu verbessern und ihre Fruchtbarkeit zu erhöhen. Es ist klar, daß eine solche Art von Schlamm gleich einer Ackerkrume wirkt, welche mit gelösten Pflanzennahrungsmitteln oder Dungstoffen in Berührung, so viel davon aufgenommen hat, als sie überhaupt aufnehmen kann, und ihre Wirkung findet in der Beschaffenheit des Sumpfwassers eine genügende Erklärung.

Es ist zuletzt begreiflich, wenn in manchen Acker- und Gartenerden Pflanzenreste sich anhäufen und verwesen, daß das Wasser, welches diesen Boden durchdringt, viele Substanzen auflöst, die sich sonst in Mineralwässern nicht vorfinden.

Ackererde entzieht der feuchten Luft den Wasserdampf

Zu den beschriebenen chemischen Eigenschaften der Ackererde gesellt sich eine physikalische, welche nicht minder merkwürdig und einflußvoll ist. Dies ist das Vermögen derselben, der feuchten Luft den Wasserdampf zu entziehen und in ihren Poren zu verdichten. Man wußte zwar seit langem schon, daß die Ackererde zu den den Wasserdampf sehr stark anziehenden Substanzen gehört, allein erst durch *v. Babo* haben wir erfahren, daß sie in dieser Eigenschaft der konzentrierten Schwefelsäure gleichgestellt werden muß, welche sie unter allen im stärksten Grade besitzt. Bringt man einige Unzen Ackererde bei einer nicht höheren Tempratur als 35 bis 40°C getrocknet in eine Flasche mit Luft, welche bei 20°C vollständig mit Wasserdampf gesättigt ist, der sich also bei der geringsten Abkühlung unter diesen Temperaturgrad als Tau absetzen würde, so ist nach Verlauf von wenigen Minuten die Luft so vollständig ihrer Feuchtigkeit beraubt, welche die Erde angezogen hat, daß sie auch bei einem Kältegrad von 8 bis 10°C kein Wasser, d. h. keinen Taubeschlag mehr absetzt; die Spannkraft des Wasserdampfes ist von $17^{m.m.}$ auf weniger als $2^{m.m.}$ herabgedrückt.

In einer Luft, die man mit Wasserdampf gesättigt erhält, verliert die Ackererde ihre absorbierende Kraft für den Wasserdampf in eben dem Grade, als sie selbst sich damit gesättigt hat. Bei vollkommener Sättigung nimmt sie kein Wasser aus der Luft mehr auf. Aus jeder Luft von 20°C, welche Wassergas von mehr als $2^{m.m.}$ Spannkraft enthält, entzieht die trockene Ackerkrume so lange Wasser, bis sich ein Gleichgewichtszustand der Spannkraft des Wasserdampfes in der Luft oder der Kraft, welche den Gaszustand zu erhalten, und der anziehenden Kraft in der Erde, die ihn aufzuheben strebt, hergestellt hat.

Die Erde, welche sich durch Aufnahme von Feuchtigkeit aus der Luft bei einer gegebenen Temperatur damit gesättigt hat, gibt an trockenere Luft eine gewisse Quantität davon wieder ab und ebenso wenn die Temperatur der Luft steigt; einer noch feuchteren Luft hingegen entzieht sie Wasser, bis das Gleichgewicht hergestellt ist.

Absorption und Verdunstung

Die Vorgänge der Absorption und Verdunstung sind von einer wichtigen Erscheinung begleitet: bei der Absorption des Wasserdampfes erwärmt sich die Erde und sie kühlt sich beim Verdampfen ab. Hängt man ein leinenes Säckchen mit trockener Ackererde, in dessen Mitte sich ein Thermometer befindet, in ein Gefäß mit feuchter Luft, so sieht man das Quecksilber des Thermometers nach einigen Augenblicken steigen; in v. Babo's Versuchen stieg in einer an organischen Stoffen reichen Erde die Temperatur von 20° bis auf 31°C, in einem Sandboden auf 27°C. In gleicher Weise verhielt sich Ackererde, die in Luft von 20°C und 12° Taupunkt sich teilweise mit Feuchtigkeit gesättigt hatte, in mit Wasserdampf gesättigter Luft; die Temperatur erhöhte sich um 2 bis 3 Grade. Die eben beschriebenen Erscheinungen müssen auf die Vegetation einen ganz bestimmten Einfluß äußern: auch wenn die hervorgehobenen Extreme der Erwärmung nur selten eintreten mögen, so sind die dazwischen liegenden Fälle um so häufiger.

Wo im heißen Sommer die Oberfläche des Bodens austrocknet, ohne daß ein Ersatz aus tieferen Erdschichten durch kapillare Anziehung statthat, liefert die mächtige Anziehung des Bodens zu dem gasförmigen Wasser in der Luft die Mittel zur Erhaltung der Vegetation.

Liebig führt diesen Vorgang der Aufnahme von Wasserdampf noch weiter aus: Damit verbunden sei eine leichte Bodenerwärmung, die den Pflanzenwuchs begünstige.

Eine zweite Quelle, aus welcher die ausgetrocknete Ackerkrume, vermittelst ihres Absorptionsvermögens, ihre Feuchtigkeit schöpft, bieten die tiefer liegenden feuchten Erdschichten. Von ihnen aus muß nach der Oberfläche eine beständige Destillation von Wasserdampf statthaben, dessen Absorption von einer gleichen Wärmeentwicklung in den oberen Schichten begleitet ist. Indem man durch Drainierung das durch kapillare Anziehung aufsteigende Wasser tiefer legt, empfängt jetzt die trockene Ackerkrume eine Menge Feuchtigkeit in Gasgestalt aus den unteren Schichten, welche für das Bedürfnis der Gewächse dient und gleichzeitig die Ackerkrume erwärmt.

In diesen Tatsachen erkennen wir eines der merkwürdigsten Naturgesetze. *An der äußersten Erdkruste soll sich das organische Leben entwickeln, und die weiseste Einrichtung gibt ihren Trümmern das Vermögen, alle diejenigen Nahrungsstoffe aufzusammeln und festzuhalten, welche Bedingungen desselben sind.* Dieses Vermögen bewahrt auch in den scheinbar ungünstigen Verhältnissen dem fruchtbaren Boden die darin enthaltenen oder gegebenen Bedingungen seiner Fruchtbarkeit.

Chemische Briefe. Wohlfeile Ausgabe 1865. 5. Auflage. 39. Brief, S. 392-399.

Die Tier-Chemie

Die Texte zu Themen der Ernährung von Mensch und Tier in diesem Auswahl-
band stammen ganz überwiegend aus den in volkstümlichem Stil gehaltenen
Chemischen Briefen. Vorgeschaltet seien jedoch zwei Stellen aus dem Vorwort
von Liebigs zweitem weltberühmten Werk: Die Tier-Chemie. *Dieses Werk,*
sagt Liebig, sei ein Versuch, die neuen chemischen Methoden auf Physiologie
und Pathologie anzuwenden. Anatomische und mikroskopische Studien hätten
die Gesetze des Lebens nicht erforschen können; dies könne nicht gedacht
werden, „ohne genaue Kenntnis der chemischen Kräfte…, die in einer ähnli-
chen Weise zur Äußerung gelangen wie die letzten Ursachen, von welchen die
Lebenserscheinungen bedingt werden." Die Beobachtungen der Forscher müß-
ten „nach einem ganz bestimmten Zweck und Ziel gerichtet sein, sie müssen
einen organischen Zusammenhang besitzen". Unser Text aus dem Vorwort der
Tier-Chemie setzt ein, wo Liebig diese Forschungsmethoden erläutert:

Mit Recht schreiben die Physiker und Chemiker ihren Forschungsmethoden den größten Teil des Erfolges in ihren Arbeiten zu. Jede chemische oder
physikalische Arbeit, welche einigermaßen den Stempel der Vollendung an
sich trägt, läßt sich im Resultat in wenigen Worten wiedergeben. Allein diese
wenigen Worte sind unvergängliche Wahrheiten, zu deren Auffindung zahllose
Versuche und Fragen erforderlich waren; die Arbeiten selbst, die mühsamen
Versuche und verwickelten Apparate fallen der Vergessenheit anheim, sobald
die Wahrheit ermittelt ist, es sind die Leitern, die Schächte und Werkzeuge,
welche nicht entbehrt werden konnten, um zu dem reichen Erzgang zu gelangen; es sind die Stollen und Luftzüge, welche die Gruben von Wasser und
bösen Wettern frei hielten.

Eine jede, auch die kleinste chemische oder physikalische Arbeit, wenn sie
auf Beachtung Ansprüche macht, muß heutzutage diesen Charakter an sich
tragen; aus einer gewissen Anzahl von Beobachtungen muß ein Schluß, gleichgültig ob er viel oder wenig umfaßt, gezogen werden können.

Unsere Fragen und Versuche durchschneiden in unzähligen krummen
Linien die gerade Linie, die zur Wahrheit führt, es sind die Kreuzungspunkte,
die uns die wahre Richtung erkennen lassen; es liegt in der Unvollkommen-
heit des menschlichen Geistes, daß die krummen Linien gemacht werden

müssen. Die Chemiker und Physiker behalten stets ihr Ziel im Auge; dem einen gelingt es, streckenweise den geraden Weg zu verfolgen, allein alle sind auf die Umwege vorbereitet; des Erfolgs ihrer Anstrengungen bei Beharrlichkeit und Ausdauer gewiß, wächst die Begierde und ihr Mut mit den Schwierigkeiten.

Einzelne Beobachtungen ohne Zusammenhang sind auf einer Ebene zerstreute Punkte, die uns nicht gestatten, einen bestimmten Weg zu wählen. In der Chemie hatte man Jahrhunderte lang nichts als diese Punkte, deren Zwischenräume auszufüllen Mittel genug in Anwendung kamen; allein bleibende Entdeckungen, wahre Fortschritte wurden erst dann gemacht, als man ihre Verknüpfung nicht mehr der Phantasie überließ.

Ich habe den Zweck gehabt, die Kreuzungspunkte der Physiologie und Chemie in diesem Buche hervorzuheben und die Stellen anzudeuten, wo beide Wissenschaften gegenseitig ineinander greifen. Es enthält eine Sammlung von Aufgaben, so wie sie gegenwärtig von der Chemie gestellt werden, und eine Anzahl von Schlüssen, die nach ihren Regeln aus den vorhandenen Erfahrungen sich ergeben.

Diese Fragen und Aufgaben werden ihre Lösung erhalten, und kein Zweifel kann darüber sein, daß wir alsdann eine neue Physiologie und eine rationelle Pathologie haben werden. Gewiß ist unser Senkblei nicht lang genug, um die Tiefe des Meeres zu messen, allein es verliert deshalb seinen Wert für uns nicht; wenn es uns vorläufig nur hilft, um die Klippen und Sandbänke zu vermeiden, so ist dieser Nutzen groß genug. In der Hand des Physiologen muß die organische Chemie zu einem geistigen Hilfsmittel werden, mit dem er imstande sein wird, die Ursachen von Erscheinungen zu erforschen, die das leibliche Auge nicht mehr erkennt; und wenn von den Resultaten, die ich in diesem Buche entwickelt oder angedeutet habe, nur ein Einziges eine nützliche Anwendung zuläßt, so halte ich den Zweck, für den es geschrieben ist, für vollkommen erreicht. Der Weg, der dazu geführt hat, wird andere Wege bahnen, und dies betrachte ich als den höchsten Gewinn.

Gießen, im April 1842   Dr. Justus Liebig.

Nahrungsmittel im allgemeinen

*In der Lehre von der Pflanzenernährung und Düngung hatte Liebig die For-
schungsergebnisse seiner Vorgänger zu einem überzeugenden Gesamtbild
zusammengefaßt, durch zahllose eigene Analysen erweitert und damit auf eine
feste Grundlage gestellt; nicht zuletzt hatte er die grundverschiedene Rolle des
Stickstoffs und Kohlenstoffs einerseits und der „unverbrennlichen" Mineralstoffe
andererseits herausgearbeitet.*

*Sinngemäß verhielt es sich mit der Ernährungslehre im allgemeinen und der
Fütterungslehre der landwirtschaftlichen Nutztiere im besonderen. Liebig ana-
lysierte alle Teile des Tierkörpers im Zusammenhang mit den verschiedensten
Futterstoffen und unterschied daraufhin zwischen stickstofffreien Nährstoffen,
vor allem also Fetten und Kohlehydraten („Respirationsmittel"), und blut- und
fleischbildenden Eiweißstoffen („plastische Nährstoffe").*

Ähnlich wie seine Agrikulturchemie *leitete seine 1843 erschienene* Tier-
Chemie *ein neues Zeitalter der Forschung ein. Die Arbeiten am tierphysiologi-
schen Institut der Universität München und an den landwirtschaftlichen Unter-
suchungsanstalten in Weende bei Göttingen und anderen Hochschulorten
erweiterten und berichtigten Liebigs Forschungen. Sie blieben aber für lange
Zeit die Grundlage. Nach dem vorstehenden einführenden Text aus* Die Tier-
Chemie *folgen hier ausführliche Darstellungen aus dem 26., 27. und 29. der*
Chemischen Briefe.

Stillung des Hungers – Atmungsprozeß

Die Entdeckungen der Chemie im Gebiet der Physiologie haben in der neueren Zeit über viele der wichtigsten Vorgänge im Tierorganismus ungeahnte
Aufschlüsse gegeben und zu klareren Begriffen geführt über das, was *Gift-,
Nahrungs-* oder *Arzneimittel* genannt werden muß. Der Begriff von Hunger
und Tod bewegt sich nicht mehr um eine bloße Beschreibung von Zuständen.

Wir wissen jetzt mit positiver Gewißheit, daß die Speisen der Menschen
und Tiere in zwei große Klassen zerfallen, von denen die eine zur eigentlichen
Ernährung und Neubildung dieser Prozesse und zu anderen Zwecken dient. Es
läßt sich jetzt mit mathematischer Sicherheit beweisen, daß eine Messerspitze
voll Mehl in Beziehung auf die Blutbildung nahrhafter ist, als fünf Maß des
besten bayerischen Bieres; daß ein Individuum, welches imstande ist, täglich
fünf Maß Bier zu trinken, in einem Jahr im günstigsten Fall genau die nahr-

haften Bestandteile von einem fünfpfündigen Laib Brot oder von drei Pfund Fleisch verzehrt.

Die völlige Umkehrung aller früheren Begriffe über den Anteil, den Bier, Zucker, Stärkemehl usw. an dem Lebensprozeß nehmen, gewährt einer näheren Kenntnis der neuesten Forschungen und Ansichten in diesem Gebiet gewiß einiges Interesse.

Wie der Sauerstoff auf den tierischen Organismus wirkt

Zu den ersten Bedingungen der Unterhaltung des tierischen Lebens gehört die Aufnahme von Nahrung (Stillung des Hungers) und von Sauerstoff aus der Luft (Atmungsprozeß). In jedem Zeitteilchen seines Lebens nimmt der Mensch durch die Organe der Respiration Sauerstoff auf. Nie ist, so lange das Tier lebt, ein Stillstand bemerklich. Die Beobachtungen der Physiologen zeigen, daß der Körper eines erwachsenen Menschen nach vierundzwanzig Stunden bei hinlänglicher Nahrung an Gewicht weder zu- noch abgenommen hat; dennoch ist die Menge von Sauerstoff, die in dieser Zeit in einen Organismus aufgenommen wurde, höchst beträchtlich. Nach *Lavoisier's* und *Menzie's* Versuchen werden von einem erwachsenen Mann in einem Jahre 700 bis 800 Pfund Sauerstoffgas aus der Atmosphäre in seinen Körper aufgenommen, und dennoch finden wir sein Gewicht zu Anfang und zu Ende des Jahres entweder unverändert, oder die Ab- und Zunahme bewegt sich um wenige Pfunde. Wo ist, kann man sagen, dieses enorme Gewicht an Sauerstoff hingekommen, das ein Individuum im Verlaufe eines Jahres in sich aufnimmt?

Diese Frage ist mit befriedigender Sicherheit gelöst; kein Teil des aufgenommenen Sauerstoffs bleibt im Körper, sondern er tritt in der Form einer Kohlenstoff- oder einer Wasserstoffverbindung wieder aus. Der Kohlenstoff und der Wasserstoff von gewissen Bestandteilen des Tierkörpers haben sich mit dem durch die Haut und Lunge aufgenommenen Sauerstoff verbunden, sie sind als Kohlensäure und Wasserdampf wieder ausgetreten. Mit jedem Atemzug, in jedem Lebensmoment trennen sich von dem Tierorganismus gewisse Mengen seiner Bestandteile, nachdem sie mit dem Sauerstoff der atmosphärischen Luft eine Verbindung in dem Körper selbst eingegangen sind. Wenn wir die Blutmenge in dem Körper eines Menschen zu 12 Pfund bei einem Wassergehalt von 80 Prozent annehmen, so ergibt sich aus der bekannten Zusammensetzung des Blutes, daß zu einer völligen Verwandlung des Kohlenstoffs und Wasserstoffs im Blut in Kohlensäure und Wasser eine Quantität Sauerstoff nötig ist, die in zwei bis drei Tagen in den Körper eines erwachsenen Menschen aufgenommen wird.

Gleichgültig, ob der Sauerstoff an die Bestandteile des Blutes tritt oder an andere kohlen- und wasserstoffreiche Materien im Körper, es kann dem Schlusse nichts entgegengesetzt werden, daß dem menschlichen Körper in

Liebig nach einer Photographie von 1852, dem Jahr der Berufung nach München
(Photo Deutsches Museum München).

Ortigosa

Strecker
Keller Will
Aubel
(Laborant

Liebigs Analytisches Laboratorium (1842). Lithographie nach einer zeitgenössischen Zeichnung von Wilh. Trautschold und Hugo von Ritgen, erbaut 1839 von dem Darmstädter Architekten Hofmann, Vater des Liebig-Schülers Aug. Wilh. Hofmann. Man sieht später berühmt gewordene Chemiker.

Scherer   Boeckmann
Varrentrapp   A.W. Hofmann
Vydler

Ansicht des Chemischen Instituts zu Gießen, nach einer zeitgenössischen Darstellung (1845). Heute Liebig-Museum, Gießen.

Liebigs Arbeitszimmer im Liebig-Museum, Gießen.

zwei Tagen und fünf Stunden so viel an Kohlen- und Wasserstoff in seinen Nahrungsmitteln wieder zugeführt werden muß, als nötig wäre, 12 Pfund Blut mit diesen Bestandteilen zu versehen, vorausgesetzt, daß das Gewicht des Körpers sich nicht ändern, daß er seine normale Beschaffenheit behaupten soll.

Zufuhr von Kohlen- und Wasserstoff durch die Speisen

Diese Zufuhr geschieht durch die Speisen. Aus der genauen Bestimmung der Kohlenstoffmenge, welche durch die Speisen in den Körper aufgenommen wird, sowie durch die Ausmittelung derjenigen Quantität, welche durch die Fäces und den Urin unverbrannt oder, wenn man will, in einer anderen Form, als in der einer Sauerstoffverbindung, wieder austritt, ergibt sich, daß ein erwachsener Mann, im Zustand mäßiger Bewegung, täglich 27 $\frac{8}{10}$ Lot Kohlenstoff verzehrt*). Diese 27 $\frac{8}{10}$ Lot Kohlenstoff entweichen aus Haut und Lunge in der Form von kohlensaurem Gas. Zur Verwandlung in kohlensaures Gas bedürfen diese 27 $\frac{8}{10}$ Lot Kohlenstoff 74 Lot Sauerstoff. Nach den analytischen Bestimmungen von Boussingault (Ann. de chim. et de phys. LXX. 1, pag. 136) verzehrt ein Pferd in 24 Stunden 158 $\frac{3}{4}$ Lot Kohlenstoff, eine milchgebende Kuh 141 $\frac{1}{2}$ Lot, ein Schwein, das mit Kartoffeln gefüttert wurde, 43 Loth. Die hier angeführten Kohlenstoffmengen sind als Kohlensäure aus ihrem Körper getreten; das Pferd hat in 24 Stunden für die Überführung des Kohlenstoffs in Kohlensäure 13 $\frac{7}{32}$ Pfund und die Kuh 11 $\frac{2}{3}$ Pfund Sauerstoff verbraucht. Da kein Teil des aufgenommenen Sauerstoffs in einer anderen Form als in der einer Kohlen- oder Wasserstoffverbindung wieder aus dem Körper tritt, da ferner bei normalem Gesundheitszustand der ausgetretene Kohlen- und Wasserstoff wieder ersetzt wird durch Kohlen- und Wasserstoff, den wir in den Speisen zuführen, so ist klar, daß die Menge von Nahrung, welche der tierische Organismus zu seiner Erhaltung bedarf, in geradem Verhältnis zu dem aufgenommenen Sauerstoff steht.

Zwei Tiere, die in gleichen Zeiten ungleiche Mengen von Sauerstoff durch Haut und Lunge in sich aufnehmen, verzehren in einem ähnlichen Verhältnis ein ungleiches Gewicht von der nämlichen Speise.

In gleichen Zeiten ist der Sauerstoffverbrauch ausdrückbar durch die Anzahl der Atemzüge; es ist klar, daß bei einem und demselben Tiere die Menge der zu genießenden Nahrung wechselt je nach der Stärke und Anzahl der Atemzüge.

Ein Kind, dessen Respirationswerkzeuge sich in größerer Tätigkeit befinden, muß häufiger und verhältnismäßig mehr Nahrung zu sich nehmen als ein

---

*) Lot, altes Handelsgewicht, entsprach rund 16 g. – Liebig bringt hier eine umfangreiche Fußnote, in der er genau darlegt, wie die genannten 27 $\frac{8}{10}$ Lot Kohlenstoff aus der Verpflegung von „856 Mann kasernierter Soldaten" abgeleitet wurden. (Herausgeber.)

Erwachsener, es kann den Hunger weniger leicht ertragen. Ein Vogel stirbt bei Mangel an Nahrung den dritten Tag; eine Schlange, die in einer Stunde, unter einer Glasglocke atmend, kaum so viel Sauerstoff verzehrt, daß die davon erzeugte Kohlensäure wahrnehmbar ist, lebt drei Monate länger ohne Nahrung.

Im Zustand der Ruhe beträgt die Anzahl der Atemzüge weniger als im Zustand der Bewegung und Arbeit. Die Menge der in beiden Zuständen notwendigen Nahrung muß in dem nämlichen Verhältnis stehen.

Ein Überschuß von Nahrung und Mangel an eingeatmetem Sauerstoff (an Bewegung), sowie starke Bewegung (die zu einem größeren Maß von Nahrung zwingt) und schwache Verdauungsorgane sind unverträglich miteinander.

Verhältnis zwischen Sauerstoffverbrauch und Atmung

Die Menge des Sauerstoffs, welche ein Tier durch die Lunge aufnimmt, ist aber nicht allein abhängig von der Anzahl der Atemzüge, sondern auch von der Größe und dem Umfang der Lungen und von der Schnelligkeit, mit welcher das Blut seinen Ort wechselt; die Anzahl der Pulsschläge in einer gegebenen Zeit gibt ein ziemlich genaues Maß für die Geschwindigkeit ab, mit welcher das Blut durch die Lungen strömt, obwohl damit die Menge des zufließenden Blutes, welche von der Größe oder dem inneren Raum der Herzkammer abhängig ist, nicht gemessen werden kann. Alle diese Verhältnisse üben einen bestimmten Einfluß auf den Sauerstoffverbrauch und in dessen Folge auf die Menge der zu genießenden Speise aus. Zwei Individuen mit ungleichen Pulsschlägen oder ungleich großen Lungen verbrauchen unter gleichen Verhältnissen ein ungleiches Maß von Nahrung; das mit der kleineren Lunge verbraucht weniger. Wenn beide gleich viel Speisen verzehren, so kann der Fall eintreten, daß der eine mager bleibt, während der andere fett wird. Die richtige Beurteilung der Brusthöhle gibt den erfahrenen Landwirten einen sicheren Anhaltspunkt zur Schätzung des Milchertrages zweier Kühe, oder der Mastfähigkeit zweier Ochsen oder Schweine von sonst gleicher Beschaffenheit ab.

Liebig erwähnt in drei kurzen Absätzen die Zusammenhänge zwischen Jahreszeit bzw. Temperatur, Höhenlage sowie Sauerstoffgehalt der Atemluft einerseits und Atembewegung andererseits, um den Brief abzuschließen mit der Feststellung:

Die Wechselwirkung der Bestandteile der Speisen und des durch die Blutzirkulation im Körper verbreiteten Sauerstoffs ist die *Quelle der tierischen Wärme.*

Chemische Briefe. Wohlfeile Ausgabe 1865. 5. Auflage, 26. Brief, Seiten 240-243.

Tierische Wärme

Der hier folgende 27. Brief wurde gekürzt um einen Absatz „Wirkung des Sauerstoffs auf Hungernde". Liebig schildert dort, wie zunächst die Fette, dann „alle der Löslichkeit fähigen Stoffe" abgebaut werden, „zuletzt die Bestandteile des Gehirns". Bei den meisten chronischen Krankheiten folge der Tod durch ähnliche Vorgänge. Er erklärt dann die Arbeit der Atmungs- und Verdauungsorgane (S. 159).

Von der Umgebung unabhängige Quellen der tierischen Wärme

Alle lebenden Wesen, deren Existenz auf einer Einsaugung von Sauerstoff beruht, besitzen eine von der Umgebung unabhängige Wärmequelle. Diese Wahrheit bezieht sich auf alle Tiere, sie erstreckt sich auf den keimenden Samen, auf die Blüte der Pflanze und auf die reifende Frucht. Nur in den Teilen des Tieres, zu welchen arterielles Blut, und durch dieses der in dem Atmungsprozeß aufgenommene Sauerstoff gelangen kann, wird Wärme erzeugt. Haare, Wolle, Federn besitzen keine eigentümliche Temperatur. Diese höhere Temperatur des Tierkörpers, oder wenn man will, Wärmeausscheidung, ist überall und unter allen Umständen die Folge der Verbindung einer brennbaren Substanz mit Sauerstoff. In welcher Form sich auch der Kohlenstoff mit Sauerstoff verbinden mag, der Akt der Verbindung kann nicht vor sich gehen, ohne von Wärmeentwicklung begleitet zu sein; gleichgültig, ob sie langsam oder rasch erfolgt, ob sie in höherer oder niederer Temperatur vor sich geht, stets bleibt die freigewordene Wärmemenge eine unveränderliche Größe. Wenn wir uns denken, daß sich der Kohlenstoff der Speisen im Tierkörper in Kohlensäure verwandele, muß ebensoviel Wärme entwickelt werden, als wenn er in der Luft oder im Sauerstoff direkt verbrannt worden wäre; der einzige Unterschied ist der, daß die erzeugte Wärmemenge sich auf ungleiche Zeiten verteilt. In reinem Sauerstoffgas geht die Verbrennung schneller vor sich, die Temperatur ist höher; in der Luft langsamer, die Temperatur ist niedriger, sie hält aber länger an.

Es ist klar, daß mit der Menge des in gleichen Zeiten durch den Atmungsprozeß zugeführten Sauerstoffs die Anzahl der freigewordenen Wärmegrade zu- oder abnehmen muß. Tiere, welche rasch und schnell atmen und demzufolge viel Sauerstoff verzehren, besitzen eine höhere Temperatur als andere, die in derselben Zeit, bei gleichem Volumen des zu erwärmenden Körpers, weniger in sich aufnehmen; ein Kind mehr (39°) als ein erwachsener Mensch (37,5°), ein Vogel mehr (40 bis 41°) als ein vierfüßiges Tier (37 bis 38°), als ein

Fisch oder Amphibium, dessen Eigentemperatur sich $1\frac{1}{2}$ bis 2° über das umgebende Medium erhebt. Alle Tiere sind warmblütig, allein nur bei denen, welche durch Lungen atmen, ist die Eigenwärme ganz unabhängig von der Temperatur der Umgebung.

Die zuverlässigsten Beobachtungen beweisen, daß in allen Klimaten, in der gemäßigten Zone sowohl als am Äquator oder an den Polen, die Temperatur des Menschen sowie die aller sogenannten warmblütigen Tiere niemals wechselt; allein wie verschieden sind die Zustände, in denen sie leben!

Wir wissen, daß die Schnelligkeit der Abkühlung eines warmen Körpers wächst mit der Differenz seiner eigenen Temperatur und der des Mediums, worin er sich befindet, d. h. je kälter die Umgebung ist, in desto kürzerer Zeit kühlt sich der warme Körper ab.

Wie ungleich ist aber der Wärmeverlust, den ein Mensch in Palermo erleidet, wo die äußere Temperatur beinahe gleich ist der Temperatur des Körpers, und der eines Menschen, der am Pol lebt, wo die Temperatur 40 bis 50° niedriger ist!

Trotz diesem so höchst ungleichen Wärmeverlust zeigt die Erfahrung, daß das Blut des Polarländers keine niedrigere Temperatur besitzt als das des Südländers, der in einer so verschiedenen Umgebung lebt.

Diese Tatsache, ihrer wahren Bedeutung nach anerkannt, beweist, daß der Wärmeverlust in dem Tierkörper ebenso schnell erneuert wird; im Winter erfolgt diese Erneuerung schneller als im Sommer, am Pole rascher wie am Äquator.

Einfluß von Jahreszeiten und Klima

In verschiedenen Klimaten wechselt nun die Menge des durch die Respiration in den Körper tretenden Sauerstoffs nach der Temperatur der äußeren Luft; mit dem Wärmeverlust durch Abkühlung steigt die Menge des eingeatmeten Sauerstoffs; die zur Verbindung mit diesem Sauerstoff nötige Menge Kohlenstoff oder Wasserstoff muß in einem ähnlichen Verhältnis zunehmen. Es ist klar, daß der Wärmeersatz bewirkt wird durch die Wechselwirkung der Bestandteile der Speisen, die sich mit dem eingeatmeten Sauerstoff verbinden. Um einen trivialen, aber deswegen nicht minder richtigen Vergleich anzuwenden, verhält sich in dieser Beziehung der Tierkörper wie ein Ofen, den wir mit Brennmaterial versehen. Gleichgültig, welche Formen die Speisen nach und nach im Körper annehmen, welche Veränderungen sie auch erleiden mögen, die letzte Veränderung, die sie erfahren können, ist eine Verwandlung ihres Kohlenstoffs in Kohlensäure, ihres Wasserstoffes in Wasser; der Stickstoff und der unverbrannte Kohlenstoff werden in dem Urin und den festen Exkrementen abgeschieden. Um eine konstante Temperatur im Ofen zu haben, müssen wir, je nachdem die äußere Temperatur wechselt, eine ungleiche Menge von Brennmaterial einschieben.

In Beziehung auf den Tierkörper sind die Speisen das Brennmaterial; bei gehörigem Sauerstoffzutritt erhalten wir die durch ihre Oxydation frei werdende Wärme. Im Winter, bei Bewegung in kalter Luft, wo die Menge des eingeatmeten Sauerstoffs zunimmt, wächst in dem nämlichen Verhältnis das Bedürfnis nach kohlen- und wasserstoffreichen Nahrungsmitteln, und in der Befriedigung dieses Bedürfnisses erhalten wir den wirksamsten Schutz gegen die grimmigste Kälte.

Das aufgenommene Sauerstoffgas tritt im Sommer und Winter, in ähnlicher Weise verändert, wieder aus, wir atmen in niederer Temperatur mehr Kohlenstoff aus als in höherer, und wir müssen in dem nämlichen Verhältnis mehr oder weniger Kohlenstoff in den Speisen genießen, in Schweden mehr als in Sizilien, in unseren Gegenden im Winter ein ganzes Achtel mehr als im Sommer. Selbst wenn wir dem Gewicht nach gleiche Quantitäten Speise in kalten und warmen Gegenden genießen, so hat eine unendliche Weisheit die Einrichtung getroffen, daß diese Speisen höchst ungleich in ihrem Kohlenstoffgehalt sind. Die Früchte, welche der Südländer genießt, enthalten im frischen Zustand nicht über 12 Prozent Kohlenstoff, während der Speck und Tran des Polarländers 66 bis 80 Prozent Kohlenstoff enthalten. Es ist keine schwere Aufgabe, sich in warmen Gegenden der Mäßigkeit zu befleißigen, oder lange Zeit den Hunger unter dem Äquator zu ertragen, allein Kälte und Hunger reiben in kurzer Zeit den Körper auf.

Ein Hungernder friert. Jedermann weiß, daß die Raubtiere der nördlichen Klimate an Gefräßigkeit weit denen der südlichen Gegenden voranstehen.

In der kalten und temperierten Zone treibt uns die Luft, die ohne Aufhören den Körper zu verzehren strebt, zur Arbeit und Anstrengung, um uns die Mittel zum Widerstand gegen ihre Einwirkung zu schaffen, während in heißen Klimaten die Anforderungen zur Herbeischaffung von Speise bei weitem nicht so dringend sind.

Unsere Kleider sind in Beziehung auf die Temperatur des Körpers Äquivalente für die Speisen; je wärmer wir uns kleiden, desto mehr vermindert sich bis zu einem gewissen Grad das Bedürfnis zu essen, eben weil der Wärmeverlust, die Abkühlung und damit der Ersatz durch Speisen kleiner wird. Gingen wir nackt wie die Indianer, oder wären wir beim Jagen und Fischen denselben Kältegraden ausgesetzt wie der Samojede, so würden wir ein halbes Kalb und noch obendrein ein Dutzend Talglichter bewältigen können, wie uns warmbekleidete Reisende mit Verwunderung erzählt haben; wir würden dieselbe Menge Branntwein oder Tran ohne Nachteil genießen können, eben weil ihr Kohlen- und Wasserstoffgehalt dazu dient, um ein Gleichgewicht mit der äußeren Temperatur hervorzubringen.

Über die Menge der zu genießenden Speisen

Die Menge der zu genießenden Speisen richtet sich, nach den vorhergehenden Auseinandersetzungen, nach der Anzahl der Pulsschläge und Atemzüge, nach der Temperatur der Luft und nach dem Wärmequantum, das wir nach außen hin abgeben. Keine isolierte entgegenstehende Tatsache kann die Wahrheit dieses Naturgesetzes ändern.

Die Abkühlung des Körpers, durch welche Ursache es auch sei, bedingt ein größeres Maß von Speise. Der bloße Aufenthalt in freier Luft, gleichgültig ob im Reisewagen oder auf dem Verdeck von Schiffen, erhöht durch Strahlung und gesteigerte Verdunstung den Wärmeverlust, selbst ohne vermehrte Bewegung; er zwingt uns, mehr als gewöhnlich zu essen. Dasselbe muß für Personen gelten, welche gewohnt sind, große Quantitäten kaltes Wasser zu trinken, welches auf 37° erwärmt wieder abgeht; – es vermehrt den Appetit, und schwächliche Konstitutionen müssen durch anhaltende Bewegung den zum Ersatz der verlorenen Wärme nötigen Sauerstoff dem Körper hinzuführen. Starkes und anhaltendes Sprechen und Singen, das Schreien der Kinder, feuchte Luft, alles dies übt einen bestimmten nachweisbaren Einfluß auf die Menge der zu genießenden Speise aus.

Der ungleiche Wärmeverlust im Sommer und Winter, in einem warmen oder kalten Klima, ist nicht die einzige der Bedingungen, welche ungleiche Maße von Nahrung nötig machen; es gibt noch andere, welche einen ganz bestimmten Einfluß auf die Menge der zur Erhaltung der Gesundheit notwendigen Speise ausüben.

Hierzu gehört namentlich die körperliche Bewegung und alle Art von körperlicher Arbeit und Anstrengung. Der Verbrauch an mechanischer Kraft durch den Körper ist immer gleich einem Verbrauch von Stoff in dem Körper, welcher durch die Speisen ersetzt werden muß. Dem Tier muß, wenn es arbeitet, ein gewisses Quantum von Futter zugesetzt werden. Eine Steigerung der Arbeit und Anstrengung über eine gewisse Grenze hinaus, ohne eine entsprechende Vermehrung der Nahrung, ist auf die Dauer hin nicht möglich; die Gesundheit des Tieres wird dadurch gefährdet.

Der Verbrauch an Körperstoffen oder der Kraftverbrauch steht aber immer in einem gewissen Verhältnis zu dem Sauerstoffverbrauch im Atmungsprozeß, und die Menge des in einer gegebenen Zeit in den Körper aufgenommenen Sauerstoffs bestimmt in allen Jahreszeiten und in allen Klimaten der Welt das zur Wiederherstellung des Gleichgewichts nötige Maß der Speisen.

Während der Arbeiter bei gleichem Kraft- und Sauerstoffverbrauch im Winter dem Wärmeverlust durch wärmende Kleidung (schlechte Wärmeleiter) vorbeugen muß, arbeitet er im Sommer in Schweiß gebadet. Ist die Menge der genossenen Nahrung und des aufgenommenen Sauerstoffs gleich, so ist auch die Menge der entwickelten Wärme gleich.

Atmungs- und Verdauungsorgane

Sehr viele, vielleicht die Mehrzahl aller chronischen Krankheiten der Menschen sind bedingt durch ein Mißverhältnis oder ein gestörtes Verhältnis der Verrichtungen der Verdauungs- und Exkretionsorgane in ihren Beziehungen zu der Lunge. Wenn wir den trivialen Vergleich mit dem Ofen festhalten, so weiß jedermann, daß die Anhäufung von Ruß in dem Schornstein, oder die Überladung des Herdes mit Brennmaterial die Funktionen des Feuerherdes unterbricht, daß diese eine Verstopfung des Rostes bewirken, durch welchen die Luft Zutritt zu dem Feuerraum hat.

In der so unendlich vollkommenen Maschine, welche der tierische Organismus darstellt, besteht zwischen der Lunge, dem Darmkanal und den Nieren ein vollkommen gleiches Verhältnis der Abhängigkeit.

Einsichtsvolle und erfahrene Ärzte haben längst erkannt, daß die Nieren und der Mastdarm die Regulatoren des Atmungsprozesses sind. Der Mastdarm ist ein Organ der Sekretion, er ist der Rauchfang des Organismus, die stinkenden Bestandteile der Fäces sind der durch den Mastdarm von dem Blut abgesonderte Ruß, der Harn enthält die in Wasser, alkalischen oder sauren Flüssigkeiten löslichen Bestandteile des Rauches. Die Ansicht, daß die Fäces aus Stoffen bestehen, die sich in Fäulnis befinden, und daß sie ihren Geruch diesem Zustand verdanken, ist vollkommen irrig; hierüber angestellte Versuche beweisen, daß die Fäces der Kuh, des Pferdes, des Schafes und die von gesunden Menschen sich nicht in Fäulnis befinden; kein faulender Stoff besitzt einen diesen Ausleerungen ähnlichen Geruch und alle diese Riechstoffe lassen sich in ihrer ganzen ekelerregenden Eigentümlichkeit künstlich durch Oxydationsprozesse aus Albumin, Fibrin usw. hervorbringen. Der Pferde- und Kuhharn enthält zuletzt eine Substanz in beträchtlicher Menge, welche durch Einwirkung von Säuren einen pechartigen, dem Teer in seiner äußeren Beschaffenheit ganz gleichen Körper und als bemerkenswertestes Produkt den Hauptbestandteil des gewöhnlichen Holzteers und Kreosots, Karbolsäure oder Phenylhydrat liefert.

Durch das gleichzeitige und harmonische Zusammenwirken der Hauptorgane der Sekretion wird das Blut in der zu dem Ernährungsprozeß geeigneten Mischung und Reinheit erhalten; das Vielessen, welches in allen Gegenden der Erde mit Neigung geübt wird, ist einer Überladung des Herdes mit Brennmaterial gleich; in dem Körper vollkommen gesunder Individuen bringt ein kleiner Überschuß von Stoffen, welche von dem Magen aus in die Blutzirkulation gelangen, dem ungeachtet keine Störung in den Lebensfunktionen hervor, weil der Teil derselben, welchen in einer gegebenen Zeit der Atmungsprozeß nicht verbraucht, mehr oder weniger verändert durch den Mastdarm oder die Nieren aus dem Körper entfernt wird. Der Mastdarm und die Nieren unterstützen sich in dieser Verrichtung gegenseitig. Wenn infolge der Überla-

dung des Blutes und damit eines Mangels an Sauerstoff der Harn durch ein
Übermaß von unverbrannten organischen Stoffen dunkel gefärbt und (durch
Harnsäure) trübe wird, so ist dies häufig ein Merkzeichen der mangelnden
Tätigkeit des Mastdarms, und in diesem Fall stellt in der Regel ein einfaches
Purgiermittel, durch dessen Wirkung die unvollkommen oxydierten Stoffe aus
dem Blut entfernt werden, das gestörte Verhältnis zum eingeatmeten Sauer-
stoff wieder her, der Harn erlangt seine gewöhnliche Durchsichtigkeit und
Farbe wieder. *(Prout.)*

Die Lunge ist an sich ein passives Organ; der in derselben vorgehende
Hauptprozeß wird nicht wie in den Drüsen und Sekretionsorganen durch eine
innere, sondern durch eine äußere Ursache bedingt, in ihr selbst fehlt die
mächtige Tätigkeit, welche in anderen Organen äußeren Störungen entgegen-
wirkt und sie aufhebt. Das bloße Einatmen von Staub (von organischen oder
unorganischen festen Teilen) bedingt organische Absätze in dem Gewebe der
Lunge, welche in ganz gleicher Weise durch innere Ursachen sich erzeugen.
Rauch und Ruß häufen sich in der Lunge oder den Geweben in der Form
abnormer Gebilde an in allen Fällen, wo die normalen Verrichtungen des
Darms und der Nieren durch Krankheitsursachen gehemmt oder unterdrückt
sind.

Zwischen der Lunge und Leber beobachten wir ein ganz ähnliches Verhältnis der Abhängigkeit. In den niederen Tieren wie im Fötus steht die Größe
der Leber im umgekehrten Verhältnis zu den unentwickelten oder unvollkommen entwickelten Respirationsorganen, und auch in den höheren Tierklassen
entspricht in der Regel in gesunden Individuen eine kleine Lunge einer großen
Leber *(Tiedemann)*. In grobem Umriß gezeichnet, ist die Leber das Magazin
für die zur Respiration dienenden Stoffe, es ist die Werkstätte, in welcher
dieselben die für die Wärmeerzeugung geeignete Form und Beschaffenheit
erhalten. Die Leber ist klein bei stärker entwickelter Lunge; je rascher und
vollkommener der Brennstoff verbraucht wird, desto weniger häuft sich im
Magazin davon an, und dessen Umfang steht mit der Schnelligkeit des Verbrauchs in der bestimmtesten Beziehung.

Die Respiration ist das fallende Gewicht, die gespannte Feder, welche das
Uhrwerk in Bewegung erhält, die Atemzüge sind die Pendelschläge, die es
regulieren. Wir kennen bei unseren gewöhnlichen Uhren mit mathematischer
Schärfe die Änderungen, welche durch die Länge des Pendels oder durch
äußere Temperatur ausgeübt werden auf ihren regelmäßigen Gang; allein nur
von wenigen ist in seiner Klarheit der Einfluß erkannt, den die Luft und
Temperatur auf den Gesundheitszustand des menschlichen Körpers ausüben,
und doch ist die Ausmittelung der Bedingungen, um ihn im normalen
Zustand zu erhalten, nicht schwieriger als bei einer gewöhnlichen Uhr.

Chemische Briefe. Wohlfeile Ausgabe 1865. 5. Auflage, 27. Brief, Seiten 244-250.

Die Nahrungsmittel im besonderen

In meinem letzten Brief habe ich es versucht, Ihnen einige Aufklärungen über die einfachen und doch so wunderbaren Funktionen zu geben, welche der Sauerstoff der Atmosphäre in dem tierischen Organismus erfüllt; gestatten Sie mir heute, einige Bemerkungen über die Materien, welche den Mechanismus desselben im Gange zu erhalten bestimmt sind, über die Nahrungsmittel hinzuzufügen.

Liebig beginnt diesen 29. Brief mit längeren Ausführungen über das Blutalbumin. Er vergleicht die hohe Bedeutung des Albumins mit der des Weißen und des Dotters im Hühnerei bei der Entwicklung des jungen Tieres. Sinngemäß bedinge das Blutalbumin die „Zunahme an Masse und die Erzeugung und Wiedererzeugung aller geformten Teile im jugendlichen und erwachsenen Leibe". Damit leitet er über zum Absatz:

Nahrungsmittel im eigentlichen Sinn

Insofern der Begriff von Bildung, Ernährung oder Ernährungsfähigkeit untrennbar ist von einem Stoffe, dessen Eigenschaften und Zusammensetzung in dem Wort Albumin zusammengefaßt sind, so sind im eigentlichen Sinne nur diejenigen Materien *Nahrungsmittel*, welche Albumin oder eine Substanz enthalten, welche fähig ist in Albumin überzugehen.

Wenn wir von diesem Gesichtspunkt aus die Nahrungsmittel studieren, so gelangen wir zur Erkenntnis eines Naturgesetzes von der wunderbarsten Einfachheit.

Fleischfibrin

Die gewöhnlichsten Erfahrungen geben zu erkennen, daß das Fleisch vor allen anderen Nahrungsstoffen die größte Ernährungsfähigkeit besitzt. Der Hauptbestandteil des Fleisches ist die Muskelfaser oder das Fleischfibrin, welches nahe an 70 Prozent von dem Gewicht des trockenen, fettfreien Fleisches ausmacht; in dem Fleisch ist die Muskelsubstanz mit seinen Membranen verwebt, und es verzweigen sich darin eine Menge Nerven, sowie unzählige feine mit gefärbten oder ungefärbten Flüssigkeiten angefüllte Gefäße.

Die chemische Analyse hat den Grund der Ernährungsfähigkeit des Fleisches auf eine unzweifelhafte Weise dargetan, indem sie gezeigt hat, daß das Fleischfibrin und Blutalbumin die nämlichen Elemente in denselben Verhältnissen enthalten, daß beide in dem nämlichen Verhältnis zu einander stehen, wie frisches Eiweiß oder Blutalbumin zu dem durch Hitze geronnenen: seiner Zusammensetzung nach ist Fleischfibrin nichts weiter als festgewordenes geformtes Blutalbumin. Der Unterschied, wenn überhaupt einer vorhanden ist, ist so gering, daß zwei Analysen von Blutalbumin nicht mehr voneinander abweichen, als wie eine Analyse der Substanz der Fleischfaser von einer Analyse von Blutalbumin abweicht.*) Das Blut als Ganzes betrachtet besitzt die nämliche Zusammensetzung wie das Fleisch.

In dem Fleisch ist demnach eine der Hauptbedingungen für die Blutbildung in der Fleischfaser vorhanden; durch den Verdauungsprozeß wird die Fleischfaser, ähnlich wie gekochtes Eiweiß, flüssig und überführbar in das Blut, und es erschiene beinahe pedantisch, im Angesicht unserer Erfahrungen über den Ernährungsprozeß der fleischfressenden Tiere Beweise zu verlangen, daß die verdaute Fleischfaser rückwärts im lebendigen Leib wieder alle Eigentümlichkeiten des Blutalbumins gewinnt. Der Beweis könnte übrigens leicht geführt werden, indem die Fleischfaser auch außerhalb des Körpers durch einen Prozeß, dessen letzte Ursache wir für identisch halten mit der, welche die Verflüssigung der Speisen im Magen bewirkt, in Albumin übergeführt werden kann. Wenn man nämlich Fleischfibrin mit Wasser bedeckt dem Einfluß der Luft überläßt, so geht ein sehr kleiner Teil desselben in Zersetzung über, und durch die Wirkung desselben wird der ganze übrige Teil flüssig und löslich im Wasser, und diese Lösung verhält sich ganz wie Blutserum; sie gerinnt beim Erhitzen zu einer festen weißen Masse, welche identisch in allen Eigenschaften mit dem Blutalbumin ist.

Kasein

Untersuchen wir die Milch, das wichtige Nahrungsmittel, welches in dem Leib der Mutter zubereitet, von der Natur dem Körper des jugendlichen Tieres für seine Entwicklung geliefert wird, so finden wir darin in dem *Kasein* einen Stoff, welcher gleich dem Albumin Schwefel und Stickstoff enthält, und die Abwesenheit eines jeden anderen stickstoffhaltigen Körpers in der Milch macht es vollkommen gewiß, daß sich aus diesem allein der Hauptbestandteil des Blutes des Säuglings, seine Muskelfaser, Membranen, Zellen in der ersten Periode seines Lebens erzeugen.

Das Kasein ist seinen Eigenschaften nach verschieden von dem Albumin und Fleischfibrin; es ist in der Milch in flüssigem gelöstem Zustand durch ein Alkali gehalten und kann in derselben zum Sieden erhitzt werden, ohne wie das Albumin zu gerinnen; verdünnte Säuren, welche das Albumin nicht fällen, scheiden hingegen mit Leichtigkeit das Kasein aus der Milch ab; sie gerinnt in

---

*) Annal. der Ch. u. Ph. Bd. 73. p. 126.

der Kälte schon durch verdünnte Essigsäure, indem sich das Kasein in Gestalt einer dicken Gallerte oder von dicken Flocken abscheidet, welche auch nach dem Kochen mit Wasser ausnehmend leicht in schwach alkalischen Flüssigkeiten sich wieder auflösen, eine Eigenschaft, wodurch es sich von gekochtem Albumin und dem Fleischfibrin sehr wesentlich unterscheidet.

Die chemische Analyse des Kaseins hat bewiesen, daß auch dieser Stoff, bis auf einen kleineren Schwefelgehalt, sehr nahe die nämlichen Elemente in demselben Verhältnis enthält wie das Albumin oder Fleischfibrin, und es ist hiernach klar, daß in dem Kasein der Milch das junge Tier den Grundbestandteil seines Blutes in einer anderen, sicher aber in der für die Entwicklung seiner Organe geeignetsten Form empfängt.

Ernährungsprozeß der Fleisch- und Pflanzenfresser

Die Ernährung der Fleischfresser und des Säuglings ist uns nach diesen Erfahrungen verständlich. Die Fleischfresser leben vom Blut und Fleisch der gras- und körnerfressenden Tiere; dieses Blut und Fleisch ist identisch in allen seinen Eigenschaften mit ihrem eigenen Blut und Fleisch; der Säugling empfängt sein Blut von dem Blut seiner Mutter; in chemischem Sinne kann man also sagen, daß das fleischfressende Tier zur Fortdauer seines Lebens sich selbst, der Säugling zu seiner Ausbildung seine Mutter verzehrt; dasjenige, was zu seiner Ernährung dient, ist seinem Hauptbestandteil nach identisch mit dem Hauptbestandteil seines Blutes, aus welchem sich seine Organe entwickkeln.

Ganz verschieden von diesem ist dem Anscheine nach der Ernährungsprozeß der pflanzenfressenden Tiere; ihre Verdauungsorgane sind minder einfach und ihre Nahrung besteht aus Vegetabilien, die in ihrer Form und Beschaffenheit nicht die geringste Ähnlichkeit weder mit Milch noch mit Fleisch besitzen. Die Frage nach dem Grund ihrer Ernährungsfähigkeit war in der Tat noch vor wenigen Jahrzehnten ein scheinbar unauflösliches Rätsel, und wir begreifen jetzt, wie es möglich war, daß die ausgezeichnetsten und scharfsinnigsten Ärzte den Magen als den Sitz eines Zaubers ansehen konnten, welcher bei anständiger Behandlung und guter Laune Disteln, Heu, Wurzeln, Früchte und Samen in Blut und Fleisch zu verwandeln versteht, während er im Zorn das beste Gericht verschmäht oder verdirbt.

Ähnlichkeit gewisser Pflanzen- und Tierstoffe

Alle diese Rätsel sind mit Bestimmtheit und Sicherheit von der Chemie gelöst. Es hat sich herausgestellt, daß alle Teile von Pflanzen, welche Tieren zur Nahrung dienen, gewisse Bestandteile enthalten, welche sich leicht von allen anderen dadurch unterscheiden, daß sie beim Erhitzen, wie angezündete

Wolle, einen ganz eigentümlichen Geruch verbreiten, an dem sie leicht erkennbar sind; es hat sich gezeigt, daß die Tiere zu ihrer Erhaltung und Zunahme an Masse umso weniger ihrer vegetabilischen Nahrung bedürfen, je reicher dieselbe an diesen eigentümlichen Bestandteilen ist; sie können nicht mit vegetabilischen Substanzen ernährt werden, worin diese Bestandteile fehlen.

In vorzüglicher Menge sind diese Erzeugnisse des Pflanzenlebens in den Samen der Getreidearten, in den Erbsen, Linsen, Bohnen, in Wurzeln und in den Säften der sogenannten Gemüsepflanzen enthalten, sie fehlen übrigens in keiner einzigen Pflanze und in keinem ihrer Teile.

Es lassen sich diese Pflanzenbestandteile auf drei Materien zurückführen, die in ihrer äußeren Beschaffenheit sich kaum ähnlich sind.

Wenn man frisch ausgepreßte Pflanzensäfte sich selbst überläßt, so tritt nach kurzer Zeit eine Scheidung ein, es sondert sich ein gelatinöser Niederschlag ab, gewöhnlich von grüner Farbe, welcher mit Flüssigkeiten behandelt, die den Farbstoff lösen, eine grauweiße Materie hinterläßt. Diese Substanz ist unter dem Namen *grünes Satzmehl der Pflanzensäfte* den Pharmazeuten wohl bekannt. Der Saft der Gräser ist vorzüglich reich an diesem Bestandteil; in großer Menge ist er in dem Weizensamen sowie überhaupt in dem Samen der Getreidepflanzen enthalten und kann aus dem Weizenmehl durch eine mechanische Operation ziemlich rein erhalten werden. In diesem Zustand heißt dieser Stoff *Kleber*, von seinen klebenden Eigenschaften, an welchen eine geringe Menge eines beigemischten fetten Körpers einigen Anteil hat. Diese Substanz ist in den Samen der Cerealien abgelagert und für sich in Wasser nicht löslich.

Der zweite Bestandteil der Pflanzen, von welchem ihre Ernährungsfähigkeit abhängig ist, findet sich in den Pflanzensäften gelöst, aus denen er sich nicht bei gewöhnlicher Temperatur abscheidet, wohl aber wenn der Pflanzensaft zum Sieden erhitzt wird. Bringt man den ausgepreßten klaren Saft von Kartoffeln, Blumenkohl, Spargel, Rüben usw. zum Sieden, so entsteht darin ein Gerinnsel, welches in seiner äußeren Beschaffenheit und allen seinen übrigen Eigenschaften schlechterdings von dem nicht unterscheidbar ist, welches mit Wasser verdünntes Blutserum oder *Eiweiß* unter gleichen Umständen liefert.

Der dritte dieser wichtigen Pflanzenbestandteile findet sich in den *Samenlappen der Leguminosen*, vorzüglich der Erbsen, Linsen, Bohnen, und kann aus dem Mehl derselben durch kaltes Wasser ausgezogen und in Auflösung erhalten werden; in dieser Löslichkeit ist dieser Stoff dem vorigen ähnlich, er unterscheidet sich aber von demselben dadurch, daß seine Auflösung in der Hitze nicht koaguliert; beim Abdampfen zieht sich an der Oberfläche eine Haut, und mit schwachen Säuren versetzt, entsteht darin ein Gerinnsel wie in der Tiermilch.

Die chemische Untersuchung dieser drei Pflanzenstoffe hat zu dem interessanten Resultat geführt, daß sie Schwefel und Stickstoff und die übrigen Elemente sehr nahe in gleichem Verhältnis enthalten und, was noch weit merkwürdiger ist, es hat sich ergeben, daß sie identisch sind in ihrer Zusammensetzung mit dem Blutalbumin, daß sie die nämlichen Elemente in den nämlichen Verhältnissen enthalten, wie dieser Hauptbestandteil des Blutes.

Physikalische Eigenschaften der Leguminosen

In welcher bewunderungswürdigen Einfachheit erscheint, nach der Erkenntnis dieses Verhältnisses der Pflanzen zum Tiere, der Bildungsprozeß im Tiere, die Entstehung seines Blutes und seiner Organe! Die Pflanzenstoffe, welche in den Tieren zur Blutbildung dienen, enthalten bereits den Hauptbestandteil des Blutes fertig gebildet allen seinen Elementen nach. Die Nahrhaftigkeit oder Ernährungsfähigkeit der vegetabilischen Nahrung steht in geradem Verhältnis zu dem Gehalt derselben an diesen Stoffen, und wenn sie darin genossen werden, so empfängt das pflanzenfressende Tier die nämlichen Materien, auf welche das fleischfressende Tier zu seiner Erhaltung angewiesen ist.

Aus Kohlensäure und Ammoniak, aus den Bestandteilen der Atmosphäre unter Hinzuziehung von Schwefel und gewissen Bestandteilen der Erdrinde erzeugen die Pflanzen das Blut der Tiere; denn in dem Blut und Fleisch der pflanzenfressenden verzehren die fleischfressenden im eigentlichen Sinne nur die Pflanzenstoffe, von denen die ersteren sich ernährt haben; diese schwefel- und stickstoffhaltigen Pflanzenbestandteile nehmen in dem Magen des pflanzenfressenden Tieres die nämliche Form und Eigenschaften an, wie Fleischfibrin und Tieralbumin in dem Magen der Karnivoren. Die Fleischnahrung enthält den nahrhaften Bestandteil der Gewächse aufgespeichert und im konzentriertesten Zustand.

Ein umfassendes Naturgesetz knüpft die Entwicklung der Organe eines Tieres, ihre Vergrößerung und Zunahme an Masse, an die Aufnahme gewisser Stoffe, welche identisch sind mit dem Hauptbestandteil seines Blutes; es ist offenbar, daß der Tierorganismus sein Blut nur der Form nach schafft und daß die Natur ihm die Fähigkeit versagt hat, es aus anderen Stoffen zu erzeugen, welche nicht identisch sind mit dem Hauptbestandteil seines Blutes.

Der Tierkörper ist ein höherer Organismus, dessen Entwicklung mit denjenigen Materien beginnt, mit deren Erzeugung das Leben der gewöhnlichen Nährpflanzen aufhört; sobald die Futterkräuter und Getreidepflanzen Samen getragen haben, sterben sie ab; mit der Erzeugung der Frucht hört bei den perennierenden eine Periode ihres Lebens auf; in der unendlichen Reihe von organischen Verbindungen, welche mit den unorganischen Nahrungsstoffen der Pflanze anfängt, bis zu den zusammengesetztesten Bestandteilen des

Gehirns im Tierkörper, sehen wir keine Lücke, keine Unterbrechung. Der Nahrungsstoff des Tieres, aus welchem der Hauptbestandteil seines Blutes entsteht, ist das Produkt der schaffenden Tätigkeit der Pflanze.

Wenn man die drei schwefel- und stickstoffhaltigen Pflanzenbestandteile mit dem Fleischfibrin, dem Blutalbumin und dem Kasein der Milch ihren physikalischen Eigenschaften nach vergleicht, so findet man, daß der Kleber des Weizenmehls die größte Ähnlichkeit mit dem Fleischfibrin besitzt, daß der in der Hitze gerinnbare Bestandteil der Pflanzensäfte von dem Blutalbumin schlechterdings nicht unterscheidbar ist und daß zuletzt der Hauptbestandteil der Samen der Hülsenfrüchte in allen seinen Eigenschaften und seinem Verhalten mit dem Käsestoff der Tiermilch übereinstimmt. Daher die Namen *Pflanzenfibrin, Pflanzenalbumin und Pflanzenkasein**), welche diesen drei Pflanzenbestandteilen mit dem größten Recht gegeben worden sind, da sie in ihren Eigenschaften den entsprechenden Tiersubstanzen vollkommen gleichen.

Die drei schwefel- und stickstoffhaltigen Bestandteile der Samen und Säfte der Gewächse kommen niemals oder nur höchst selten für sich allein vor. So findet sich in dem Saft der Kartoffeln durch Säuren fällbares Pflanzenkasein, und in den Samen der Leguminosen und Getreidepflanzen ist immer eine gewisse Menge durch Hitze gerinnbares Pflanzenalbumin. Was man als Kleber des Roggenmehls bezeichnet, besteht beinahe ganz aus Pflanzenkasein und Pflanzenalbumin. In dem Weizenmehl sind alle drei beisammen.

Es verdient noch hervorgehoben zu werden, daß Tierfibrin und Pflanzenfibrin, Tieralbumin und Pflanzenalbumin, Tierkasein und Pflanzenkasein nicht allein die nämlichen Elemente in denselben Verhältnissen enthalten, sondern auch gleiche Eigenschaften besitzen. Der Weizenkleber löst sich in Wasser, dem man auf die Unze einen Tropfen Salzsäure zugesetzt hat, beinahe ganz zu einer trüben Flüssigkeit auf, in welcher, wie in der Lösung, die man in gleicher Weise aus Muskelfleisch erhält, durch Kochsalzlösung ein Gerinnsel entsteht. Mit reinem Wasser übergossen und zur Fäulnis überlassen, löst sich derselbe zum großen Teil ganz, wie in gleichen Verhältnissen das Muskelfibrin, zu einer klaren Flüssigkeit auf, welche jetzt eine Menge durch Wärme gerinnbares Albumin enthält.

---

*) I. Itier erzählt, daß die Chinesen aus Erbsen einen dem tierischen ähnlichen Käse zu machen wissen. Zu dem Ende werden die Erbsen zu einem Brei gekocht, dieser durchgeseiht und mit Gipswasser zum Gerinnen gebracht; das Geronnene wird behandelt wie der aus der Milch mit Lab gefällte Käse. Die feste Masse wird von der Flüssigkeit abgepreßt und unter Salzzusatz in Formen zu einem Käse verarbeitet, welcher nach und nach den Geruch und Geschmack des aus der Milch bereiteten Käses erhält. Dieser Käse wird auf den Straßen in Kanton unter dem Namen Tao-foo feilgeboten und ist frisch eine beliebte Speise des Volkes.

In einem kürzeren Absatz „Zersetzungsprodukte der Leguminosen" führt
Liebig eine ganze Reihe kompliziert zusammengesetzter Stoffe an, die sich
unter Einwirkung von Alkalien und Säuren aus Leguminosen bilden: „eine [...]
Menge sehr merkwürdiger Produkte, unter denen Blausäure, Bittermandelöl
[...] sich befinden".

Plastische Nahrungsmittel

Die Betrachtung, daß Pflanzenalbumin, Pflanzenfibrin und Pflanzenkasein,
daß Tierkasein und Tierfibrin die einzigen Nahrungsstoffe aus dem Tier- und
Pflanzenbereich sind, aus welchen in dem Ernährungsprozeß die Hauptbestandteile des Blutes und alle geformten Teile des Tierkörpers in dem Lebens-
prozeße gebildet werden, hat diesen fünf schwefel- und stickstoffhaltigen Substanzen, zu denen das Blutalbumin selbst gehört, insofern es als ein Bestandteil des Tierleibes zum Nahrungsmittel dient, den Namen der *plastischen*
Nahrungsmittel gegeben.

Es gibt in der Tat keinen Teil eines Organs, welcher eine ihm eigene Gestalt
besitzt, dessen Elemente nicht von dem Albumin des Blutes stammen; alle
geformten Bestandteile des Körpers enthalten eine gewisse Menge Stickstoff.

Von dem Vorhandensein der stickstofffreien Bestandteile der Organe, des
Wassers und des *Fettes*, sind viele physikalische Eigenschaften derselben
abhängig, sie vermitteln die Vorgänge und Prozesse, durch welche die organischen Gebilde entstehen. Das Fett nimmt Anteil an der Bildung der Zellen,
von dem Wasser rührt die flüssige Beschaffenheit des Blutes und aller Säfte
her; in gleicher Weise ist die milchweiße Farbe der Knorpeln, die Durchsichtigkeit der Hornhaut des Auges, die Weichheit, Geschmeidigkeit, Biegsamkeit,
die elastische Beschaffenheit der Muskelfaser und der Gewebe, der Seiden-
glanz der Bänder und Sehnen abhängig von einem bestimmten Wassergehalt;
das Fett macht einen nie fehlenden Bestandteil der Gehirn- und Nervensub-
stanz aus; ebenso enthalten die Haare, das Horn, die Klauen, Zähne und
Knochen stets eine gewisse Menge Wasser und Fett; aber in allen diesen Teilen
sind Wasser und Fett nur mechanisch aufgesaugt wie in einem Schwamm
oder, wie in den Zellen das Fett, in Tropfengestalt eingeschlossen, und sie
lassen sich denselben durch mechanischen Druck und Auflösungsmittel entziehen, ohne daß die Struktur dieser organischen Teile im mindesten geändert
wird; sie besitzen niemals eine ihnen eigene organische Form, sondern sie
nehmen immer die Form der organischen Teile an, deren Poren sie erfüllen;
sie gehören nicht zu den plastischen Bestandteilen des Körpers oder zu den
plastischen Bestandteilen der Nahrungsmittel.

Chemische Briefe. Wohlfeile Ausgabe 1865. 5. Auflage. 29. Brief, Seiten 263-270.

Stickstoff- und schwefelfreie Bestandteile der Nahrung

Der Verfasser fährt fort mit der Beschreibung der Bestandteile der Nahrungs-mittel und ihrer Bedeutung für die Ernährung von Tier und Mensch, wie im 26. Brief begonnen. Anhand einer Tabelle zum Eiweiß- und Stärkegehalt wichtiger Nahrungsmittel geht er aber in die Praxis über: am Beispiel der Schweinemast zeigt er, welche Rolle die Anteile von eiweiß- und stärkehaltigen Futtermitteln für den Masterfolg spielen. Dabei kommt er auch auf eines seiner Lieblingsthemen zu sprechen, auf den Zusammenhang zwischen Theorie und Praxis: er führt an, wie „die Experimentierkunst der Theorie vorangeeilt ist", d. h. Praktiker die Kartoffelschlempe, ein Nebenprodukt der Branntweinherstellung, als bestgeeignetes Mastfutter erkannten.

Die Nahrung aller Tiere enthält neben den plastischen Bestandteilen, aus denen das Blut und die organischen Gebilde entstehen, stets und unter allen Umständen eine gewisse Menge stickstoff- und schwefelfreier Substanzen.

Milchzucker – Traubenzucker – Rohrzucker

Das Fleisch, welches das fleischfressende Tier verzehrt, enthält eine gewisse Menge Fett; die Milch enthält Fett (in der Butter) und neben diesem einen leicht kristallisierbaren Körper, den *Milchzucker*, welcher aus den süßen Molken beim Abdampfen erhalten wird. Die Nahrung der pflanzenfressenden Tiere enthält stets eine dem Milchzucker in seinem chemischen Verhalten ähnliche oder verwandte Substanz.

Der Verfasser führt nun aus, wie sich Milchzucker unter dem Einfluß von Alkalien oder Fermenten oder durch Gärung verändert, wie sich eine Auflösung von Milchzucker unter Zusatz von etwas Schwefelsäure schnell in Traubenzucker verwandelt, und wie sich Rohrzucker von Milch- und Traubenzucker unterscheidet. Er fährt dann fort:

Amylon – Dextrin – Fette

Die in dem Pflanzenreich verbreitetste und in der Nahrung der Pflanzen-fresser am häufigsten vorkommende Substanz, welche in dem Ernährungsprozeß die wichtige Rolle des Milchzuckers übernimmt, ist das Amylon oder Stärkemehl, welches in seinen Eigenschaften demselben am unähnlichsten zu sein scheint.

Das Stärkemehl ist in den Samen der Getreidepflanzen und Leguminosen, in Wurzeln und Knollen, im Holz in rundlichen Körnchen abgelagert und kann nach dem Zerreißen der Zellen, in denen es eingeschlossen ist, durch Auswaschen mit Wasser leicht erhalten werden. Zerreibt man Kartoffeln, oder unreife Äpfel, oder Birnen, Kastanien, Eicheln, Rettich, Pfeilwurzel, das Mark der Sagopalme und wäscht den Brei auf einem feinen Sieb mit Wasser aus, so setzt sich aus der weißlich trübe ablaufenden Flüssigkeit Stärkemehl in Gestalt eines blendend weißen, sehr feinen Pulvers ab; in dem Handel kommt das Stärkemehl in verschiedenen Formen vor: die feinste Weizenstärke ist unter dem Namen *Puder* bekannt, der *Sago,* das gekörnte und in der Hitze getrocknete und etwas zusammengebackene Stärkemehl der Sagopalme *Arrow-root,* das Stärkemehl der Pfeilwurzel, *Manioka,* das Stärkemehl der *Jatropha manihot* (welche drei letzteren auf dem Kontinent meistens aus Kartoffelstärkemehl bestehen). Alle Arten Stärkemehl haben einerlei Zusammensetzung und zeigen ein gleiches chemisches Verhalten. Bis auf das eigentümliche Stärkemehl in der Alantwurzel *(Inula helenium),* der Georginenknollen und vieler Flechten geben die anderen mit heißem Wasser einen mehr oder weniger flüssigen oder gallertartigen Kleister, welcher durch Jodlösungen eine prächtig indigoblaue Farbe annimmt.

Es ist im 18. Brief bereits erwähnt worden, daß das Stärkemehl durch den Einfluß des Getreideklebers beim Keimen des Getreides, oder durch Schwefelsäure in Traubenzucker übergeführt wird.

In einem warmen Auszug von Gerstenmalz wird der Stärkekleister sogleich flüssig, es entsteht im Anfang eine dem Gummi ähnliche Substanz, bekannt unter dem Namen Stärkegummi oder Dextrin, welche bei längerer Einwirkung des Malzauszugs vollständig in Traubenzucker übergeführt wird. Eine ganz ähnliche Wirkung auf das Stärkemehl besitzt der lufthaltige Speichel. Eine Mischung von Speichel mit Stärkekleister, der Temperatur des menschlichen Körpers ausgesetzt, wird flüssiger und süß; durch eine entsprechende Menge Speichel kann alles Stärkemehl in Traubenzucker übergeführt werden.

Die Verschiedenheit des Stärkemehls und Milchzuckers in ihrer äußeren Form oder Beschaffenheit wird, wie man hiernach leicht versteht, in dem Verdauungsprozeß beinahe ganz aufgehoben. Die Natur selbst hat die Einrichtung getroffen, daß während des Kauens der stärkemehlhaltigen Nahrung eine Materie beigemischt wird, durch deren Wirkung in dem Magen das Stärkemehl in eine dem Milchzucker in ihrer Zusammensetzung und Haupteigenschaften nach gleiche Substanz übergeht.

Die Menge von Stärkemehl in dem Mehl der Getreidearten, der Erbsen, Bohnen und Linsen und der Kartoffeln ist sehr beträchtlich. Das Weizen- und Roggenmehl enthält 60 bis 66, die Gerste und Linsen 40 bis 50, das Maismehl bis 78, der Reis bis 86 Prozent, die Kartoffeln (trocken) über 70 Prozent Stärkemehl.

Das Fett der Butter und des Fleisches enthält Kohlenstoff und Wasserstoff sehr nahe in dem Verhältnis wie das Stärkemehl und die Zuckerarten, die letzteren unterscheiden sich von dem Fett hauptsächlich nur durch eine größere Menge Sauerstoff; auf dieselbe Menge Kohlenstoff enthält das Fett beinahe zehnmal weniger Sauerstoff; es ist deshalb leicht durch Hinzurechnung von Sauerstoff eine gegebene Menge Fett in Stärkemehl zu berechnen, und man findet in dieser Weise, daß 10 Teile Fett 24 Teilen Stärkemehl entsprechen. In ähnlicher Weise kann man durch Abrechnung von Wasser den Milchzucker in Stärkemehl ausdrücken, und mit Hilfe dieser Zurückführung der stickstofffreien Bestandteile der Nahrungsmittel auf gleiche Werte Amylon lassen sich jetzt leicht die wichtigsten Nahrungsmittel in Beziehung auf das Verhältnis an plastischen und den anderen stickstofffreien Bestandteilen miteinander vergleichen.

Gewichts-Verhältnis
der plastischen zu den stickstofffreien Bestandteilen der Nahrungsmittel.

		plastische	stickstoff-freie	
Die Kuhmilch	enthält auf	10 :	30	= 8,8 Fett, 10,4 Milch-zucker
Die Frauenmilch	enthält auf	10 :	40	
Die Linsen	enthält auf	10 :	21	
Die Pferdebohnen	enthält auf	10 :	22	
Die Erbsen	enthält auf	10 :	23	
Schaffleisch, gemästet	enthält auf	10 :	27	= 11,25 Fett
Schweinefleisch, gemästet	enthält auf	10 :	30	= 12,5 Fett
Das Ochsenfleisch	enthält auf	10 :	17	= 7,08 Fett
Das Hasenfleisch	enthält auf	10 :	2	= 0,83 Fett
Das Kalbfleisch	enthält auf	10 :	1	= 0,41 Fett
Das Weizenmehl	enthält auf	10 :	46	
Das Hafermehl	enthält auf	10 :	50	
Das Roggenmehl	enthält auf	10 :	57	
Die Gerste	enthält auf	10 :	57	
Kartoffeln, weiße	enthält auf	10 :	86	
Kartoffeln, blaue	enthält auf	10 :	115	
Der Reis	enthält auf	10 :	123	
Das Buchweizenmehl	enthält auf	10 :	130	

Das relative Verhältnis des plastischen Bestandteils der Milch zu ihrem Gehalt an Butter und Milchzucker, das Verhältnis des blutbildenden Stoffes im Fleisch zu dessen Fettgehalt, sowie das des plastischen Bestandteils der Getreidearten, der Kartoffeln, der Samen der Leguminosen zu ihrem Gehalt an Stärkemehl ist nicht konstant; diese Verhältnisse wechseln in der Milch mit der Nahrung, das eigentlich fette Fleisch enthält mehr, was man mageres Fleisch nennt enthält weniger Fett, und es zeigt der Unterschied in den beiden Kartoffelsorten, wie groß die Abweichungen der verschiedenen Spielarten derselben Pflanze sind. Man kann diese Zahlen aber als Mittelzahlen betrachten, welche zwischen den äußersten Grenzen liegen. Als konstant kann man annehmen, daß die Erbsen, Bohnen, Linsen auf 1 Gewichtsteil plastischen Stoff zwischen 2 bis 3 Gewichtsteile stickstofffreie Substanzen, die Getreidearten der Weizen, Roggen, die Gerste, der Hafer zwischen 5 bis 6, die Kartoffeln zwischen 8 und 11, der Reis und das Buchweizenmehl 12 bis 13 Gewichtsteile an den letzteren Bestandteilen enthalten; unter allen Nahrungsmitteln ist das magere Fleisch der Tiere verhältnismäßig am reichsten an plastischen Bestandteilen. Von den anderen nicht organischen Bestandteilen abgesehen, enthalten im getrockneten Zustand z. B. 17 Teile Ochsenfleisch ebenso viel plastische Bestandteile wie 56 Gewichtsteile Weizenmehl oder wie 67 Roggenmehl, oder 96 Kartoffeln oder 133 Reis.

Liebig behandelt nun ausführlich den Wassergehalt der Nahrungsmittel, das Instinktgesetz über die Wahl der Speisen, den Zusammenhang zwischen Bestandteilen des Körpers und der Nahrung, das heißt, wie die Nahrung auf den Organismus wirkt und schließlich „die plastischen Bestandteile der Nahrung als Quelle der Krafterzeugung". Besonders anschaulich ist hier das Beispiel der Schweinemast mit Kartoffeln:

Mastfutter der Landwirtschaft

Die bewunderungswürdigen Versuche von *Boussingault* zeigen, daß die Zunahme des Körpergewichts in der Mästung der Tiere (ähnlich wie der Milchertrag einer Kuh) im Verhältnis steht zu der Menge von plastischen Bestandteilen in dem täglich verzehrten Futter. Diese Versuche wurden mehrere Monate lang mit Schweinen angestellt, welche in vorzüglichem Grad die Fähigkeit besitzen, die Bestandteile der Nahrung in Teile ihres Leibes umzuwandeln. Ein Schwein wurde ausschließlich mit Kartoffeln ernährt, durch welche Nahrung es an Gewicht nicht zunahm; es war aber eine Zunahme bemerklich, wenn das Tier Kartoffeln, Buttermilch, Molken und Abfälle aus der Haushaltung erhielt; die stärkste Zunahme fand statt bei Darreichung von Mastfutter, welches täglich aus Kartoffeln (9,74 Pfd.), gemahlenem Korn (0,90 Pfd.), Roggenmehl (0,64 Pfd.), Erbsen (0,68 Pfd.) und Buttermilch, Molken und Abfällen (0,92 Pfd.) bestand.

Die Berechnung ergibt, daß das Schwein in diesen drei Zuständen folgende Mischungsverhältnisse in seinem Futter empfangen hatte*):

Das Schwein erhielt:	plastische Bestandteile	stickstofffreie
in der Kartoffelnahrung auf	10	87
in der gemischten Nahrung auf	10	71
im Mastfutter auf	10	55

Man bemerkt leicht, daß diese letztere Mischung ein ähnliches Verhältnis von plastischen und stickstofffreien Bestandteilen enthält wie die Körnerfrüchte.

Die deutsche Landwirtschaft ist durch die Erfahrung auf ein sehr einfaches Verfahren geführt worden, die Kartoffeln in ein dem obigen und den Körnerfrüchten in ihrer Mischung ganz gleiches Mastfutter zu verwandeln. Dieses Verfahren ist die Grundlage des deutschen landwirtschaftlichen Betriebes; es besteht darin, daß man die stickstofffreien Bestandteile der Kartoffeln auf einem rein chemischen Weg ganz oder zum größten Teil hinwegnimmt, und daß man den Rückstand der Kartoffeln, welcher alle plastischen Bestandteile derselben enthält, zur Mästung verwendet. Die Kartoffeln werden gequellt und in Gestalt eines dünnen Breies mit Gerstenmalz in Berührung gebracht, durch dessen Wirkung das Stärkemehl der Kartoffeln in Zucker übergeführt wird. Man versetzt alsdann durch Bierhefe die Kartoffelmaische in Gärung und zerstört in dieser Weise allen vorhandenen Zucker. Durch Destillation der gegorenen Maische erhält man das Stärkemehl der Kartoffeln in der Form von Branntwein und in dem Rückstand (der sog. Kartoffelschlempe) das geschätzteste Mastfutter.

Die im Ausland verbreitete Meinung, daß der deutsche Landwirt Branntweinbrenner ist, des Branntweins wegen, ist ganz irrig; er brennt Branntwein, um das ihm unentbehrliche Mastfutter auf die ökonomischste Weise zu gewinnen.

Dies Verfahren der Konzentration der plastischen, für die Blut- und Fleischerzeugung bestimmten Nahrungsstoffes reiht sich den zahlreichen Fällen an, in denen die Experimentierkunst der Theorie vorangeeilt ist. Zuerst hatte man in der Tat nur die Branntweingewinnung im Auge, dann hat man die Rückstände verwerten wollen, und zuletzt hat man gefunden, daß durch den Maisch- und Gärungsprozeß deren Fähigkeit, als Mastfutter zu dienen, zunimmt. Für die Verbreitung dieser Art von Wahrheiten sind die Not und das Bedürfnis Lehrer, deren Einfluß und Überzeugungskraft mächtiger ist als alle Wissenschaft.

Chemische Briefe. Wohlfeile Ausgabe 1865. 5. Auflage. 30. Brief, S. 271-286.

---

*) Ann. de chim. et de phys. N.S.T. XIV. p. 419.

Animalische und vegetabilische Nahrung

Die Herausgeber halten den 32. der Chemischen Briefe *für ein Glanzstück der Sachliteratur: Der Text reicht von einer gerafften Darstellung der Ernährungsvorgänge im Menschen und der Eigenschaften verschiedener Nahrungsmittel über die Beschreibung des Brotbackens, samt vielen eingestreuten praktischen Hinweisen – selbst mit Tricks zur Wiederaufbereitung mehr oder weniger verdorbenen Mehles – bis zu hygienischen Ratschlägen: schon Liebig verurteilte die Absonderung der Kleie, das heißt das Weißmehl. Nicht genug mit alledem, er geht zwanglos über zu kulturgeschichtlichen Zusammenhängen, so zur Frage, warum die Weißen den Indianern schließlich überlegen waren, um dann das Wirtschafts- und insbesondere das Geldwesen eines Staates mit Ernährungsabläufen im Menschen zu vergleichen.*

Viele Einzelheiten über Inhaltstoffe von Wein und Branntwein, Kaffee und Tee und ihre Wirkung auf Körper und Geist, über den Nahrungswert des Fischfleisches und die meisten Anmerkungen mit Zahlen und Tabellen mußten in unserer Auswahl leider wegbleiben.

Die unorganischen Bestandteile verschiedener Fleischsorten

Das Fleisch enthält in seiner Mischung gewisse allgemeine Bedingungen der Verdauung und Ernährung, in denen ihm andere tierische oder vegetabilische Nahrungsmittel gleichen; durch das Fleischfibrin und Fleischalbumin besitzt es einen bestimmten Wert für die Erzeugung des Blutalbumins und -fibrins, in dem Fett einen Wert für die Wärmebildung und in den Salzen einen Wert für die Vorgänge der Blut- und Wärmebildung und der Sekretionsprozesse; außer diesen besitzt das Fleisch in den so merkwürdigen Bestandteilen des Fleischsaftes einen besonderen Wert für Vorgänge höherer Art, durch welche es sich von allen anderen, namentlich vegetabilischen Nahrungsmitteln unterscheidet.

Nicht alle Fleischsorten sind sich in diesen verschiedenen Werten gleich. Das Kalbfleisch ist z. B. in Beziehung auf das Verhältnis der darin enthaltenen Salze grundverschieden von dem Rindfleisch; die Menge der Aschen von beiden Fleischsorten ist zwar nahezu gleich, aber das Rindfleisch ist weit reicher an Alkalien. Unter den unverbrennlichen Bestandteilen des Kalbfleisches befinden sich über 15 Prozent mehr Phosphorsäure, als zur Hervorbringung eines alkalischen Salzes dieser Säure gehört; es enthält verhältnismäßig wenig von dem eigentlichen leicht verdaulichen Fleischfibrin; die größte Masse der Kalbfleischfaser besteht aus einer dem Blutfibrin ähnlichen Substanz, die in salzsäurehaltigem Wasser aufquillt ohne sich zu lösen; es ist reich an löslichen Bindegewebe und in der Regel arm an Fett.

Sehr wesentlich unterscheidet sich ferner das Kalbfleisch von dem roten Fleisch, dem Rindfleisch z. B., durch seinen weit kleineren Eisengehalt.

Eisengehalt des Blutes und Fleisches

Unter den unorganischen Substanzen macht das Eisen im oxydierten Zustand einen Hauptbestandteil des Blutes aus, es beträgt (nach Abzug des Kochsalzes) über 20 Prozent der ganzen Blutasche (von Menschen-, Ochsen-, Schaf- usw. blut) und die Beständigkeit des Vorkommens, sowie die so große Quantität von Eisen im Blut deuten den hohen Wert, den es für die vitalen Prozesse besitzen muß, hinlänglich an.

Das Eisen ist einer der Hauptbestandteile des Blutfarbstoffs und durch diesen der Blutkörperchen. Die Blutkörperchen sind die Vermittler aller Wirkungen des Blutes, sie vermitteln den Austausch der Gase in der Respiration und den ganzen Stoffwechsel, die Wärme- und Krafterzeugung. Die Stärke und Intensität dieser Vorgänge steht in einem ganz bestimmten Verhältnis zu der Anzahl der Blutkörperchen und durch diese zum Eisengehalt des Blutes. Es gibt Krankheiten, wie viele Fälle der Bleichsucht, in welchen die Anzahl der Blutkörperchen um $\frac{1}{4}$ und der Eisengehalt der Blutasche in ganz gleichem Verhältnis vermindert ist, und es hat die Erfahrung gezeigt, daß die Symptome derselben, große körperliche Ermüdung und Schwäche, bleiches Aussehen, niedrige Temperatur in diesen Fällen durch kleine Gaben von Eisensalzen vollständig gehoben und die Gesundheit wieder hergestellt werden kann.

Die Wirkung des Eisens und seine Notwendigkeit als Bestandteil der Nahrung ist hiernach offenbar. Wir können uns die Bildung der Blutkörperchen nicht denken ohne Eisen. Eine kräftige Nahrung muß unter allen Umständen eine gewisse Menge Eisen enthalten, entsprechend der Menge, welche täglich unwirksam geworden und durch den Darmkanal ausgetreten ist; es ist gewiß, daß bei Ausschluß des Eisens in der Nahrung das organische Leben nicht besteht.

Die vegetabilische Nahrung, namentlich die Getreidesamen und durch diese das Brot, enthalten ebensoviel Eisen wie das Rindfleisch, überhaupt wie das rote Fleisch; das Kalbfleisch enthält $\frac{1}{4}$ weniger als das Rindfleisch; der

Käse, die Eier und namentlich die Fische enthalten im Verhältnis zu den Alkalien noch weit weniger als das Kalbfleisch.

Die Milch (0,47 Prozent Eisen), der Käse, die Eier und Fische gehören zu den sogenannten Fastenspeisen und es ist höchst wahrscheinlich, daß die Zwecke, welche religiöse Vorschriften durch den Ausschluß des Fleisches und namentlich des roten Fleisches erzielen, in dem Mangel des Eisens ihre Erklärung finden.

Übersicht über die im Organismus gebildeten Stickstoffverbindungen

Ordnet man die Bestandteile des tierischen Körpers, welche seine Hauptmasse ausmachen, sowie den Käsestoff und die Endprodukte des Stoffwechsels nach ihrem Stickstoffgehalt und dem Verhältnis desselben zu dem Kohlenstoff, und stellt diejenigen voran, welche die kleinste Menge Stickstoff enthalten, so hat man folgende Reihe:

1. Blutalbumin   enthält   1 Stickstoff auf 8 Kohlenstoff
2. Fleischalbumin   enthält   1 Stickstoff auf 8 Kohlenstoff
3. Eieralbumin   enthält   1 Stickstoff auf 8 Kohlenstoff
4. Fleischfibrin   enthält   1 Stickstoff auf 8 Kohlenstoff
5. Kasein (Käsestoff)   enthält   1 Stickstoff auf 8 Kohlenstoff
6. Chondrin   enthält   1 Stickstoff auf 8 Kohlenstoff
7. Blutfibrin   enthält   1 Stickstoff auf $7^3/7$ Kohlenstoff
8. Horngebilde und Haare enthält   1 Stickstoff auf 7 Kohlenstoff
9. Leimgewebe, Membrane enthält   1 Stickstoff auf $6^1/3$ Kohlenstoff
10. Inosinsäure   enthält   1 Stickstoff auf 5 Kohlenstoff
11. Glykokoll   enthält   1 Stickstoff auf 4 Kohlenstoff
12. Kreatin und Kreatinin enthält 1 Stickstoff auf $2^2/3$ Kohlenstoff
13. Harnsäure   enthält   1 Stickstoff auf $2^1/2$ Kohlenstoff
14. Allantoin   enthält   1 Stickstoff auf 2 Kohlenstoff
15. Harnstoff   enthält   1 Stickstoff auf 1 Kohlenstoff

Mit dem Albumin beginnt, mit dem Harnstoff endigt die Reihe der in dem lebendigen Leib gebildeten Stickstoffverbindungen. Das Albumin ist die höchste, der Harnstoff die niedrigste Verbindung. Der Organismus der Pflanze fügt niedere zu höheren Verbindungen zusammen, in dem Kreislauf des tierischen Lebens fallen die höheren in niedere auseinander. Die Verbindungen von dem Albumin abwärts enthalten den Stickstoff des Albumins, sie sind aus dem Albumin entstanden unter dem Einfluß des Sauerstoffs, durch allmähliches Austreten von Kohlenstoff oder einer Kohlenstoffverbindung, und es ist für diese Stoffe der tierische Lebensprozeß, ein Prozeß der Rückbildung in niedere und unorganische Verbindungen. Von der Inosinsäure abwärts besitzen die folgenden keine organische Form mehr: das Glykokoll, die Harnsäure, Allantoin und Harnstoff sind kristallisierbar, d. h. ihre Gestalt ist bedingt durch eine unorganische Kraft.

Wir verstehen hiernach, wie aus Fleischfibrin Blutfibrin, aus Blutfibrin die Substanz der Membranen und Bindegewebe entstehen könne, aber aus Leimsubstanz oder Blutfibrin kann kein Albumin gebildet werden; aus der höheren kann die niedere, aber nicht umgekehrt entstehen; eine solche Aufwärtsbildung steht im Widerspruch mit den im tierischen Leib wirkenden Kräften.

Wir sind imstande, unter Mitwirkung der nämlichen Bedingungen, welche in dem Organismus wirken, aus Harnsäure Allantoin, aus Kreatin und Harnsäure Harnstoff darzustellen, und wir haben allen Grund zu glauben, daß wir Harnsäure und Harnstoff aus Leimgebilden, die Substanz der Membranen aus Blutfibrin werden darstellen können, eben weil es Bildungen abwärts in der organischen Reihe sind. Die Gesetze des Zerstörens ermitteln wir immer zuerst; ob wir die des Aufbauens jemals kennen lernen, steht dahin.

Bestandteile der Getreidesamen, Mehl, Brot

In Beziehung auf ihren Gehalt an Salzen oder unverbrennlichen Bestandteilen sind sich die Getreidearten nicht gleich. Im Weizen wechselt der Gehalt an Phosphorsäure von 40 bis 48 (Th. *Way* und *Ogston*) bis 60 Prozent *(Erdmann)*; es gibt Weizen, dessen Aschenbestandteile in Beziehung auf Beschaffenheit und Menge die nämlichen sind, wie die des ausgekochten und ausgelaugten Fleisches, und es läßt sich nicht behaupten, daß Brot aus diesem Mehl, ausschließlich genossen, das Leben auf die Dauer erhalten könne.*).

Das feinste Weizenmehl enthält mehr Stärkemehl als das gewöhnliche; die Weizenkleie ist verhältnismäßig am reichsten an Kleber.

Das feine amerikanische Weizenmehl gehört zu den kleberreichsten und damit zu den nahrhaftesten Mehlsorten.

Roggenmehl und Roggenbrot enthalten eine dem Stärkegummi (dem sog. Dextrin) in den Eigenschaften ähnliche Substanz, welche ausnehmend leicht in Zucker übergeht; das Stärkemehl der Gerste nähert sich in manchen Eigenschaften der Zellulose und ist minder verdaulich. Der Hafer ist besonders reich an plastischen Bestandteilen, der schottische reicher als der in Deutschland und England gebaute (R. Th. *Thomson);* diese Getreideart enthält in ihrer Asche, nach Abrechnung der Kieselerde der Bälge, sehr nahe die Aschenbestandteile des Fleischsaftes.

---

*) „Ist das feinste Weizenmehl ein eben so vollkommenes Nahrungsmittel als das rohe Mehl? Ich glaube nicht, und ich erinnere in dieser Beziehung an den Versuch Magendie's, in welchem ein Hund nach 10 Tagen starb, welcher ausschließlich mit weißem Weizenbrot gefüttert wurde, während ein zweiter Hund, welcher schwarzes Brot erhielt (Mehl und Kleien) am Leben blieb, ohne Störung seiner Gesundheit." (Millon, Comptes rendus Tom. 28 p. 40.)

Um die Absonderung des Mehles von den Hülsen zu befördern, wird von vielen Müllern das Getreide vor dem Mahlen schwach angefeuchtet; wenn diese Feuchtigkeit durch sehr sorgfältiges Trocknen mittelst künstlicher Wärme nicht vollständig aus dem Mehl wieder entfernt wird, so veranlaßt sie beim Aufbewahren die Verderbnis des Mehls; es bekommt einen mulsterigen Geschmack, ballt sich zu Klumpen und fühlt sich rauh an wie Gips. Der Teig aus diesem Mehl wird schmierig und gibt ein schweres, dichtes, nicht poröses Brot. Diese Verderbnis beruht auf einer durch die Feuchtigkeit vermittelten Einwirkung des Klebers auf das Stärkemehl, durch welche in dem Mehl Essigsäure und Milchsäure entstehen, die den Kleber löslich in Wasser machen, was er für sich nicht ist.

Zusätze zum Mehl bei der Brotbereitung

Manche Salze machen den Kleber wieder unauflöslich, indem sie damit eine chemische Verbindung einzugehen scheinen, und es entdeckten vor etwa 20 Jahren die belgischen Bäcker in dem (giftigen) *Kupfervitriol* als Zusatz zum Teig ein Mittel, aus verdorbenem Mehl ein dem Ansehen und der äußeren Beschaffenheit nach eben so schönes Brot wie aus dem besten Weizenmehl zu backen. Diese Verbesserung der physikalischen Eigenschaften ist natürlich eine Verschlechterung seiner chemischen. Ähnlich wie Kupfervitriol wirkt *Alaun*; dem Teig zugesetzt macht der Alaun das Brot sehr weiß, elastisch, fest und trocken, und es scheinen die Bäcker in London durch die Nachfrage nach weißem Brot, weißer als es das gewöhnliche, so vortreffliche englische und amerikanische Weizenmehl liefert, gezwungen worden zu sein, allem Mehl beim Brotbacken Alaun zuzusetzen. Ich sah in einer Alaunfabrik in Schottland kleine Berge von feingemahlenem Alaunmehl, welches für den Verbrauch bei Londoner Bäckern bestimmt war.

Da die Phosphorsäure mit der Tonerde eine durch Alkalien und Säuren kaum zersetzbare chemische Verbindung bildet, so erklärt sich vielleicht hieraus die Schwerverdaulichkeit des Londoner Bäckerbrotes, welche Ausländern auffällt. Eine kleine Menge Kalkwasser, dem mulsterigen Mehl zugesetzt, hat dieselbe Wirkung wie Alaun und Kupfervitriol, ohne ihre Nachteile.

Die sorgfältige Mischung mit dem Speichel beim Kauen des Brotes ist eine Bedingung für die rasche Verdauung des Stärkemehls; daher denn die Erhöhung der Verdaulichkeit des Mehls durch die Form, welche es in dem porösen Brot empfängt.

Die Auflockerung des Brotteiges wird durch einen Gärungsprozeß bewirkt. Man setzt dem Teig Bierhefe zu, welche den durch Einwirkung des Klebers auf das Stärkemehl entstehenden Zucker in Gärungen versetzt, und es wird durch die in allen Teilen des Teiges sich bildende Kohlensäure die blasige Beschaffenheit desselben hervorgebracht.

Zum Roggenbrot bedient man sich des *Sauerteiges*; man setzt nämlich dem frischen Mehlteig eine Portion in Gärung befindlichen Teig von einem früheren Gebäck zu, und es wird durch die Wirkung desselben aus dem Zucker stets eine gewisse Menge Essigsäure und Milchsäure gebildet, wodurch das Brot eine schwach saure Reaktion erhält.

Manche Chemiker sind der Meinung, daß das Mehl durch die Gärung des Teiges einen Verlust an nahrhaften Bestandteilen erleide, infolge einer Zersetzung des Klebers, und es ist der Vorschlag gemacht worden, den Teig ohne Gärung mittels Substanzen porös zu machen, welche bei ihrer Zusammenmischung kohlensaures Gas entwickeln. Bei näherer Betrachtung des Vorgangs erscheint aber diese Ansicht sehr wenig begründet.

Beim Einteigen des Mehles mit Wasser geht beim Stehen in gelinder Wärme in dem Kleber des Teiges eine ähnliche Veränderung vor sich, wie nach dem Einquellen der Gerste, beim beginnenden Keimen der Körner, in der Malzbereitung, und es wird infolge derselben das Stärkemehl (in der Malzbereitung großenteils in dem Brotteige nur wenige Prozente) in Zucker übergeführt. Ein kleiner Teil des Klebers geht hierbei in den löslichen Zustand über, in welchem er die Eigenschaft des Albumins gewinnt, wodurch er an seiner Verdaulichkeit und seinem Ernährungswert nicht das geringste verliert.

Man kann Mehl mit Wasser nicht zusammenbringen, ohne daß sich Zucker aus dem Stärkemehl bildet, und es ist dieser Zucker und nicht der Kleber, von dem ein Teil in Gärung kommt und in Kohlensäure und Alkohol zerlegt wird.

Man weiß, daß das Malz in seinem Ernährungswert der Gerste, aus der es dargestellt ist, nicht nachsteht, obwohl der darin enthaltene Kleber eine viel weitergehende Veränderung erlitten hat, und die Erfahrungen in der Branntweinbrennerei aus Kartoffeln beweisen hinlänglich, daß die plastischen Bestandteile der Kartoffeln und die des zugesetzten Malzes, nachdem sie den vollständigen Verlauf des Zuckerbildungs- und Gärungsprozesses mitgemacht haben, an ihrem Ernährungswert kaum verloren haben. Von einem Verlust an Kleber kann hiernach in der Brotbereitung nicht die Rede sein. In der Brotbereitung wird nur eine sehr kleine Menge Stärkemehl für den Zweck der Zuckerbildung verbraucht, und es ist das Gärungsverfahren nicht bloß das einfachste und beste, sondern auch das ökonomischste unter allen Mitteln, die man empfohlen hat, um das Brot porös zu machen. Chemische Präparate sollten von Chemikern überhaupt nicht zu Küchenzwecken vorgeschlagen werden, da sie im gewöhnlichen Handel beinahe niemals rein vorkommen. So ist z. B. die käufliche rohe Salzsäure, die man mit doppelkohlensaurem Natron dem Brotteig zuzumischen empfohlen hat, immer höchst unrein, sehr häufig arsenikhaltig, so daß sie der Chemiker zu seinen weit minder wichtigen Arbeiten niemals ohne weitläufige Prozesse der Reinigung anwendet.

Kleie

Im Jahr 1668 verbot eine Verordnung Ludwigs XIV. unter Androhung schwerer Geldstrafen, die Kleie noch einmal zu mahlen, was nach der damaligen Mühleneinrichtung einen Verlust von 40 Prozent nach sich zog; im siebzehnten Jahrhundert schätzte *Vauban* den jährlichen Verbrauch eines Mannes nahe auf 712 Pfund Weizen, eine Quantität, welche jetzt beinahe für zwei Mann ausreicht, und es werden heutzutage durch die Verbesserung unserer Mühlen ungeheure Massen Nahrungsstoff, viele hundert Millionen jährlich an Wert, für die Menschen gewonnen, welcher früher bloß für die Tiere diente, für welche derselbe unendlich leichter durch andere Nahrungsmittel ersetzbar ist, die sich für den Genuß des Menschen durchaus nicht eignen. Es ist schon lange, namentlich durch *Millon*, auf den hohen Wert der Kleie als Nahrungsmittel aufmerksam gemacht worden. Der Weizen enthält nicht über 2 Prozent unverdauliche Holzsubstanz, und eine vollkommene Mühle im weitesten Sinne sollte nicht über diese Quantität an Kleie geben; aber unsere besten Mühlen geben immer noch 12 bis 20 Prozent (10 Teile grobe, 7 Teile feine Kleie und 3 Teile Kleienmehl), die gewöhnlichen Mühlen bis 25 Prozent an Kleie, welche 60 bis 70 Prozent der nahrhaftesten Bestandteile des Mehls enthält.

Es ist einleuchtend, daß mit dem Verbacken des ungebeutelten Mehls die Brotmasse mindestens um $\frac{1}{6}$ bis $\frac{1}{5}$ vergrößert, und der Preis des Brotes um den Unterschied des Preises der Kleie (als Viehfutter) und des Mehls erniedrigt werden kann. Als Zusatz zum Mehl hat die Kleie in Zeiten des Mangels einen weit höheren Wert und ist durch keinen anderen Nahrungsstoff ersetzbar. Die Absonderung der Kleie vom Mehl ist eine Sache des Luxus, und für den Ernährungszweck eher schädlich als nützlich. Im Altertum, bis zur Kaiserzeit, kannte man kein gebeuteltes Mehl. In Deutschland wird in vielen Gegenden, namentlich in Westfalen, die Kleie mit dem Mehl zu dem sogenannten Pumpernickel verbacken, und es gibt kein Land, in welchem die Verdauungswerkzeuge der Menschen sich in besserem Zustand befinden. Die Grenzen des Niederrheins und Westfalens lassen sich an der ganz besonderen Größe der Überreste genossener Mahlzeiten erkennen, welche Vorübergehende an Hecken und Zäunen hinterlassen, und es sind diese ausgezeichneten Dokumente des Verdauungswertes, welche den Ärzten in England vielleicht die Idee eingeflößt haben, den englischen Großen Brot aus ungebeuteltem Mehl zu empfehlen, welches in vielen Häusern einen Bestandteil des Frühstücks ausmacht.

Betrachtungen über Fleisch- und Pflanzennahrung

Der fleischessende Mensch bedarf zu seiner Erhaltung eines ungeheueren Gebietes, weiter und ausgedehnter noch als der Löwe und Tiger, weil er –

wenn die Gelegenheit sich darbietet – tötet; ohne zu genießen. Eine Nation Jäger auf einem begrenzten Gebiet ist der Vermehrung durchaus unfähig; der zum Atmen unentbehrliche Kohlenstoff muß von den Tieren genommen werden, von denen auf der gegebenen Fläche nur eine beschränkte Anzahl leben kann. Diese Tiere sammeln von den Pflanzen die Bestandteile ihres Blutes und ihrer Organe und liefern sie den von der Jagd lebenden Indianern, die sie unbegleitet von den Stoffen genießen, welche während der Lebensdauer des Tieres seinen Atmungsprozeß unterhielten. Während der Indianer mit einem einzigen Tier und einem diesem gleichen Gewicht Stärkemehl eine gewisse Anzahl von Tagen hindurch sein Leben und seine Gesundheit würde erhalten können, muß er, um die für die diese Zeit nötige Wärme zu gewinnen, fünf Tiere verzehren. Seine Nahrung enthält einen Überfluß von plastischem Nahrungsstoff; was ihr in dem größeren Teil des Jahres fehlt, ist das hinzugehörige Respirationsmittel; daher denn die dem fleischessenden Menschen innewohnende Neigung zu Branntwein.

Die praktische Seite des Ackerbaues kann nicht klarer und tiefer aufgefaßt werden, als dies in der Rede des nordamerikanischen Häuptlings geschehen, welche der Franzose *Crevecoeur* überliefert hat. Jener – seinem Stamme der Missisäer den Ackerbau empfehlend – sprach:„Seht ihr nicht, daß die Weißen von Körnern, wir aber von Fleisch leben? Daß das Fleisch mehr als 30 Monde braucht, um heranzuwachsen, und oft selten ist? Daß jedes der wunderbaren Körner, die sie in die Erde streuen, ihnen mehr als hundertfältig zurück gibt? Daß das Fleisch vier Beine hat zum Fortlaufen und wir nur zwei, um es zu haschen? Daß die Körner da, wo die weißen Männer sie hinsäen, bleiben und wachsen; daß der Winter, der für uns die Zeit der mühsamen Jagden, ihnen die Zeit der Ruhe ist? Darum haben sie so viele Kinder und leben länger als wir. Ich sage also jedem, der mich hört, bevor die Bäume über unseren Hütten vor Alter werden abgestorben sein und die Ahornbäume des Tales aufhören uns Zucker zu geben, wird das Geschlecht der kleinen Kornsäer das Geschlecht der Fleischesser vertilgt haben, sofern diese Jäger sich nicht entschließen zu säen!"

In seinen beschwerlichen und mühevollen Jagden verbraucht der Indianer durch seine Glieder eine große Summe von Kraft, aber der hervorgebrachte Effekt ist sehr gering und steht mit dem Aufwand in keinem Verhältnis.

Die Kultur ist die Ökonomie der Kraft: die Wissenschaft lehrt uns die einfachsten Mittel erkennen, um mit dem geringsten Aufwand von organischer Kraft die größtenWirkungen zu erzielen und mit gegebenen Mitteln ein Maximum von Widerständen zu überwinden. Eine jede Kraftäußerung, eine jede Kraftverschwendung in der Agrikultur, in der Industrie, sowie in der Wissenschaft, und namentlich im Staate, charakterisiert die Rohheit und den Mangel an wahrer Kultur. Darin liegt eben das außerordentliche Übergewicht an Kraft, welches unsere Zeit von allen früheren unterscheidet, daß die Ent-

wicklung der Naturwissenschaften und der Mechanik, sowie die nähere Erforschung aller der Ursachen, wodurch mechanische Bewegungen und Ortsver-
änderungen hervorgebracht werden, zur genaueren Bekanntschaft mit den
Gesetzen geführt haben, welche den Menschen befähigen, Naturgewalten, die
sonst Angst und Entsetzen erweckten, zu seinen gehorsamen und willigen
Dienern zu machen.

Einem Prometheus gleich hat der Mensch, mit Hilfe des göttlichen Funkens
von Oben, welcher, genährt durch Religion und Gesittung, die Grundlage aller
geistigen Vervollkommnung ist, den irdischen Elementen Leben eingeflößt.

Vergleich des menschlichen Organismus mit dem Organismus des Staates

Wie in dem Leibe des Individuums, so geht in der Gesamtheit aller Individuen, welche den Staat ausmachen, ein Stoffwechsel vor sich, der ein Verbrauch aller Bedingungen des Lebens und Zusammenlebens ist.

Silber und Gold haben in dem Organismus des Staates die Rolle der Blutkörperchen in dem menschlichen Organismus übernommen; gleich wie diese
runden Scheibchen, ohne selbst einen unmittelbaren Anteil an dem Nutri-
tionsprozeß zu nehmen, die Vermittler des Stoffwechsels, der Wärme- und
Krafterzeugung sind, durch welche die Temperatur erzeugt und die Bewegung
des Blutes und aller Säfte bedingt werden, so ist das Geld der Vermittler aller
Tätigkeiten im Staatsleben geworden.

Im Mittelalter bezahlte der Steuerpflichtige seine Abgaben in Korn, in
Wein, in Eiern und Hühnern, in Fronden; alle seine unentbehrlichen Bedürfnisse erzeugte er sich selbst. Die Kolonialwaren waren ihm unbekannt; mit
einem halben Pfund Heller bestritt er, was er an Werkzeugen bedurfte. Die
Gemeinden besaßen ihre Brauhäuser für Bier; an vielen Orten kauften die
städtischen Behörden den Wein und verzapften ihn an die Bürger der Stadt.
Gold und Silber waren für die große Masse Waren, die sie auf dem Leib oder
in ihren Häusern zur Schau trugen. Seitdem aber das Geld die Funktion der
Sauerstoffträger im Organismus des Staates übernommen hat, bedienen sich
die Reichsten an der Stelle der massiven Geräte aus Silber und Gold des
Kupfers und weißen Messings mit einem Anflug von Silber und Gold.

Der Stoffwechsel im Staat, sowie im Leibe des Menschen, ist die Quelle
aller seiner Kräfte, seine Fortdauer beruht in dem Ersatz der verbrauchten
Lebensbedürfnisse, in der Erneuerung oder Wiederkehr aller Bedingungen des
Lebens und Zusammenlebens. Wie in dem tierischen Körper der Stoffwechsel
bemessen werden kann durch die Anzahl der Blutkörperchen, welche in einer
gegebenen Zeit den Weg von dem Herzen zu den Kapillaren und von da
zurück zu dem Herzen nehmen, so ist der Stoffwechsel im Staatskörper
meßbar durch die Geschwindigkeit, mit welcher die Geldstücke von einer

Hand in die andere gelangen. Alle Ursachen, welche diese Bewegung hemmen, oder welche, ähnlich wie die Naturkräfte auf den Stoffwechsel, auf den Verbrauch und Ersatz einwirken, stören den Gleichgewichtszustand und bringen eigentümliche, den Krankheiten der Individuen ähnliche Zustände hervor.

Gegen die Wirkung gehalten, welche die Geschwindigkeit der Bewegung der Geldstücke hervorbringt, ist ihre absolute Menge eine beinahe verschwindende Größe. Der Staatskörper, im Zustand der vollkommenen Gesundheit, verhält sich wie der menschliche Körper, durch dessen Herz und Kapillaren in 24 Stunden einunddreißig bis achtunddreißigtausend Pfund Blut sich bewegen, während die absolute Menge des Blutes tausendmal weniger beträgt.

Die Summe aller Widerstände, welche die Natur der Fortdauer des Lebens und der Erwerbung der Lebensbedingungen (welche nach der eigentümlichen Funktion des Geldes gleichbedeutend ist dem Erwerb an Geld) entgegensetzt, ist genauso groß, daß sich die in dem Menschen erzeugbare tätige Kraft damit ins Gleichgewicht setzen kann. Der Mensch kann naturgesetzlich, ohne sein Fortbestehen zu gefährden, keinen Teil seiner Kraft zur Überwindung von Widerständen verbrauchen, durch deren Beseitigung die Mittel nicht erworben werden, die er bedarf, um seine verbrauchte Kraft wieder herzustellen.

Ein vollkommen gleiches Verhältnis besteht für den Organismus des Staates. Ein jeder Verbrauch von Kraft, welche nicht zur Wiederkehr einer Lebensbedingung des Staates dient, oder ein Nichtverbrauch von Kraft, welche zur Erzeugung einer Lebensbedingung vorhanden und verwendbar ist, wirkt auf die Gesundheit des Staatskörpers störend ein.

So wie jede Muskelfaser, jeder Nerv, jeder Teil des Gewebes im tierischen Körper Anteil nimmt an dem in ihm vorgehenden Stoffwechsel und seinen Teil für Aufrechterhaltung und Fortdauer der allgemeinen Vorgänge der Verdauung, Blutbildung, Bewegung der Säfte und Absonderung, sowie aller Wirkungen durch die Glieder, die Sinne und das Gehirn beiträgt, so muß jedes Individuum im Staate, nach dem Maß der von ihm durch seine Glieder, Sinne oder seinen Geist verwendbaren tätigen Kraft, seinen Teil zur Erhaltung und Wiederkehr der Lebensäußerungen des Staatskörpers verwenden: die Wirkung dieser Kräfte ist eben die *Arbeit*.

Chemische Briefe. Wohlfeile Ausgabe 1865, 5. Auflage. 32. Brief, S. 322-349.

Brotbacken – Brotqualität und Gesundheit
Medizinische Fragen

Schon in Gießen hatte sich Liebig eingehend mit Fragen der Ernährung von Mensch und Tier befaßt. In wissenschaftlichen Veröffentlichungen, vor allem in seiner Tier-Chemie *(siehe Seite 149) und in seinen volkstümlichen* Chemischen Briefen *fanden diese Arbeiten ihren Niederschlag – siehe die Texte "Nahrungsmittel im allgemeinen" (Seite 151), "Tierische Wärme" (Seite 155), "Nahrungsmittel im besonderen" (Seite 161) und "Animalische und vegetabilische Nahrung" (Seite 173), wo sich Liebig mit der Brotbereitung beschäftigt. In München setzte er diese Studien fort. 1854 veröffentlichte er im* Journal für praktische Chemie *einen Aufsatz "Verbesserungen und Entsäuerung des Roggenbrotes".*

Gegen Ende seines Lebens bearbeitete er diese Themen nochmals eingehend: allein 1868 erschienen sieben Abhandlungen zu Ernährungsfragen, wie "Über Wohlgeschmack und leichte Verdaulichkeit des Kleienbrotes", "Über Pumpernickel" und "Eine neue Methode der Brotbereitung" (diese drei in Augsburger Allgemeine Zeitung). *Hier nun einige Stellen aus Briefen, in denen sich diese Arbeiten in Forschung und Praxis spiegeln – bis hin zu Fragen der Gesundheit und Medizin. Heute wird Vollwertkost zuweilen als Ergebnis neuester Forschungen dargestellt. Man lese dazu Liebig!*

Justus Liebig an Friedrich Wöhler.

München, 7. März 1868

Ich muß Dir durchaus wieder ein Zeichen geben, daß ich noch lebe, obwohl ich Dir nichts, was Dich interessiert, zu schreiben weiß. Ich stecke immer noch im Brotbacken, und der Erfolg ist hier und an vielen anderen Orten, namentlich am Rhein, im Oldenburgischen, in Westfalen, so, daß ich glaube, die chemische Methode wird sich halten; ich habe, wie Du, früher kein Bäckerbrot gegessen, ohne mir eine Unverdaulichkeit zuzuziehen, und bin jetzt ein wahrer Brotesser geworden; meine neue Methode der Brotbereitung wird aber die mit Salzsäure und Natronbicarbonat verdrängen; sie gibt ein Ideal von Brot; ich warte mit ihrer Bekanntmachung nur noch darauf, daß einige chemische Fabriken, an die ich mich gewendet habe (Zimmer in Mannheim, Marquart in Bonn und die Heufelder Fabrik), hinreichenden Vorrat von meinem Gärpulver angefertigt haben, um sogleich die Nachfrage befriedigen zu können. Eine Probe des Pulvers lege ich diesem Brief bei, es ist für 8 Pfund Mehl; man mischt es sorgfältig mit dem Mehl, setzt per Pfund noch 9 g Kochsalz und dann das Wasser (1250 ccm) zu und formt sogleich die Laibe, ohne viel zu kneten, sobald das Wasser incorporiert ist. Lasse doch die Probe mit gemischtem Mehl, ²/₃ Semmelmehl und ⅓ feinem Roggenmehl, durch Fanny machen, die dies Verfahren vollkommen kennt. Wenn Fanny nach London geht, will ich ihr ebenfalls eine Probe für Pauline mitgeben.

Ich bin nicht gewiß, ob ich dir meine neuesten Spekulationen über den Ursprung der Muskelkraft mitgeteilt habe. *Fick* und *Wislicenus* haben (bei Ersteigung des Faulhorns) gefunden, daß die erzeugte Harnstoffmenge einem so kleinen Umsatz der stickstoffhaltigen Körperteile entspricht, daß dieser nicht als die Quelle der Muskelkraft angesehen werden kann. Sodann hat *Voit* gefunden, daß bei Ruhe und Arbeit die Harnstoffmenge gleich ist, daß also die Arbeit den Umsatz nicht vermehrt, und zuletzt hat *Parkes* gefunden, daß die Harnstoffmenge in der Ruhe sogar größer ist, als während der Arbeit. Hiernach wäre also meine frühere Theorie zu Grabe getragen, und *Frankland* hält sich für berechtigt anzunehmen, daß die stickstofffreien Nährstoffe durch ihre Oxydation die Muskelkraft erzeugen.

Meine Ansicht ist nun die, daß der Organismus etwa wie eine Schwarzwälder Uhr eingerichtet sein muß, nicht unvollkommener, daß die Kraft durch den Umsatz erzeugt und durch eine besondere Vorrichtung angesammelt wird; ist das Kraftmagazin angefüllt, so gibt der weitere Umsatz der stickstoffhaltigen Nahrungsmittel, ähnlich wie die Verbrennung der stickstofffreien, nur *Wärme*. Aus dem Magazin, welches das Muskelsystem ist, wird die Kraft allmählich ausgegeben, wie von der gespannten Feder in der Uhr, und in der Ruhe wieder gesammelt; die heute verbrauchte Kraft ist also von gestern oder vorgestern, bei normaler Arbeit wird das Magazin täglich wieder voll. Dies erklärt, daß man aus dem Verbrauch oder Stoffwechsel täglich, oder aus der Harnstoffmenge täglich, keinen Schluß ziehen kann auf die Krafterzeugung. Die Sache verhält sich demnach wie die Ansammlung von Elektrizität in den elektrischen Fischen, sie hängt von der Nahrung ab, und wird früher erzeugt, ehe sie ausgegeben wird. Nach der Entladung muß Ruhe und Nahrung folgen. Selbst in dem frischen Muskel eines Tieres ist noch Spannung, welche macht, daß derselbe wie der Froschschenkel bei Reizen sich noch zusammenzieht, d. h. Gewichte heben oder arbeiten kann.

In meinen Betrachtungen komme ich auf die Gärung und auf die enorme Kraft zurück, welche eine Hefenzelle in der Dissoziation des Zuckers entwickelt; ich halte die Versuche von *Pasteur* über die Erzeugung der Hefe aus Ammoniak, Zucker, Hefenasche und Weinsäure für falsch; denn der Hauptbestandteil der Hefe ist eine Proteinsubstanz, welche *Schwefel* enthält, und wie dieser hineinkommen kann, ist ganz unerklärt.

Leipzig, Ostersonntag 1868

Ich glaubte Dich in Montreux, und Du wirst dich wundern, daß ich in Leipzig bin. Durch allerlei Arbeiten ermüdet und verstimmt, entschloß ich mich bei dem schönen Wetter, mit meiner Frau zur Taufe meines jüngsten Enkels nach Leipzig zu gehen. Leider liegt heute der Schnee sechs Zoll hoch auf den Straßen. Morgen reisen wir wieder ab, da ich am 15. meine Vorlesungen anfange. Ich bin sehr befriedigt von dem schönen Verhältnis und der hohen Achtung, in der die Professoren gegenüber den reichen Bürgern stehen, von denen wir viele kennengelernt haben. Wir kommen beinahe täglich mit Brockhaus, dem Bürgermeister Koch, Kolbe und seiner liebenswürdigen Frau in Berührung. Weber war leider in Göttingen. Es ist hier in allen Ständen ein hoher Grad von Bildung.

In dem Jacobs-Spital habe ich zweimal Brot gebacken, schwarzes mit Salzsäure und doppelt kohlensaurem Natron, und weißes mit meinem Gärpulver. Die Versuche fielen gut aus.

Thiersch machte mich auf eine Stelle im *Hippokrates* aufmerksam, worin er sagt: „Und dies weiß ich, daß die Qualität des Brotes einen großen Einfluß auf die Gesundheit ausübt, und wer nicht darauf Acht hat und den Einfluß nicht versteht, wie kann der die Krankheiten verstehen, welche die Menschen befallen? Jeder Arzt, der seine Pflicht erfüllen will, soll wissen und lernen zu wissen, was der Mensch ist, in Beziehung auf seine Nahrung, auf Speise und Trank etc." Dies ist merkwürdig genug, wenn man bedenkt, wie wenig im allgemeinen unsere Ärzte davon wissen, und wie wenig in physiologischen Schriften davon die Rede ist. Die Hauptaufgabe eines Arztes nach *Hippokrates* ist, die Menschen gesund zu erhalten; die Heilung der Krankheiten ist eine viel ungewissere Sache. Wer dies versteht, kann, ohne einen starken Körper zu haben, ein hohes Alter erreichen.

Dein Brief machte mir, wie Du Dir denken kannst, viel Vergnügen, insbesondere was Du von den dortigen Versuchen mit der Kindersuppe mitteilst.

Wöhler und Liebig, Briefe von 1829-1873. Herausgeber: Wilhelm Lewicki. 2. ungekürzte Auflage, Göttingen 1982.

Justus Liebig an Carl Thiersch*)

München, 21. Februar 1856

Lieber Carl!

Ich habe seither soviel zu tun gehabt, daß ich erst gestern dazu kommen konnte, das Manuskript zu lesen; ich bin noch nicht fertig damit, soweit ich es

---

*) Carl Thiersch (1822-1895), Chirurg, Schwiegersohn Liebigs.

aber gelesen habe, ist es gut. Da Du, wie ganz sachgemäß die Contagien*) und Miasmen mit der einzigen Naturerscheinung verglichen hast, mit der sie vergleichbar sind, nämlich mit der Gärung und Fäulnis, so möchte ich eine etwas schärfere Auffassung der letzteren wünschen, da diese für eine richtige Einsicht in die Natur wesentlich ist.

Wenn man die Blattern mit der Zuckergärung z. B. vergleicht, so muß (man) annehmen, daß bei der Blattern-Krankheit *zwei* Stoffe nebeneinander sich umsetzen, von denen der eine völlig zerstört wird, während der andere als Blatterngift (Ferment) sich reproduziert. Dieses wirkt nun auf solche Organismen, in denen der zweite Stoff vorhanden ist.

Die Hefe produziert sich nur in Flüssigkeiten, in denen Zucker und Kleber gegenwärtig sind; der Zucker wird zerstört, der Kleber in Hefe übergeführt. Ohne Zucker entsteht keine Hefe. Die Entstehung des Blatterngiftes hängt nach dieser Auffassung nicht von dem Vorhandensein eines Stoffes ab, der dem Blatterngift *analog* ist, sondern von einer Materie, die dem Zucker *analog* ist, die Disposition zur Krankheit wird von dem letzteren gebildet; eiweißartige Körper oder Derivate etwa sind immer präsent, aus denen sich Blatterngift wieder erzeugen könnte. Hefe entsteht aus allen eiweißartigen Körpern ohne Unterschied, nicht bloß aus Kleber.

Wenn sich die Zersetzung auf analoge Stoffe fortpflanzt, so ist dies die eigentliche Fäulnis; Gärung ist die Übertragung der Zersetzung auf Stoffe, die für sich nicht faulen, durch einen faulenden oder sich zersetzenden.

Man wird deshalb zweierlei Krankheiten annehmen müssen, von denen die eine (...) unter allen Umständen ansteckend ist (Übertragung der Fäulnis), die andere nur dann, wenn Stoffe analog dem Zucker vorhanden sind, in welchem Fall zwei Zersetzungen nebeneinander vorsichgehen und die Krankheit mit der Zerstörung des einen ihre Grenze findet. Ich weiß nicht, ob ich mich deutlich mache. Ich bitte Dich, den 2. Teil meiner „Chemie angewandt auf Agrikultur und Physiologie" nachlesen zu wollen, in welchem ich diese Dinge weitläufig auseinandergesetzt habe (auch S. 286 u. 296 u.ff. in „Chemische Briefe").

Deine Irrtümer, so wie Du sie nennst und ihre Berichtigungen, sind für die Sache selbst ohne alle Bedeutung, und wenn Du glaubst, daß Du durch Minderung Deiner Polemik den Angriffen dieser Leute entgehen könntest, so ist dies der größte Irrtum. Wenn man einmal sich entschließen muß, Polemik zu treiben, so muß man die Handschuhe ausziehen und die Scheide hinwegwerfen. Stumpfe Waffen schneiden nicht und tun ebenso wehe, vielleicht mehr.

Tausend freundliche Grüße und Küsse von Nanny
von Herzen Dein treuer Justus Liebig.

---

*) Aus dem französischen „contagion", Ansteckung durch unmittelbaren Kontakt. – Dieser Brief aus der Sammlung Wilhelm Lewicki wird zum ersten Mal veröffentlicht. (Herausgeber.)

Leben

Aschenbestandteile und atmosphärische Nahrungsstoffe – Ertragsfähigkeit der Böden – Pächter und Grundbesitzer

Carlo Paoloni sagt in seiner Bibliographie sämtlicher Veröffentlichungen Justus von Liebigs zur Streitschrift Über Theorie und Praxis in der Landwirtschaft: *„Dieses Buch entscheidet den Streit mit Lawes und Gilbert in Rothamsted endgültig zu Gunsten Liebigs." Liebigs wissenschaftliche Argumente, die er in dieser Streitschrift zusammenfaßt, sind in vielen Abschnitten unserer Textauswahl wiedergegeben. Die hier für das Kapitel „Leben" ausgewählten Stellen sollen Liebig vor allem als streitbaren Polemiker zeigen. Sie sind auch ein Beispiel dafür, wie sich naturkundliche und interessenpolitische Zusammenhänge miteinander vermengen –hier im Interessenkonflikt zwischen Grundbesitzer und Pächter.*

Von einer gleichen Fläche Land erntet man in verschiedenen Kulturgewächsen, nach den hierüber gemachten Analysen, eine sehr ungleiche Menge Stickstoff. Nimmt man an, daß die Stickstoffmenge, welche auf einem Feld in der Form von Korn und Stroh im Roggen geerntet wird, 100 Gewichtsteile betrage, so erntet man auf derselben Oberfläche:

in der ganzen Pflanze	im Raps 212 Stickstoff,
im Hafer 114 Stickstoff,	in Erbsen 243 Stickstoff,
in Gerste 116 Stickstoff,	in Bohnen 270 Stickstoff,
im Weizen 118 Stickstoff,	im Klee 390 Stickstoff,
im Wiesenheu 121 Stickstoff,	in Turnips 470 Stickstoff.

Diese Zahlen beweisen unwidersprechlich, daß die Erbsen, Bohnen und Futtergewächse mehr Stickstoff in den geernteten Produkten liefern als die Getreidearten. Das Wiesenheu liefert ebensoviel, die Erbsen, Bohnen, der Klee und die Turnips liefern doppelt soviel Stickstoff als der Weizen.

Die beiden letzteren liefern diesen höheren Ertrag, *ohne stickstoffhaltigen Dünger zu empfangen*; durch Asche und Gips kann dieser Ertrag bei Klee, durch schwefelsaure Knochenerde bei den Turnips noch gesteigert werden.

Die Getreidefelder empfangen in der praktischen Kultur vorzugsweise *stickstoffhaltigen Dünger*. Es ist klar, daß die Notwendigkeit der Zufuhr von Stickstoff für die Getreidearten (z. B. den Weizen) nicht daraus erklärt werden kann, weil die natürlichen Quellen diesen Pflanzen nicht genug Stickstoff für eine volle Ernte darbieten; denn die Kultur der Futtergewächse beweist, daß diese Quellen doppelt bis viermal soviel zu liefern vermögen, als die Weizenpflanze bedarf.

Der Grund muß in anderen Verhältnissen gesucht werden.

Die von mir im Jahre 1843 gewonnenen Ansichten wurden nicht wenig verstärkt, als ich im Jahre 1846 durch die Analysen von 22 Bodenarten, welche in Gießen in meinem Laboratorium durch *Dr. Kroker* (jetzt Professor in Breslau) ausgeführt wurden, die Gewißheit erlangte, daß der unfruchtbarste Sand bis zu einer Tiefe von nur 10 Zoll über hundertmal, und daß fruchtbare Ackererden fünfhundert- bis tausendmal mehr Stickstoff enthalten, als die vollste Ernte Weizen nötig hat und bei der reichlichsten Düngung zugeführt erhält (siehe meine *„Chemie in ihrer Anwendung auf Agrikultur* und *Physiologie"*, 5. Auflage 1843. S. 368).

Die Quelle dieses Stickstoffgehaltes ist leicht zu bezeichnen gewesen; ich habe in meinem Buche (S. 57, S. 96, S. 115 usw.) auseinandergesetzt, daß der Ton, die Tonerde und das Eisenoxyd, welche Bestandteile der fruchtbarsten Ackererden sind, die ausgezeichnete Fähigkeit besitzen, Ammoniak aus der Luft aufzusaugen, und daß aller fruchtbare Boden eine gewisse aus der Luft empfangene Menge Ammoniak enthält.

Die Tatsache, daß der Boden enorme Quantitäten Ammoniak enthalte, welches aus der Luft stamme, war mir genau bekannt, allein die Entdeckung, daß die Ackererde dem Regenwasser das darin gelöst enthaltene Ammoniak entziehen könne, gehört Herrn Th. Way an; ich betrachte sie als eine sehr wichtige Entdeckung, welche auf eine befriedigende Weise die allmähliche Anhäufung großer Ammoniakmengen im kultivierten Boden erklärt. Ich habe durch eine Reihe von Versuchen gefunden (siehe meine Annalen der Chemie, Bd. 94, S. 379), daß auch der an Kalk reiche und an Ton arme Boden in der Umgebung Münchens in gleichem Grade wie der Tonboden die Fähigkeit besitzt, dem Wasser das Ammoniak zu entziehen. Dieser Kalkboden enthielt, was ich nebenbei bemerken will, stets salpetersaure Salze, welche in dem an Ton reichen Boden beinahe gänzlich fehlen, selbst der an Kalk reiche Tabaksboden von Kuba, welcher niemals gedüngt worden war, enthielt große Mengen Salpetersäure. Ich habe in meinem Buche die Ansicht ausgesprochen, daß ein Land durch die Kultur nicht erschöpfbar sei an Stickstoff, denn der Stickstoff sei kein Bodenbestandteil, sondern ein Luftbestandteil und dem Boden nur geliehen; was der Boden an einem Punkte verliere, gleiche die Luft, die überall sei, wieder aus, darum könne die Unfruchtbarkeit unserer Felder nicht herrühren von einem Mangel an Stickstoff*).

---

*) Unter „Stickstoff" wird hier und im Folgenden immer eine den Pflanzen zur Ernährung dienende Stickstoffverbindung verstanden.

Zu dieser Ansicht bin ich durch die Betrachtung der Kultur ganzer Gegenden und Länder (des Niltals, der Schweiz, Holland) gekommen; und es dürften die nämlichen Betrachtungen, angewendet auf näher liegende Verhältnisse, geeignet sein, in einem Jahr die volle Überzeugung ihrer Wahrheit zu erwekken.

Aus dieser Betrachtung ergibt sich, und kein Zweifel ist möglich, *daß der Stickstoff der Vegetabilien aus einer Quelle stammt, welche immer und ewig fließt und welche unerschöpflich ist.*

Aller Stickstoff der Pflanzen und Tiere stammt aus der Luft, ein jeder Feuerherd, auf welchem Holz oder Steinkohlen verbrannt werden, alle die zahlreichen Feuerstätten und Schornsteine in den Fabrikstätten und Manufaktur-Distrikten, die Hochöfen der Eisenhütten sind eben so viele Destillations-Apparate, welche die Atmosphäre mit der stickstoffhaltigen Nahrung einer untergegangenen Pflanzenwelt bereichern. Von der Quantität Ammoniak, welches in dieser Weise die Atmosphäre empfängt, kann man sich einen Begriff machen, wenn man sich erinnert, daß manche Leuchtgasfabriken aus dem Gaswasser viele hundert Zentner Ammoniak gewinnen.

Die Nährstoffe der Gewächse: Aschenbestandteile aus dem Boden – atmosphärische Nährmittel aus der Luft

Wenn alle Überreste von Pflanzen und Tieren in dem kultivierbaren Boden in Bewegung gesetzt, in den Kreislauf gebracht und in dieser Weise nutzbar gemacht waren, so war über diese Grenze hinaus eine Vermehrung der Produktion durch die Landwirtschaft nicht mehr möglich, eine Zunahme der Population nicht mehr denkbar.

Meine Untersuchungen über die Prozesse der Fäulnis und Verwesung (welche den zweiten Teil meines Buches bilden) und über den Humus hatten mich zu einer anderen ganz verschiedenen Ansicht geführt.

Die Zunahme des organischen Lebens ist unbegrenzt.

Alle Nahrungsstoffe der Pflanzen sind unorganische Substanzen.

„Ein wunderbarer Zusammenhang besteht zwischen der organischen und unorganischen Natur. Die Nahrungsmittel der Gewächse sind unorganische Materien; die Pflanzen bieten den Tieren die Mittel zu ihrem Bestehen dar – hieraus ergibt sich, daß ein Endzweck des Pflanzenlebens darin besteht, Materien zu erzeugen, welche zur Unterhaltung des Lebensprozesses der Tiere geeignet sind, sie verwandeln das Mineral in Träger lebendiger Tätigkeiten" (2. Ausg. S. 2).

Kohlensäure, Ammoniak, Wasser, Schwefelsäure, Salpetersäure, Phosphorsäure sind unorganische oder Mineralsubstanzen.

Im Gegensatz zu den unorganischen Nahrungsstoffen, welche die Pflanzen aus der Luft empfangen, bedürfen sie zur Bildung und Entwicklung ihres

Leibes gewisser unorganischer Substanzen aus dem *Boden,* die wir nach ihrer Verbrennung in ihrer Asche finden.

Diese Aschenbestandteile sind Nahrungsmittel, keine Reizmittel.

Die atmosphärischen Nahrungsmittel wirken nicht für sich allein, sondern nur dann, wenn den Pflanzen die Bodenbestandteile gleichzeitig dargeboten werden.

Im Original folgt hier ein Abschnitt „Die Ursachen ungleicher Ertragsfähigkeit der Böden". Liebig betont nochmals, wie beide Stoffgruppen, die aus der Atmosphäre stammenden Elemente, also Kohlenstoff und Stickstoff, und die Bodenmineralien, die Höhe der Erträge bestimmen. Die ungleichen Erträge der Felder erklärt sich ihm aber nur aus der Bodenbeschaffenheit, das heißt aus der Menge an Mineralien, die innerhalb der Vegetationsperiode aus dem Boden in die Pflanze übergehen können. Die Zufuhr von Ammoniak helfe daher nicht. An dieser Stelle fahren wir mit dem Abdruck aus Liebigs Streitschrift fort.

Ich habe die Wirkung einer Vermehrung von Kohlensäure und Ammoniak im Boden in meinem Buch einer Untersuchung unterworfen und bin zu einer von der gewöhnlichen ganz verschiedenen Erklärung derselben gekommen.

Nichts scheint auf den ersten Anblick einfacher und klarer zu sein, als die Meinung, daß die künstlich den Kulturfeldern zugeführten atmosphärischen Nahrungsmittel (in dem Humus und Ammoniak) den Ertrag steigern, weil sie direkt und unmittelbar als Nahrungsmittel verwendbar sind und verwendet werden; allein die genauere Prüfung ergibt, daß diese Erklärung im allgemeinen nicht richtig sein könne.

Die Betrachtung der Kultur im Großen zeigt nämlich, daß die Menge Stickstoff, welche die Felder im Dünger empfangen, ein kleiner Bruchteil von der Summe Stickstoff ist, die in den Feldfrüchten geerntet wird; die Kultur im Kleinen zeigt im Gegensatz, daß die Menge Stickstoff, welche auf einem mit Ammoniaksalzen reichlich gedüngten Felde geerntet wird, ein kleiner Bruchteil von derjenigen ist, welche die Felder empfangen haben.

In der Kultur im Großen wird weit mehr, in allen Versuchen mit Ammoniaksalzen im Kleinen wird weit weniger Stickstoff geerntet, als die Felder im Dünger empfangen; die Betrachtungen, welche meiner Erklärung zugrunde liegen, sind folgende:

Wenn man sich einen See denkt mit einem unerschöpflichen Vorrat an Wasser, von dem aus Hunderte von Kanälen eine gleiche Menge Wasser ebenso vielen Mühlen zuführen, so liegt es auf der Hand, daß, wenn auch jede Mühle gleichviel Wasser empfängt, die Wirkung, welche dieses Wasser durch seinen Fall hervorbringt, sehr ungleich sein kann; die eine Mühle mahlt in 24 Stunden 20 Säcke Getreide, die andere liefert in derselben Zeit 30, eine dritte 50 oder 100 Säcke Mehl. Diese ungleichen Wirkungen bei gleichem Fall oder Wassermenge sind, wie man weiß, abhängig von der Beschaffenheit des Mühlrades; bei einem schlecht eingerichteten Mühlrad geht die Hälfte oder ein Drittel Wasser an den Schaufeln vorbei und übt keine Wirkung aus; das Maximum der Wirkung wird erzeugt, wenn jedem Tropfen Wasser gestattet wird, seine ihm eigene Wirkung auszuüben, wenn alle Hindernisse hinwegge-räumt werden, durch welche Wasser verloren geht oder seine Wirkung beein-trächtigt wird, was durch eine bestimmte Form und Beschaffenheit des Rades und der Schaufeln von einem jeden Müller, der etwas Mechanik versteht, erzielt werden kann.

In ganz gleicher Weise verhält sich die Atmosphäre zu den Pflanzen; die Luft und der Boden enthalten ein unerschöpfliches Magazin von Ammoniak und Kohlensäure, jedem Felde fließt ohne Unterschied eine gleiche, obwohl beschränkte Menge zu, hinreichend für die üppigste Vegetation, und es besteht die Kunst des Landwirts wesentlich darin, die *ganze* dargebotene Menge von Kohlensäure und Ammoniak auf seinen Feldern zu fixieren oder in ein Maxi-mum an Brot und Fleisch zu verwandeln. Dies geschieht in der Kultur der Gewächse.

Die Aufnahme der Nahrung der Gewächse findet durch die Wurzeln und Blätter statt. *In einer gegebenen Zeit steht die Zunahme einer Pflanze an Masse im Verhältnis zu der Anzahl und Oberfläche der Organe, welche bestimmt sind, Nahrung zuzuführen (S. 39)*).*

Aller Fortschritt in der Landwirtschaft bewegt sich um den Boden

Es haben Millionen Menschen seit Jahrtausenden geglaubt und Millionen glauben es noch, daß die Sonne sich um die Erde bewege, weil der Augen-schein dafür spricht.

In gleicher Weise haben Tausende von Landwirten geglaubt und Tausende glauben es noch, weil der Augenschein dafür spricht, daß sich alle Interessen der praktischen Agrikultur um den *Stickstoff* bewegen, und dennoch ist diese Ansicht niemals wissenschaftlich begründet worden, noch wird sie jemals wissenschaftlich begründet werden können, weil aller Fortschritt und alle Verbesserungen in der Landwirtschaft sich um den *Boden* bewegen.

Seit einem Jahrhundert hat die europäische Landwirtschaft die größten und bewundernswürdigsten Fortschritte gemacht, es gelang ihr, dem Boden im

---

*) Alle Zahlen…beziehen sich a.d. 5.A.m. „Chemie…" 1846.

Verhältnis zur wachsenden Bevölkerung die Mittel zu deren Bestehen in demselben, ja in einem weit größeren Maße abzugewinnen; wir haben höhere Preise und Jahre des Mangels gehabt, aber von den Hungersnöten der früheren Jahrhunderte weiß die moderne Zeit nichts mehr. Eine Menge Ursachen der Ausgleichung durch den Handel und Verkehr der Völker haben dabei günstig mitgewirkt, aber alle zusammengenommen würden den Ausfall nicht ausgeglichen haben, wenn es der Landwirtschaft nicht gelungen wäre, von derselben Bodenfläche mehr Korn und Fleisch zu gewinnen, als dies früher geschah. Und diese großen Fortschritte beruhten auf der geschickteren Benutzung der einheimischen Düngemittel, auf der Bekanntschaft mit dem Nutzen einer gewissen Aufeinanderfolge und auf der Einführung neuer Kulturpflanzen, und zuletzt auf der Verbesserung der Felder durch mechanische und chemische Mittel.

Durch diese Vervollkommnung der landwirtschaftlichen Kunst, des richtigeren und ökonomischeren Betriebes gelangte man dahin, ohne es bewußt zu werden, die in der Atmosphäre enthaltenen Nahrungsstoffe in reichlicher Menge den Feldern zufließen zu machen und in der Form von Feldfrüchten auf ihrer Oberfläche zu verdichten. Diese Kunst hat ein Ende, wenn der Landwirt, von unwissenden, unwissenschaftlichen und blödsichtigen Lehrern verleitet, alle seine Hoffnungen auf Universalmittel setzt, die es in der Natur nicht gibt, wenn er, von vorübergehenden Erfolgen geblendet, sich auf ihre Anwendung verläßt, den Boden darüber vergißt und dessen Wert und Einfluß aus den Augen verliert.

Es ist vollkommen töricht, zu glauben, daß die Mittel, welche die landwirtschaftliche Kunst seit einem Jahrhundert mit einem so auffallenden Erfolg angewendet hat, um die Erträge der Felder zu steigern und um die natürlichen Quellen der Nahrung der Gewächse wirksamer in der Zeit zu machen, völlig erschöpft sind, und daß das Heil der Landwirtschaft in der Einfuhr von stickstoffreichen Düngmitteln aus fremden Ländern und Weltteilen allein gesucht werden müsse. Diesen Glauben kann man dem empirischen Landwirt verzeihen, der naturgemäß nur seinen gegenwärtigen Gewinn vor Augen hat; allein die wahrhaft wissenschaftliche Landwirtschaft muß die Zukunft der Landwirtschaft vor Augen haben und sich um die Lösung weit wichtigerer Aufgaben als um die Verbreitung eines Düngmittels bemühen.

Von Seiten der praktischen Landwirtschaft beruht die Beurteilung der Vorteilhaftigkeit der Anwendung von Ammoniak und Ammoniaksalzen und der salpetersauren Salze auf folgenden zwei Gesichtspunkten.

Pächter und Grundbesitzer

Der Pächter, welcher ein Gut bewirtschaftet, welches nicht sein bleibendes Eigentum ist, hat das größte Interesse, seinen Feldern in seiner Pachtzeit den möglichst hohen Ertrag abzugewinnen; der Zustand, in welchem er sie seinem Nachfolger hinterläßt, ist nicht Gegenstand seiner Sorge.

Für diesen Pächter sind Ammoniaksalze und sehr stickstoffreiche Dünger, welche er von außen zuführt, die besten und vorteilhaftesten Düngmittel.

Der Besitzer der Felder hat hingegen das größte Interesse, daß seine Felder in dem fruchtbaren Zustand bleiben, in welchem er sie seinem Pächter übergeben hat.

Für den Grundbesitzer wird durch die Anwendung der stickstoffreichen Düngmittel von Seiten seiner Pächter der Ruin seiner Felder angebahnt; je mehr an wirksamen Bodenbestandteilen durch denselben in den Ernten dem Boden entzogen und je weniger davon durch die *künstlichen* Dünger wieder ersetzt worden ist, desto rascher nimmt durch dies System der Aussaugung sein Bodenkapital am Wert ab.

Wie bei dem Menschen und arbeitenden Pferd steht die Erschöpfung im geraden Verhältnis zur geleisteten Arbeit. Durch die richtig gewählte Nahrung wird in dem Menschen wie in dem Tier die Fähigkeit wieder hergestellt, am nächsten Tag die nämliche Arbeit wie am vorhergehenden zu verrichten. Ein jedes Mißverhältnis in den Bestandteilen der Nahrung bedingt ein Mißverhältnis in der erzeugten Kraft und bringt zuletzt einen Krankheitszustand hervor.

Der Dünger, den wir auf die Felder bringen, verhält sich zu den Pflanzen, welche darauf kultiviert werden sollen, wie das Fleisch und Brot zum Menschen, wie das Heu und der Hafer zum Pferd. Durch die richtig gewählte Nahrung der Pflanzen befähigen wir den Acker, im nächsten Jahre die nämlichen Produkte zu erzeugen wie im vorhergehenden. Ein unrichtiges Verhältnis in den Elementen des Düngers ändert und stört in kürzerer oder längerer Zeit die Fruchtbarkeit des Feldes.

Darum, weil die Landwirte dieses Naturgesetz nicht kannten oder in seiner ganzen Strenge nicht im Auge behalten, machten und machen sie so unzählige vergebliche Experimente! Heutzutage ist der *Stickstoff* und der *Phosphor* die Universalarznei, mit denen sie die krank gemachten Äcker gesund machen wollen!

Ich bin der Ansicht, daß man einen freien und unbegrenzten Gebrauch von Guano und Ammoniaksalzen für den Getreidebau gestatten kann, wenn mit jedem Zentner Guano gleichzeitig eine entsprechende Menge Holzasche (von hartem Holze), mit jedem Zentner schwefelsaurem Ammoniak, Holzasche und ein Zentner phosphorsaurer Kalk den Feldern gegeben wird.

Über Theorie und Praxis in der Landwirtschaft. 1856. Seiten 1-20 und 51-54.

München 8 Okt 86

Herrn C. F. Winters Verlagshandlung
Leipzig

[handschriftlicher Brieftext, weitgehend unleserlich]

Quelle: Libigiana – W. Lewicki – Mannheim.

Der Feldbau und die Geschichte

Aus diesem umfangreichen Kapitel der Einleitung in die Naturgesetze des Feldbaues – *es umfaßt 48 Seiten des 1.* Bandes der Agrikulturchemie – *bringt unsere Auswahl zunächst einige allgemeine Gedanken zum Thema, dann einige Absätze aus den Betrachtungen zur römischen Geschichte. Liebigs Darstellung der Agrargeschichte Ostasiens ist im Zusammenhang mit „Die Landwirtschaft in China" (Seite 113) zu lesen.*

Die Auswahl aus diesem Kapitel schließt mit Texten zur Geschichte des Feldbaues und der Düngung in Europa, insbesondere in Großbritannien und Bayern. Auf viele weitere fesselnde Schilderungen, wie über den Raubbau in Nordamerika, die Dreifelderwirtschaft, die Auswanderung, die Bedeutung der Guanoanwendung für das Überleben der europäischen Bevölkerung und andere mehr, mußte verzichtet werden.

Die Beziehungen des Naturgesetzes zu Mensch und Tier

Wir kennen mit der größten Bestimmtheit die Bedingungen der Erhaltung und Vermehrung des Menschengeschlechts, welche in dem Boden liegen, und wissen, daß sie auch in der fruchtbarsten Erde nur höchst sparsam verbreitet sind und daß der Vorrat nur ausreicht für eine Spanne Zeit.

In der Reihe der organischen Wesen steht einem jeden Tier ein anderes gegenüber, welches dessen Verbreitung in der vorgeschriebenen Schranke erhält, so daß alle ihr Maß von Nahrung finden und keins das andere verdrängt. Das Anrecht auf sein Leben und Fortbestehen ist jedem Tiergeschlecht durch ein Naturgesetz gewahrt. In ähnlicher Weise wirkt das Naturgesetz auf die Menschen ein, wenn sie sich, anstatt es zu beherrschen, den Tieren gleich, davon beherrschen lassen. In der Reihe das letzte Geschöpf steht der Mensch dem Menschen allein gegenüber und ein jedes Mißverständnis zwischen dem Vorrat von Nahrung und dem Bedarf der Bevölkerungen zwingt diese, um das Gleichgewicht wieder herzustellen, ihre Zahl gegenseitig zu vermindern, indem eine die andere vertilgt, und der Mensch, das Ebenbild Gottes, ist nur darin von der Ratte verschieden, daß er beim Nahrungsmangel nicht allerorts seinesgleichen auffrißt. Der, welcher an dem Tische der Gesellschaft keinen Platz mehr findet, gibt sich nicht so ohne weiteres dem Verhungern hin; im kleinen wird er zum Diebe und Mörder, oder er wandert in Massen aus oder wird zum Eroberer. Ein jedes Blatt in der Weltgeschichte zeigt die schauderhafte Wirkung dieses furchtbaren Gesetzes in den Strömen von Blut, womit der Mensch die Erde tränken mußte, welche er nicht fruchtbar zu erhalten verstand.

Für das große Ganze ist es zuletzt ziemlich gleichgültig, ob eine Nation in einem Land, dessen Fruchtbarkeit stetig abnimmt, nach und nach verhungert und ausstirbt, oder ob sie, wenn sie die stärkere ist, eine andere schwächere Nation in einem fruchtbaren Land gewaltsam aussterben macht und sich an ihre Stelle setzt. Alle großen Völkerwanderungen gehen von einem unfruchtbar gewordenen Land aus nach fruchtbareren Ländern hin.

Was die römische Geschichte in dieser Beziehung lehrt

Noch ehe das römische Volk in der Geschichte hervortritt und lange vor der Gründung der Stadt Rom bot schon Italien das Bild des angebautesten Landes von Europa dar; von diesem Zustand zeugen in dem Land der alten Latiner die Überreste der ungeheuren Bauwerke, die wir jetzt noch bewundern, und alle Nachrichten lassen auf einen überraschend blühenden Zustand des alten Latiums schließen. Man kann mit Bestimmtheit behaupten (so sagt *Schlosser* in seiner Weltgeschichte, 3. Band S. 140), daß dieses Land zu keiner anderen Zeit bevölkerter war und keinen schöneren Anblick von allgemeinem Wohlstande darbot, als in jenen früheren außerhalb des Bereiches der Geschichte liegenden Jahrhunderten. Selbst als später das mächtige Volk der Römer die Schätze der reichsten Länder in Latium zusammengehäuft hatte, war der Zustand dieses Landes nicht im Entferntesten mit dem der Urzeit vergleichbar. Latium zeigte zur Zeit der römischen Größe bloß den Reichtum einiger wenigen Familien, in der vorhergegangenen Zeit war aber ein großer Wohlstand über das ganze Land und alle seine Bewohner verbreitet. Da, wo jetzt die pontinischen Sümpfe eine weite, nur zur Viehzucht dienende Strecke Landes bilden und die Luft verpesten, lagen damals nicht weniger als 23 volkreiche Ortschaften; der Fleiß der Latiner hatte also dieses Sumpfland ebenso in fruchtbares Kulturland umzuschaffen gewußt, wie die Etrusker durch ihre Kanäle und Dämme die Moräste der Lombardei zuerst bewohnbar gemacht haben. Die Menge der latinischen größeren und kleineren Ortschaften, welche in den Schriften der römischen Geschichtsschreiber angeführt sind, lassen auf eine ungemein starke auf einen kleinen Raum zusammengedrängte Bevölkerung und auf einen Boden schließen von größter Fruchtbarkeit, welcher gartenmäßig bebaut sein mußte, um die zur Erhaltung der Bevölkerung nötige Nahrung zu liefern *(Schlosser 141)*. In einem gleichen Zustand hoher Kultur befand sich das Gebiet der samnitischen Völker, der ganze Bergrücken der Apenninen von der Grenze der Etrusker bis zum äußersten Süden Italiens hin; das ganze Gebiet des Monte Matese, welches einen Teil des Jahres mit Schnee bedeckt und seit der Zeit der Samniten nie mehr angebaut worden ist, war damals durch den Fleiß eines glücklichen und abgehärteten Volkes teils in Ackerland, teils in Wiesen umgewandelt und auf unglaubliche Weise bevölkert; in dem ganzen samnitischen durchaus gebirgigen Land waren nur wenige Strecken unbenutzt. Mit dem Ackerbau und der Viehzucht hing die Religion des Landes eng zusammen und die Nationalfeste bezogen sich darauf. Besondere Priester (fratres arvales) bildeten die Bruderschaft des Feldbaues und beschäftigten sich damit nicht etwa bloß in Beziehung auf den Kultus, sondern in wissenschaftlicher Hinsicht. Die ganze Einrichtung der religiösen Zeremonien und alle Volksfeste dienten dazu, den Anbau des Landes unter obrigkeitlicher Aufsicht zu erhalten und die Gewohnheitsliebe des Ackermannes durch religiöse Pflichten zu spornen. Wegen ihres Einflusses auf das Klima des Landes standen bei den Samniten die Wälder unter öffentlicher Aufsicht.

Welch ein Zustand damals – und wie ist er jetzt! Anstatt der Rosengärten und üppigen Getreidefelder sind die Tempel Pästums jetzt umgeben von einer sparsam Gras und Disteln tragenden Wüste!

Krieg und Frieden – ihr Einfluß auf die Bevölkerung

Der unwissende Mensch, gewöhnt, die Zunahme der Bevölkerungen an den Frieden und ihre Abnahme an den Krieg und verheerende Krankheiten zu knüpfen, erklärt sich den Zustand dieser Länder nach seinem eigenen Tun. Er weiß, wie geschickt dieser oder jener König im massenhaften Schlachten der Menschen war und wie gierig nach dem Ruhm, sehr viele Werkzeuge zum Schlachten zu haben, welche Lorbeeren sich dieser oder jener Feldherr durch ein ähnliches Talent erwarb; er nennt dies seine Geschichte; aber die Geschichte der Erdscholle, mit der sein Leben aufs engste zusammenhängt, kennt er nicht. Der Friede ernährt nicht und der Krieg zerstört nicht die Bevölkerungen, beide Zustände üben nur einen vorübergehenden Einfluß auf sie aus. Was die menschliche Gesellschaft zusammenhält oder auseinander-treibt, und die Nationen und Staaten verschwinden oder mächtig macht, dies ist immer und zu allen Zeiten der Boden gewesen, auf dem der Mensch seine Hütten baut. Nicht die Fruchtbarkeit des Feldes, wohl aber die Dauer derselben liegt in der Hand der Menschen.

Lange vor der sagenhaften Erfindung der Stadt Rom war das griechische Volk in Altgriechenland und auf der Küste von Kleinasien in den Kreislauf der Kultur und Zivilisation eingetreten und zeigte, noch ehe der römische Staat die damals bekannte Welt umfaßte, alle Merkzeichen des Verfalles in dem an seiner Fruchtbarkeit erschöpften Land. Schon 700 Jahre vor Christi Geburt gibt sich die Abnahme derselben in den massenhaften Auswanderungen der Griechen nach den Küsten des Schwarzen und Mittelmeeres und in der fortschreitenden Entvölkerung und Verödung des Landes zu erkennen.

Columnella, Ansicht über das Unfruchtbarwerden der Erde

In der Schlacht von Platäa (479 v. Chr.) konnte der spartanische Staat noch 8000 Krieger zum Kampf gegen die Perser stellen, einhundert Jahre nachher zählte nach Aristoteles (Polyb. II. 6. 11. 12) der nämliche Staat keine tausend zum Kriegsdienst tüchtige Männer; einhundertundfünfzig Jahre später beklagt Strabo, daß von den hundert Städten Lakoniens zu seiner Zeit außer Sparta kaum noch dreißig Flecken übrig seien. Einhundert Jahre nach Strabo schildert Plutarch (Mor. p. 413) die traurige Verödung Griechenlands und der alten Welt. Aber auch der römische Staat sollte demselben Schicksal verfallen. In seinen landwirtschaftlichen Aufzeichnungen spricht Cato (230 v. Chr.) noch nicht von der Abnahme der Fruchtbarkeit der römischen Felder, sondern von der besten Art, sie mit Vorteil auszurauben. Dreihundert Jahre nach Cato sagt Columnella in seiner Vorrede zu seinen 12 Büchern von dem Ackerbau:

„Die Großen des Staates pflegen bald über die Unfruchtbarkeit der Äcker, bald über die unbeständige Witterung zu klagen, welche nun schon seit geraumer Zeit den Früchten nachteilig gewesen ist; andere meinen, der Boden sei durch all zu große Fruchtbarkeit der vorigen Zeiten erschöpft oder kraftlos geworden. Aber – fährt er fort – kein Vernünftiger würde sich überreden lassen, die Erde sei, wie wir Menschen, veraltet, die Unfruchtbarkeit rührt vielmehr von unserem Verfahren her, weil wir den Ackerbau der unvernünftigen Willkür ungeschickter Knechte überlassen."

Die einfache Tatsache, daß man schon unter Nero anfing, Bücher über den Ackerbau zu schreiben, ist an sich ein Merkzeichen seines Verfalls, aber noch viel sichere Beweise erkennt man in der Abnahme der Bevölkerung von dem letzten punischen Krieg an, auf welche der Krieg der Italiker, der Bürgerkrieg zwischen Marius und Sulla nur einen vorübergehenden Einfluß hätte äußern können auch in der Voraussetzung, daß beide Ereignisse eine halbe Million Menschen hinweggerafft hätte, fünfmal mehr, als die Schätzung Appian's und Diodor's beträgt, wenn der Boden sein früheres Ertragsvermögen nicht verloren gehabt hätte.

Wir wissen aus der neueren französischen Geschichte, wie vorübergehend die Wirkung auch der blutigsten Kriege auf den Stand der Bevölkerungen in Ländern ist, deren Boden in seiner Fruchtbarkeit noch nicht erschöpft ist. In den Kriegsjahren von 1793 bis 1815 verlor Frankreich über drei Millionen erwachsener Männer; der Bürgerkrieg in der Vendeé kostete über eine Million Menschen; wenige Jahre nach 1815 war die Bevölkerung größer noch als 23 Jahre vorher geworden, denn die Revolution hatte viele Hunderttausende von Hektaren fruchtbaren Feldes aus der Toten Hand unter den Pflug gebracht und damit die Bedingungen der Wiedererzeugung der Menschen vermehrt.

Die Abnahme der Bevölkerung zu Julius Cäsars und Augustus Zeiten

Der unter Jul. Cäsar (46 v. Chr.) abgehaltene Census stellte die Tatsache der abnehmenden Bevölkerung unbezweifelbar fest und auch der äußerliche Grund blieb diesem großen Mann nicht verborgen; allein sein Ackergesetz konnte den erschöpften campanischen Staatsländereien, die er unter 20 000 arme Bürger, die drei und mehr Kinder hatten, verteilte, ihre verlorene Fruchtbarkeit nicht wieder verleihen; der Zweck derselben wurde nicht erreicht.

Unter Augustus war der Mangel an zum Kriegsdienst fähigen Männern so außerordentlich groß, daß durch die Vernichtung eines kleinen Armeecorps unter Varus im Teutoburger Wald die Hauptstadt und ihr Gebieter in Furcht und Schrecken versetzt wurden. Rom konnte sein Kontingent zu zwei Legionen nicht mehr stellen, von Freiwilligen zum Kriegsdienst war keine Rede mehr und es bedurfte der härtesten Zwangsmittel zum Zusammenbringen eines kleinen Heeres. Livius (VI. 12) spricht von der großen Verödung im Innern Italiens und sagt von dem Land der alten kriegerischen Volsker: „Jetzt müssen Sklaven dafür sorgen, daß es nicht ganz öde wird, kaum daß sich dort eine kleine Pflanzschule von Soldaten erhält."

Der Seeräuberkrieg, dessen glückliche Beendigung (79 v. Chr.) die Macht Pompejus' begründete, zeigt, in welchem Grade Rom abhängig war von der Zufuhr von ausländischem Getreide, und wenn, wie *Mommsen* (dessen Römische Geschichte Bd. III, S. 492) erwähnt, schon vor Julius Cäsar die Bewohner Roms beständig im Angesicht einer Teuerung und nicht selten in voller Hungersnot waren, so sind dies zusammengenommen tatsächliche Beweise, daß der italische Feldbau die Bedürfnisse der Stadt und des Heeres in dieser Beziehung nur ausnahmsweise zu befriedigen vermochte.

Reichtum durch Ausraubung der Felder

Durch die brutale Ausraubung der eroberten Länder hatte sich vor Augustus schon ein außerordentlicher Reichtum in Rom angesammelt, der unter ihm durch die enorme Besteuerung der Provinzen zu Gunsten der Weltstadt sich noch vermehrte; einen Teil desselben empfing das Land und die Städte durch großartige öffentliche Bauten, Bäder, Brücken, Heerstraßen und Wasserleitungen zurück, aber die lebhafteste Steigerung des Handelsverkehrs und der Industrie ersetzte den römischen Feldern die Bedingungen der Fortdauer der Menschengenerationen nicht wieder, die sie fortwährend und ohne Unterbrechung verloren.

Während nach außen hin der römische Staat alle Zeichen des Gedeihens und der üppigsten Machtfülle darbot, war der böse Wurm schon geschäftig, sein Lebensmark zu zerstören, der seit zwei Jahrhunderten in den europäischen Staaten das gleiche Werk begonnen hat.

Wie viele Männer von Einsicht, Kraft und gutem Willen beherrschten in den ersten Jahrhunderten der Kaiserzeit das römische Reich! Was vermochte aber die Macht der Mächtigsten, die in ihrem Übermut sich selbst Altäre errichteten und sich als Götter verehren ließen, was die Weisheit der Philosophen, die tiefste Kenntnis der Rechtswissenschaft, was die Tapferkeit der tüchtigsten Feldherren, die furchtbarsten und aufs Beste eingerichteten Heere gegen die Wirkung eines Naturgesetzes! Alle Größe und Stärke sank zur Kleinheit und Schwäche herab und es verlor sich zuletzt sogar der Schimmer des alten Glanzes!

Während die Zivilisation und geistige Bildung an Ausdehnung gewann und Künste und Gewerbe einen ungewöhnlichen Aufschwung empfingen, und alles, was den Zwecken des äußeren Lebens diente, in stetem Fortschreiten begriffen schien und eine neue Religion die alte Welt mit neuem Lebensmute erfüllen sollte, beschleunigte dies alles nur ihren Untergang.

Das Verschwinden der Bauernwirtschaft

Vor allen frei und unabhängig ist der Ackersmann, dessen Feld nicht größer ist, als er mit seinen und seiner Kinder Hände bauen kann, und fruchtbar genug, um seinen Teil an den Lasten des Staates zu tragen und seiner Familie ein genügendes Auskommen und einen gewissen Wohlstand zu gewähren; für ihn sind seine Kinder ein Segen.

Wenn infolge der Erschöpfung und Verarmung seiner Äcker der freie Bauer verschwindet, so erlischt mit ihm der echte Bürgersinn und die Vaterlandsliebe, denn in dem Bauern erhalten sich die religiösen Gefühle und die Liebe für die Scholle, auf der er geboren ist, und für das Land, was er pflegt; er weiß vor anderen die himmlischen Gaben zu schätzen, den belebenden Sonnenschein und befruchtenden Regen, und wie hilflos er ist ohne sie? Sein kleines Gut, was ihn erhält, ist ihm nicht feil, er hat einen sicheren Maßstab für dessen Wert, nicht für den des Geldes; er ist der Letzte im Land, der die Waffen zu dessen Verteidigung gegen den erobernden Feind niederlegt, der Letzte, der seinem angestammten Fürsten die Treue hält, wenn alle anderen sie brechen.

Aber indem er in seiner Unwissenheit die Naturgesetze mißachtet und verletzt, trifft ihn die Strafe seines Tuns; seine Sorgen und Mühen, sein Fleiß in der Bebauung seines Feldes beschleunigen nur dessen Erschöpfung. Es kommt für ihn die unerbittliche Zeit, wo er dem durch den Raubbau erschöpften Boden nicht mehr so viel abgewinnen kann, um seine Familie zu erhalten. Er kennt nicht den Grund seiner Verarmung, und schreibt einer Menge anderer Ursachen, nie der richtigen, den Grund der Abnahme seiner Ernten zu; er hofft auf bessere Jahre, und fängt an, seine dringendsten Bedürfnisse durch Schulden zu decken, der Steuererheber zwingt ihn zuletzt, sein

Korn, noch ehe es geerntet ist, auf dem Halm zu verkaufen, und nach einer Reihe von Generationen fällt sein Besitz in die Hände seiner Gläubiger. Aus vielen kleinen Bauernwirtschaften entsteht alsdann eine Großwirtschaft; der große Gutsbesitzer vertreibt die Familie des Bauern und behält nur die arbeitende Hand; er erzeugt nicht mehr Produkte wie sonst, aber er führt sehr viel mehr aus als der Bauer, der den größten Teil derselben zur Erhaltung seines Vieh- und Hausstandes verbrauchte.

Die römische Agrikulturgesetzgebung konnte die Ertragsfähigkeit der Felder nicht wiederherstellen

Der Kampf der römischen Gesetzgebung gegen die Wirkung dieses Naturgesetzes, der sich Jahrhunderte hindurch unausgesetzt erneuert, ist äußerst lehrreich und merkwürdig.

Der Gesetzgeber, welcher von Naturgesetzen keine Vorstellung hat, nimmt die gegebenen Zustände und Bodenverhältnisse als dauernd und unveränderlich an, was sie nicht sind, und sieht den Grund der Abnahme des Ertragsvermögens der Felder und der Bevölkerung in den Menschen, die ihrer Natur nach in ihrem Trieb, sich selbst zu erhalten und fortzupflanzen, sich nicht ändern; indem er durch seine Gesetze die Handlungen der Menschen zu bestimmen sucht, glaubt er, daß seine Gebote mächtig genug seien, Zustände zu erhalten oder wiederherzustellen, welche unwiederherstellbar sind; durch ein Gesetz kann ein Bauer vom Pfluge genommen und zum Soldaten gemacht werden, aber kein Zwang vermag den Städter oder Soldaten zum Bauer oder Ackerknecht zu machen, denn dessen Arbeit ist die schwierigste von allen; er muß wochenlang mit der Sonne aufstehen und täglich sechzehn Stunden schaffen; er muß heute wissen, was er morgen tun soll, jeden Tag etwas anderes; Wetter und Jahreszeiten warten nicht auf ihn, er wächst in seinen Betrieb hinein und erlernt ihn nicht, wie man eine Hand- oder Kunstfertigkeit erlernt.

Weder die gewaltsame Güterteilung unter *Cajus Gracchus*, noch die Bemühungen *Julius Cäsar's* oder *Augustus'*, das gestörte Verhältnis zwischen dem Bedarf der Bevölkerung und dem Produktionsvermögen des Landes oder dem Hunger und den Äckern, die ihn nicht mehr stillen konnten, wiederherzustellen, hatten den geringsten Erfolg, und die Not ließ kaum den Machthabern einen anderen Ausweg, als das mangelnde Korn durch die Ausraubung der Provinzen zu ergänzen.

Die Ausraubung der römischen Provinzen

Die Abgabe von Korn an die armen römischen Bürger aus den Kornmagazinen des Staates hatte schon unter *Scipio* (196 v. Chr.) begonnen. Unter

Cajus Gracchus sollten jedem sich meldenden Bürger monatlich 5 Modii (= jährlich 10 preuß. Scheffel = 15 Bushels = 2 $\frac{1}{2}$ bayer. Scheffel = 5 $\frac{1}{2}$ Hektoliter = 830 Zollpfunde) Getreide verabfolgt werden; unter *Julius Cäsar* betrug die Anzahl der Empfangenden 350 000, unter *Augustus* und den späteren Kaisern 200 000. Die Getreideabgabe von Seiten des Staates belief sich hiernach jährlich auf 1 $\frac{1}{2}$ bis 2$\frac{1}{2}$ Millionen Zentner. Dies machte offenbar nur einen Bruchteil des Bedarfs der Bevölkerung Latiums und des Heeres aus, denn die Kapitalisten Roms betrieben nebenbei einen schwunghaften und gewinnreichen Kornhandel. Das meiste Korn lieferte die Provinz Asia, die afrikanischen Küstenländer, Sizilien und Sardinien. Von Sizilien empfing Rom den zehnten Teil von allem Korn, was auf der Insel gebaut wurde, ebenso von Sardinien; die Provinz Asia war schon unter *Gracchus* als Staatsdomaine erklärt worden, und man kann ermessen, welchen Einfluß eine so große, viele hundert Jahre dauernde Beraubung auf die Bodenbeschaffenheit dieser Länder ausüben mußte, und daß zuletzt die Getreidezufuhr nach Rom nur durch die Vernichtung der freien Bevölkerung und durch die Einführung des Plantagenbaues im großartigsten Maßstab durch Sklavenheere aufrecht erhalten werden konnte.

Unter den späteren Kaisern lebte nicht nur die Bevölkerung Roms, sondern halb Italiens von fremdem Gut: ihre Genüsse, ihr tägliches Brot wurden abhängig von dem Willen und der Gunst der Machthaber, sowie deren Existenz von einer jeden Stockung in dem Getriebe der ungeheuren Staatsmaschine gefährdet wurde, welche die Arbeitskräfte der Bewohner der übrigen Welt zu ihrer Aufrechthaltung verzehrte. Durch diese Abhängigkeit von dem Staat trat in der römischen Bevölkerung an die Stelle des Gefühls, der Kraft und Selbständigkeit, welches die Arbeit erzeugt, Selbstsucht, kriechende Schwäche und niedriger Sklavensinn und alle Laster moralischer Entartung.

Von *Diocletian* an, dreihundert Jahre nach *Augustus*, verschwindet der freie Bauernstand völlig, an dessen Stelle treten die Kolonen oder unfreien, den Gütern zugehörigen Bauern, und damit vollendet sich der tausendjährige Prozeß und es beginnt in den nachfolgenden Jahrhunderten das Absterben des riesigen Körpers und seine innere Fäulnis; und so wie diese den Boden abgibt, worin die Maden und die Würmer gedeihen, so verzehrte der überwuchernde Soldatenstand die Reste seiner gesunden und produktiven Säfte und vollendete das Auseinanderfallen seiner sich auflösenden Glieder. Wie die Ratte das untergehende Schiff, so verließ zuletzt *Constantin* das zerrüttete Land, um in einen andern Weltteil den nämlichen Zerstörungsprozeß zu verpflanzen.

Die Grundlage der Landwirtschaft Chinas und Japans

Das Entstehen und der Untergang der Nationen beherrscht ein und dasselbe Naturgesetz. Die Beraubung der Länder an den Bedingungen ihrer Fruchtbarkeit bedingt ihren Untergang, die Erhaltung derselben ihre Fortdauer, ihren Reichtum und ihre Macht.

Die Geschichte des größten Reiches der Erde weiß nichts vom Entstehen und Vergehen eines Volkes oder einer Nation; von der Zeit an, wo Abraham nach Ägypten zog, bis zu uns, beobachten wir in China eine regelmäßige, nur durch innere Kriege vorübergehend unterbrochene Zunahme der Bevölkerung; in keinem Teil des großen Ländergebietes hat der Boden aufgehört, fruchtbar und dankbar für die Pflege des Bebauers zu sein. Das japanische Inselreich mit seinem gebirgigen, höchstens zur Hälfte kultivierbaren Boden, mit einer größeren Einwohnerzahl als Großbritannien, erzeugt nicht nur eine Fülle von Nahrung für alle seine Bewohner, ohne Wiesen, ohne Futterbau, ohne Einfuhr von Guano, Knochenmehl und Chilisalpeter, sondern es führt, seit seine Häfen geöffnet sind, jährlich nicht unbedeutende Quantitäten von Lebensmitteln aus. (Bericht an den Minister für landwirtschaftliche Angelegenheiten über die japanische Landwirtschaft, von Dr. H. Maron, Mitglied der ostasiatischen Expedition. S. Anhang G.)

Die Erfahrung und Beobachtung haben den chinesischen und japanischen Landwirt auf das einzige Kulturverfahren geführt, welches geeignet ist, ein Land auf ewige Zeiten hinaus fruchtbar zu erhalten und in seinem Ertragsvermögen entsprechend der Zunahme der Bevölkerung zu steigern, und es ist wohl der größten Beobachtung würdig, daß in diesen Ländern der Feldbau seinen dauernd blühenden Zustand hauptsächlich der Verbindung desselben mit dem Kultus und mit strengen religiösen Vorschriften verdankt; der „Gott" der Chinesen ist im eigentlichen Sinne der Pflug.

Die Grundlage des chinesischen und japanischen landwirtschaftlichen Betriebes ist der *vollständige Ersatz aller dem Boden in den geernteten Feldfrüchten entzogenen Pflanzennährstoffe*; der japanische Ackerbau weiß nichts von dem Zwang einer Fruchtfolge, und baut nur das, was ihm am nützlichsten zu sein scheint; die Erträgnisse seines Bodens sind die Zinsen von dessen Bodenkraft, nie verringert er das Kapital, was ihm diese Zinsen bringen soll.

Die europäische Landwirtschaft – ihr Gegensatz zur ostasiatischen

Der europäische Feldbau, sowie der Feldbau in Spanien, Italien, Persien und überhaupt in allen den Ländern, die wir der Verödung und Unfruchtbarkeit verfallen sehen, ist der vollständige Gegensatz des japanischen; er beruht auf der Ausraubung der Felder an den Bedingungen ihrer Fruchtbarkeit. Das Ziel des europäischen Landwirtes und die Hauptaufgabe, die er seiner Kunst stellt, ist, seinem Feld so viel als nur möglich Korn und Fleisch abzugewinnen und so wenig als möglich Geld auszugeben, um die ausgeführten Bedingungen seiner Ernten zurückzukaufen*). Unter den deutschen Landwirten hält sich derjenige für den erfahrensten Mann, welchem es gelingt, die größten Massen Korn und Fleisch auf den Markt zu bringen, ohne allen Zukauf von Düngemitteln, ja er ist stolz auf seine Erfolge, und die anderen preisen ihn, wie geschickt er sei und wie gut er sein Feld zu behandeln verstehe. Kein vernünftiger Mensch kann einen solchen Betrieb für dauernd halten und glauben, der Raubbau werde für die europäischen Länder nicht die Folgen haben, die er für andere hatte; wenn kein Naturgesetz besteht, welches für den Menschen sorgt, wenn die Erhaltung der Fruchtbarkeit der Felder von dem Schöpfer in seine Hand gelegt ist, und er verantwortlich ist für all das Elend, was seine Handlungen seinen Nachkommen bereiten, so ist es doch eine Sünde gegen Gott und das Menschengeschlecht, wenn der Mensch die Bedingungen, von denen er weiß, daß sie zur Unterhaltung *seines* Lebens und das *seiner* Kinder gedient haben, und daß sie von der Natur dazu bestimmt sind, zur Entwicklung *einer neuen und aller folgenden Generationen zu dienen*, wenn er sie ohne allen Nutzen für sich vergeudet und dem Kreislauf des Lebens entzieht, absichtlich, mit Überlegung, und weil es ihm einige Kosten macht und unbequem ist.

Die Landwirtschaft des 18. Jahrhunderts nach Schubert

Die Schilderungen des Ackerbaues in der Mitte und gegen Ende des vorigen Jahrhunderts von *Schubert* u. a. geben ein Bild von dem Zustand, dem wir entgegengehen, wenn der herrschende Irrtum von der Unerschöpflichkeit der Felder von den Landwirten nicht erkannt und ihr Betrieb danach eingerichtet wird.

„Außer schlechtem, saurem Wiesenfutter hatte der Landwirt kein anderes Winterfutter für das Vieh, als etwas weiße Rüben, Möhren, Kraut und Erdbirnen, von allem aber nicht viel, weil auf den Feldern von selbst nichts mehr wachsen wollte. Dieses sparsame Futter wurde den Winter über, soweit es langte, noch sparsamer eingebrüht, und wenn es alle war, mußte sich das Vieh mit Gersten-, Hafer- und Erbsenstroh begnügen. Dagegen waren Milch, Butter und Käse schlecht und wenig. Ängstlich wartete man das Frühjahr ab, um ein bißchen Weizenschrappe zu bekommen, und das Vieh, wenn das Gras etwa einen Daumen hoch gewachsen war, auf die Weide gehen zu lassen, von der es eben so hungrig wieder zurückkam, als es hinausgegangen war, und aussah, wie die mageren Kühe, die Pharao im Traum gesehen hatte." So beschreibt *Johann Christian Schubert*, der vom Kaiser Joseph II. wegen seiner Verdienste

---

*) Der Grundsatz des deutschen Feldbaues ist, „unter Anwendung der *geringsten* Düngermenge die *größte* Quantität an solchen vegetabilischen Stoffen zu erzeugen, die zur Ernährung und Erhaltung des tierischen Organismus verwendet werden können." Siehe die Naturgesetzlichen Grundlagen des Ackerbaues nebst deren Bedeutung für die Praxis von Dr. *C. Wolf.* 3. Auflage. *Otto Wigand*, Leipzig. S. 1016.

um die Einführung des Kleebaus zum Ritter des heiligen römischen Reichs von dem Kleefeld ernannt worden war, den damaligen Zustand.

Vielleicht hätte schon damals die zwingende Not eine bessere Einsicht verbreitet und die Landwirte zum Bewußtsein ihrer fehlerhaften Bewirtschaftung gebracht, wenn nicht drei Ereignisse eingetreten wären, welche die Täuschung derer, welche den Raubbau als das legitime Verfahren ansahen, um ein Jahrhundert verlängert hätten.

Dies war die Anwendung des Gipses zum Kleebau und die Einführung der Kartoffeln und des Guano.

Im Original folgen die Abschnitte „Der Einfluß des Gipses, der Kartoffeln und des Guanos auf die Verlängerung des Raubbaues in Europa", „Lohnende Kartoffelerträge selbst auf mittelmäßigem Boden", „Kriege und Hungersnot", „Der englische Raubbau". Liebig schildert, wie die Ackerkrume durch die übliche Dreifelderwirtschaft erschöpft war und die Einführung des Klee- und Kartoffelbaues sowie der Gipsdüngung die Folgen des Raubbaues während der Kriege zu Anfang des 19. Jahrhunderts gemildert haben. Er beleuchtet nachdrücklich, mit vielen Zahlen, den Raubbau an Bodenmineralien am Beispiel Englands. In einem ähnlichen, wenn auch geringeren Umfang habe dieser Raubbau in allen europäischen Ländern stattgefunden. Wir setzen unseren Abdruck fort mit Liebigs diesbezüglichen Ausführungen am Beispiel Bayerns:

Wie die Knochen- und Kornausfuhr aus Bayern auf seine Felder wirkt

In Bayern, einem der reichsten und fruchtbarsten Länder Deutschlands, haben die Mittelerträge der sprichwörtlich reichen Kornländereien im Donaugebiet jährlich merklich abgenommen, sie sind schon jetzt niedriger, als die Mittelerträge der Kornfrüchte in der Rheinpfalz.

Um den Zustand, dem der bayerische Feldbau entgegengeht, richtig zu würdigen, genügt es, hier zu erwähnen, daß die chemische Fabrik zu Heufeld bei Aibling im vorigen Jahr an 15 000 Ztr. Knochenmehl nach Sachsen gesendet hat, wo man dessen Wert ohne Zweifel besser zu würdigen weiß.

Seit 25 Jahren hat dieser Abfluß von Phosphaten aus Bayern beständig zugenommen, und was die Heufelder Fabrik ausführt, ist nur ein kleiner Bruchteil der ganzen Ausfuhr. In der Stadt München allein gewinnt man jährlich über 25 000 Ztr. Knochen, welche größtenteils ins Ausland gehen, und ich glaube lange nicht die richtige Zahl zu treffen, wenn ich die jährlich aus Bayern ausgeführte Knochenmenge auf 120 000 Ztr. anschlage. Dies ist keine große Menge, nicht mehr, als was der Kreisdirektionsbezirk Bautzen im Königreich Sachsen in zwei *Jahren einführt.* (Nach Dr. *Lehmann's* Angabe.)

Aber mit jedem Zentner Knochenmehl wird den bayerischen Feldern eine Hauptbedingung zur Wiedererzeugung von 2600 Pfd. Weizenkorn oder Getreidewert entzogen, und es entspricht demnach die jährliche Knochenausfuhr einem Mangel in einem künftigen Jahr von 3 Millionen Ztr. Korn. Was aber dem Land in den Knochen entzogen wird, ist wieder nur ein kleiner Bruchteil von dem, was in den Städten durch die sträfliche Fahrlässigkeit der Behörden und Gleichgültigkeit der Bewohner dem Feldbau verloren geht. In Bayern hat sich seit Jahrhunderten, vorzüglich durch die Getreideausfuhr, ein beträchtlicher Reichtum angesammelt, und was das Land an Silber- und anderen Werten gewann, hat es an Bodenwert naturgesetzlich verloren. Es wird behauptet, daß Bayern noch jetzt mehr als 34 $\frac{1}{2}$ Millionen Ztr. Getreidewert (den Bedarf seiner Bevölkerung) erzeugt; genaue Erhebungen dürften aber ergeben, daß der Überschuß nicht von Belang ist, keinenfalls kann diese Mehrproduktion von Dauer sein; sowie die Grenze erreicht ist, muß der Abfluß des angesammelten Reichtums beginnen. Die Erhaltung des Wohlstandes in einem Land hängt wesentlich davon ab, daß die Quelle desselben nicht versiegt, und es hat Bayern als Ackerbau treibendes Land vor allen anderen deutschen Ländern das dringendste Bedürfnis, daß die Fruchtbarkeit seiner Felder erhalten bleibe, was natürlich nur geschehen kann, wenn die Bedingungen derselben nicht mißachtet und nutzlos vergeudet werden. Die größte Gefahr in diesen Dingen ist, auf die Meinungen der Landwirte zu achten, von denen unter Tausenden kaum einer seinen Boden kennt und Rechenschaft zu geben vermag über seinen Betrieb*).

Keiner weiß, wie groß der Vorrat an Pflanzennährstoffen im Boden ist, und nur der Tor glaubt, daß er unerschöpflich sei. Wie viel er hat, weiß keiner, wie viel er ausgibt, kann ein Jeder wissen. Nicht darauf kommt es an, daß wir dem Feld mehr abquälen, sondern daß wir lernen gut hauszuhalten. Ein Knabe kann berechnen, wieviel einem Feld in 100 Jahren an Ertragsvermögen bleibt, wenn wir jährlich auch nur $\frac{1}{2}$ Prozent davon nehmen; aber die Zufuhr dieses halben Prozentes jährlich macht, daß es hundert Jahre und auf ewige Zeiten hinaus die nämlichen hohen Kornernten liefert.

Denkt man sich, daß in Bayern jährlich nur $\frac{1}{4}$ von den Bedingungen zur Erzeugung der für seine Bewohner nötigen jährlichen Kornvorräte verloren geht, so macht dies in 100 Jahren 860 Millionen Zentner Kornwert aus. Kein Land ist so reich, um nach einer gewissen Zeit die vergeudeten Lebensbedingungen zurückzukaufen, und wäre es reich genug, so ist kein Markt in der Welt, auf dem man sie kaufen könnte.

---

*) Wie kann der weise werden, der den Pflug führt und des Ruhm der Stachelstecken ist, womit er Ochsen treibt und mit ihren Werken umgeht und weiß nichts, denn von Ochsen zu reden? Er muß denken wie er ackern soll und muß spät und früh den Kühen Futter geben. (Jes. Sirach. Kap. 38, V. 26 u. 27.)

Wovon die Erhaltung des Wohlstandes eines Landes abhängt

Kein Volk und keine Nation auf der Erde hat sich erhalten, welche die Bedingungen ihres Fortbestehens und ihrer Vermehrung nicht zu erhalten wußten, und alle Länder und Gegenden der Erde, in welchen die Felder durch die Hand des Menschen die Bedingungen der Wiederkehr der Ernten nicht zurückempfingen, sehen wir von der Periode der dichtesten Bevölkerung an der Verödung und Unfruchtbarkeit verfallen. Die Hoffnung, womit sich mancher tröstet, daß ein Feld in Griechenland, Irland, Spanien oder Italien, von dem man weiß, daß es einst hohe Getreideernten lieferte, die es nicht mehr gibt, jemals auch bei dem besten Anbau wieder dauernd fruchtbar werden könnte, ist völlig eitel. Die Auswanderung aus Irland wird noch ein Jahrhundert lang fortdauern, und nie wird die Bevölkerung von Spanien oder Griechenland eine gewisse sehr enge Grenze wieder überschreiten können.

Großbritannien raubt allen Ländern die Bedingungen ihrer Fruchtbarkeit, es hat die Schlachtfelder von Leipzig, Waterloo und der Krim bereits nach Knochen umgewühlt und die in den Katakomben Siziliens angehäuften Gebeine vieler Generationen verbraucht, und zerstört jährlich noch die Wiederkehr einer künftigen Generation von drei und einer halben Million Menschen; einem Vampir gleich hängt es an dem Nacken Europas, man kann sagen der Welt, und saugt ihr das Herzblut aus, ohne zwingenden Grund und ohne dauernden Nutzen für sich.

Es ist unmöglich, sich zu denken, daß solch ein sündhafter Eingriff in die göttliche Weltordnung ohne Strafe bleibe, und die Zeit wird für England noch früher vielleicht wie für andere Länder kommen, wo es mit allen seinen Reichtümern an Gold, an Eisen und Steinkohlen nicht den tausendsten Teil von den Lebensbedingungen wird zurückkaufen können, die es seit Jahrhunderten so frevelhaft vergeudet hat.

Ich weiß wohl, daß beinahe alle, welche Feldbau treiben, den Glauben hegen, daß ihr Verfahren das Rechte sei und daß ihre Felder nie aufhören werden, Früchte zu tragen, und dies hat denn in den Bevölkerungen die vollkommenste Sorglosigkeit und Gleichgültigkeit über ihre Zukunft verbreitet, insoweit diese von dem Feldbau abhängig ist; so mag es denn bei allen Völkern gewesen sein, welche durch ihr eigenes Tun ihren Untergang verschuldet haben, und keine Staatsweisheit wird die europäischen Staaten vor diesem Ende schützen, wenn die Regierungen und Bevölkerungen den Merkzeichen der Verarmung der Felder, den ernsten Mahnungen der Geschichte und Wissenschaft die gebührende Aufmerksamkeit nicht schenken.

Die Chemie in ihrer Anwendung auf Agrikultur und Physiologie. 7. Auflage 1862. 1. Band, Einleitung, Seiten 92-134.

Über den Materialismus

Die bis ins Altertum zurückreichende Philosophie des Materialismus lebte im 17. und 18. Jahrhundert, als sich die Naturwissenschaften stürmisch entwickelten, wieder auf. Erfolgreiche Bücher, wie „L'homme machine" von de Lammettrie lösten auch in Deutschland eine lebhafte Diskussion aus; Friedrich der Große hatte dem aus seiner Heimat vertriebenen Franzosen Asyl gewährt. Es lag nahe, daß auch Liebig als weltberühmter Naturforscher Stellung nahm. Er tat es mit einem kritischen, allgemeinverständlichen Beitrag „Über den Materialismus", den er als 23. Brief erstmals 1859 in die 4. Auflage seiner Chemischen Briefe *einfügte. Es folgt hier der Schlußabsatz, den Liebig in der Inhaltsübersicht der 5. Auflage des Werkes mit „Materialismus" überschrieben hat. – Ähnlich befaßt sich Liebig auch im – hier weiterhin folgenden – 45. Brief mit naturphilosophischen Fragen.*

Wir wissen, daß ein Stoffwechsel die Kraft in der Dampfmaschine erzeugt. Das Holz, die Kohlen verbrennen, sie wechseln ihre Eigenschaften. Durch einen Stoffwechsel in der galvanischen Säule, durch die Auflösung eines Metalls in einer Säure entsteht ein elektrischer Strom; dieser wird zum Magneten, der eine Maschine treibt. Alles läßt uns vermuten, daß auch in dem tierischen Körper die mechanische Kraft, welche die willkürliche oder unwillkürliche Bewegung der Glieder bedingt, mit dem Stoffwechsel und namentlich im Muskelsystem in Verbindung steht; allein die Beziehung selbst ist uns noch gänzlich unbekannt. Was wir davon wissen, ist, daß die Kraft im Organismus nicht erzeugt wird wie in der Dampfmaschine, daß sie nicht erklärbar ist aus den bekannten elektrischen Gesetzen. Wir wissen, daß ein Stoffwechsel in allen Teilen des Körpers vor sich geht, daß ein Verbrauch von mechanischer Kraft Einfluß habe auf alle Werkzeuge, auf den ganzen Mechanismus des Körpers, daß der Wille eines durch Laufen oder schwere Arbeit ermüdeten Menschen auch auf das Werkzeug des Denkens, das Gehirn von seiner Macht verliere; von einem Stoffwechsel im Gehirn, welcher Gedanken erzeuge, weiß die Naturforschung absolut nichts; alles was wir wissen, reduziert sich auf die triviale Wahrheit, daß ein Kopf ohne Gehirn weder denkt noch empfindet.

Durch die Elektrizität erzeugen wir Magnetismus und Wärme, durch Magnetismus erzeugen wir Elektrizität und Wärme, eine jede dieser Kräfte ist verwandelbar in ein Äquivalent mechanischer Kraft; sie haben sicherlich

Anteil an allen Vorgängen im Organismus, an allen materiellen Veränderungen in der Substanz der Körperteile; allein es ist unmöglich anzunehmen, daß Kräfte, welche einen Druck oder Zug, eine Abstoßung oder eine Anziehung, eine Ausdehnung oder einen Ortswechsel erzeugen, für sich oder in ihrem Zusammenwirken *Selbstbewußtsein* hervorbringen; wäre dies der Fall, so müßten nach dem Gesetz der Erhaltung der Kraft und ihrer Unzerstörlichkeit, durch die *Gedanken* Lasten bewegt oder Magnetismus, oder Elektrizität oder Wärme erzeugt werden können. Wären die Geistestätigkeiten *Folgen* und nicht Ursachen materieller Veränderungen, so müßten Bewußtsein und Stoffwechsel in gleichem Verhältnisse zu einander stehen, wir müßten der Abhängigkeit uns bewußt werden, während wir das Gefühl der Freiheit in uns tragen.

Die Naturforscher, welche die Gesetze des organischen Lebens wirklich kennen lernen wollten, und gewahrten, daß physikalische und chemische Kräfte in ihm walteten, richteten natürlich auf diese als auf das auch sonst Bekannte ihr Augenmerk; sie sahen zunächst von anderen Kräften ab, um zu ergründen, wie weit Physik und Chemie für die Erklärung des Lebens und seiner Vorgänge ausreichten; wo sie unzulänglich sind, da tritt das Wirken eines neuen noch unbekannten Prinzips ein, das dann sogleich umgrenzt und näher bestimmt ist. Diese Methode der Ausschließung haben viele Leute nicht gekannt, nicht verstanden, und so kam es, daß sie glaubten, eine eigentümliche in den Organismen wirkende, von den physikalischen und chemischen Kräften verschiedene Ursache werde von den Männern verworfen, welche die physikalischen und chemischen Bedingungen des Lebens festzustellen suchten.

Um gegen die Apostel des Materialismus nicht ungerecht zu sein, muß man in Betracht ziehen, daß ihre Ansichten im Wesentlichen nichts weiter sind als die extreme Folge von einer Reaktion gegen die vor mehreren Jahren noch herrschenden Lehren. Die naturphilosophische Physiologie entbehrte der Basis der exakten Forschung, der Erfahrung; alle Vorgänge der Ernährung, der Respiration, der Bewegung erklärte sie durch eine einzige eingebildete Ursache, die sie Lebenskraft nannte; in dem organischen Körper, so meinte man, haben die chemischen und physikalischen Kräfte keinen Anteil, er erzeuge sich das Eisen, das er brauche, wie die Wärme, auf seine eigene Weise. Die exakte Naturforschung hat dargetan, daß alle Kräfte der Materie wirklich Anteil haben an dem organischen Prozeß, und die extreme Reaktion behauptet jetzt, im Gegensatz zu der früheren Ansicht, daß nur die chemischen und physikalischen Kräfte die Lebenserscheinung bedingen, daß überhaupt keine andere Kraft im Körper wirke. Aber ebenso wenig wie die Naturphilosophen von damals den Beweis liefern konnten, daß ihre Lebenskraft alles mache, ebenso wenig können die Materialisten von gestern den Beweis führen, daß die anorganischen Kräfte es tun, und für sich ausreichen, den Organismus, ja den Geist hervorzubringen. Alle ihre Behauptungen gründen sich wie damals nicht auf die Bekanntschaft, sondern auf die Unbekanntschaft mit den Vorgängen. Die Wahrheit liegt in der Mitte, die sich über die Einseitigkeiten erhebt und ein formbildendes Prinzip, eine herrschende Idee in und mit den chemischen und physikalischen Kräften für das organische Leben anerkennt.

Chemische Briefe. Wohlfeile Ausgabe 1865. 5. Auflage mit 50 Briefen und 1 Anhang.) 23. Brief, Seiten 208/209.

Überall in der Natur walten ordnende Gesetze

Das Leben und die Entwicklung eines organischen Wesens kann nicht abhängig gedacht werden von Zufälligkeiten; die Aufnahme seiner Nahrung, das Zusammentreten ihrer Bestandteile zu belebten Gebilden, alle organischen Vorgänge finden wir durch Gesetze der Notwendigkeit und gegenseitiger Abhängigkeit beherrscht und geregelt, welche gleich den Rädern in dem Triebwerk einer Maschine, nur unendlich vollkommener, ineinander greifen und alle seine Lebensäußerungen, sein Bestehen und seine Fortdauer vermitteln.

Die chemische Analyse hat ergeben, daß in den Samen der Getreidearten und Hülsenfrüchte die schwefel- und stickstoffhaltigen Bestandteile derselben, die in dem Ernährungsprozeß der Menschen und Tiere zur Bildung der verbrennlichen Bestandteile ihres Blutes dienen, stets begleitet sind von phosphorsauren Alkalien und alkalischen Erden, und daß zwischen beiden für jeden Samen ein festes unveränderliches Verhältnis besteht. Wenn in einer Samensorte der prozentische Gehalt an Phosphorsäure steigt oder fällt, so nimmt in gleichem Verhältnis der Gehalt an seinen blutbildenden Bestandteilen ab oder zu.

Die chemische Analyse zeigt ferner, daß in dem Blut eines Menschen, welcher von Brot, oder in dem eines Tieres, welches von Samen lebt, die nämlichen unverbrennlichen Bestandteile wie in dieser Nahrung enthalten sind. Die Aschenbestandteile des Blutes des Rindviehes, Schafes, Schweines entsprechen den Aschenbestandteilen der Rüben, Kräuter oder Kartoffeln, womit diese Tiere ernährt worden sind.

Die mineralischen Bestandteile der Pflanzen und Pflanzenteile sind aber zum Leben der Tiere, zur Bildung ihres Blutes und zu den Funktionen des Blutes ebenso unentbehrlich wie zum Leben der Pflanzen.

Die Phosphorsäure ist ein Bestandteil des Gehirns und der Nerven, die phosphorsauren Alkalien und alkalischen Erden sind Bestandteile des Fleisches aller Tiere; ein warmblütiges Tier ohne Knochen (phosphorsaurer Kalk) ist für uns nicht denkbar. Die Asche der Futtergewächse ist reich an kohlensaurem Alkali und Kochsalz. Das Blut der grasfressenden Tiere ist reich an kohlensauren Alkalien, das Kochsalz dient zur Bildung des darin enthaltenen kohlensauren Natrons.

Die Asche der Teeblätter, deren Aufguß von dem Menschen genossen wird, enthält 17 Prozent, die der Maulbeerblätter von welchen die Seidenraupe lebt, enthält nicht über 5 Prozent Phosphorsäure. Jede dieser Zahlen hat ihre physiologische Bedeutung.

Wäre es möglich, daß eine Pflanze sich entwickeln, blühen und Samen tragen könnte ohne die Mitwirkung der Bodenbestandteile, so würde sie für Menschen und Tiere vollkommen wertlos sein.

Neben einer Schüssel voll rohen oder gekochten Eiweißes und Eigelbs, denen ein Hauptbestandteil zur Blutbildung fehlt, stirbt ein Hund den Hungertod. Der erste Versuch belehrt ihn, daß diese Nahrung für seinen Ernährungszweck ebenso wirkungslos ist, als wenn er einen Stein genösse.

Die Aschenbestandteile der Rüben, der Wiesenpflanzen usw. vermitteln deren Ernährungswert; wären sie nicht darin vorhanden, so würden dieselben von dem Pferd oder der Kuh nicht gefressen werden.

Überall in der Natur walten die ordnenden Gesetze, welche das Leben an die Erde fesseln und in ewiger Frische und Dauer erhalten; nur da wird die Erde alt und die Keime des Lebens verlöschen, wo der Mensch in seiner Beschränktheit ihre Existenz verleugnet und verkennt, wenn er dem Kreislauf der Bedingungen des Lebens entgegentritt und ihr Zusammenwirken stört und hemmt.

Es gehört wohl zu den seltsamsten, wenn auch nicht zu den unerklärlichen Erscheinungen unserer Zeit, daß die Existenz dieser Naturgesetze von einer großen Zahl praktischer Landwirte, gerade von solchen Männern geleugnet wird, welche täglich in der Lage sind, die Merkzeichen ihres Bestehens in ihrem Betriebe wahrzunehmen, daß die ausgezeichnetsten und anerkannt geschicktesten Lehrer der praktischen Landwirtschaft seit 16 Jahren bemüht gewesen sind [...] zu beweisen, daß diese Gesetze für fruchtbare Felder keine Geltung haben.

Chemische Briefe. Wohlfeile Ausgabe 1865. 5. Auflage. 45. Brief, Seiten 447/448.

Aus den Briefen Justus Liebigs
an Friedrich Wöhler

Im Briefwechsel mit seinem Freund Friedrich Wöhler spricht Liebig offen über ganz persönliche Dinge, auch über seine Mühen und Sorgen. Der Freund andererseits spart nicht mit Kritik, so warnt er Liebig vor zu heftigen Reaktionen oder unnützen Auseinandersetzungen. Die folgenden Briefstellen beleuchten vor allem das Entstehen der Agrikulturchemie *und geben Einblick in den Meinungsaustausch der Freunde über die* Chemischen Briefe. *Hierzu auch ein Brief von Wöhler – in Kursiv gedruckt, etwas gekürzt –, in dem er auf Liebigs Wunsch über dieses Werk urteilt.*

München, 29. Juli 1857

Die Siliciumsachen sind höchst merkwürdig, werden aber, wie mir scheint, bei weitem von dem Titan und dessen Beziehungen zum Stickgas an Wichtigkeit übertroffen; denn diese Bildung von Stickstoffmetall war doch kaum erdenkbar. Wie kommst Du nur auf solche ganz verdammte Ideen? Der Teufel bläst sie Dir ein. Wenn ich nur auch einmal zu so etwas käme, ich quäle mich mit den Landwirten und komme doch zu nichts mit ihnen.

Ich bin wegen meines Sohnes *Georg* in Kalkutta besorgt. In Bengalen haben die Engländer die Herrschaft tatsächlich verloren, und jeder Europäer ist in Gefahr, nicht im offenen Kampf, sondern in seinem Bett ermordet zu werden.

Ich möchte wissen, ob Du die chemischen Briefe über die Landwirtschaft gelesen hast und Deine Meinung darüber hören. Lob ist immer angenehm, aber Tadel ist nützlicher.

München, 25. November 1857

Ich bewundere Dich und Deine schönen Arbeiten, wie glücklich bist Du in Deinem Gebiete! Du bist älter als ich, und ich bin weit stumpfer wie Du; Du kommst mir in Deinen Arbeiten vor wie der Mann in dem indischen Märchen, aus dessen Munde, wenn er lachte, Rosensträuße fielen; ich bin mit den Landwirten von dem Schicksal verdammt, Wasser in das Faß der Danaiden zu tragen; alles, was ich tun mag, ist vergeblich, ich mühe mich ab und zehre meine besten Kräfte auf, ohne einen Erfolg zu haben; ich habe keine einzige Stimme für mich und meine Grundsätze durch die chemischen Briefe gewonnen.

Friedrich Wöhler an Justus Liebig

Göttingen, 27. Januar 1859.
Unter einer großen Musa mit neun riesigen Blättern, und umgeben von allerlei anderem frischen Grün, sitze ich an diesen Winterabenden in meiner kleinen Stube und lese Deine chemischen Briefe, – ich kann Dir nicht ausdrücken, mit welchem Vergnügen, mit welcher Belehrung. Ich hätte bei einzelnen Stellen, bei einzelnen Gedanken, die wie Blitze mein Gehirn erleuchteten, Dir um den Hals fallen mögen. Noch nie ist der Welt klarer gesagt worden, was Chemie ist, in welchem Zusammenhang sie mit den physiologischen Vorgängen in der lebenden Natur steht, in welchem Zusammenhang mit Medizin, Landwirtschaft, Industrie und Handel. Diese Beziehungen in so klarer Weise dargelegt zu haben, daß sie ein Kind verstehen kann, ist allein schon hinreichend, dieses Werk zu einem klassischen zu stempeln. Der Einfluß, den es ausüben muß oder schon ausgeübt hat, ist gar nicht abzusehen; Tausende werden davon zehren und, auf Deinen Schultern stehend, die darin angeregten Ideen verwerten. Und alles dies vorgetragen mit einer Klarheit, Einfachheit und Eigentümlichkeit in der Darstellung, daß es wie aus dem Ärmel geschüttelt aussieht; und doch welche Studien, welche Mühen, welche Kenntnisse der mannigfaltigsten Art setzt dies alles voraus! In der Tat, ich habe fortwährend Deine Gelehrsamkeit bewundert, Deine Bekanntschaft mit Dingen, die man sich nur durch mühsame Studien zu eigen macht, und um die wir Anderen uns nicht zu bekümmern pflegen. Es ist eine wahre Philosophie der Chemie.

München, 28. Juni 1861
Ich habe dringende Einladungen an Dich von *Schönbein* und *Desor* vor mir liegen, zum Besuch des Landgutes des letzten im Jura, allein da ich selbst noch nicht weiß, was ich tun soll, so lasse ich sie einstweilen liegen. Mein allerlebhaftestes Verlangen ist, meine Agrikulturchemie zu beendigen; ich habe vieles Neue zu bringen, was auf die Landwirtschaft einen Einfluß ausüben wird, und wenn dieses Buch endlich fertig sein wird, so setze ich mich in den Ruhestand und will später nur für mich leben.

München, 3. Februar 1862
Es ist lange her, daß Du nichts von mir gehört hast, allein ich liege in den Wochen mit meinem Buche; wie kühn und glatt gehen diese Dinge einem von der Hand, wenn man jung ist, und wie schwerfällig im Alter, wo das Gedächtnis eine Unterstützung braucht, und man bedenklich in tausend Dingen wird, um die man sich sonst nicht kümmerte! Das Buch soll in zwei Abteilungen erscheinen, die zweite unter dem besonderen Titel: „Naturgesetze des Feldbaues." Ich habe die Pflanze für sich (wie Dir ein Stück in den Annalen zeigen

wird) als ein organisches Wesen zunächst betrachtet, welches seine ihm eigenen Bedürfnisse hat, dann den Boden, dann die Bewirtschaftung mit Stalldünger, mit Guano und Poudrette abgehandelt. Das Buch macht mir ebenso viel
Vergnügen als Arbeit, und da ich beinahe täglich Druckbogen zu korrigieren
und, was mich viel mehr aufhält, Neues zu bearbeiten und einzuschieben
habe, so nimmt es mir, neben anderen Beschäftigungen, die täglich an mich
kommen und nicht abzuwenden sind, sehr viel Zeit. Obendrein bin ich in
letzter Zeit mit einigen Versuchen über die Dialyse oder die Diffusion durch
Scheidewände beschäftigt, die, wie ich denke, weiter führen werden.

München, 29. Juli 1866.
Am 25. habe ich eine Rede über den „Ursprung der Ideen in der Naturwissenschaft" gehalten, und ich bin begierig, was man in Göttingen dazu sagen
wird; ich habe zu zeigen versucht, daß der Fortschritt des Menschengeschlechts wesentlich durch seine Erfindungen, die seine Zivilisation bedingen, und durch die mittelst der Naturforschung erworbenen Erfahrungsbegriffe bedingt ist. Alles Übrige, Religion, Philosophie, bedeuten nur insofern
etwas, als sie sich die Erfahrungsbegriffe aneignen.

Wäre die Staats- und Kirchengewalt im Bunde mit der Naturwissenschaft
gewesen, so würde sie dennoch um keinen einzigen Schritt weiter sein und
sich nicht früher oder anders entwickelt haben. Als Gegner haben sie ihren
Gang nicht im mindesten aufgehalten. Dies ist meine Meinung. *Luther ohne*
die Entdeckungen der Naturforscher wäre verbrannt worden wie *Huß*; mit der
Entdeckung der Gestalt der Erde fiel der „Himmel" der Kirche, mit der
Erklärung des Feuers „die Hölle", und mit dem des Luftdrucks verlor der
Glaube an Hexerei und Zauberei seinen Boden, die Natur verlor ihr „Wollen"
mit dem „Abscheu" vor dem leeren Raum. Dies sind die Ideen eines Dilettanten in der Philosophie.

München, 1. November 1866.
Gleich nach Deiner Abreise begann ich die Einleitung zu meiner *Agrikulturchemie* zu schreiben, aber ich finde die Schwierigkeiten sehr groß; das alles
hängt so innig zusammen, daß eine Sichtung von dem, was man bringen soll,
von dem, was ausgelassen werden kann, kaum zu machen ist. Die, welche
Chemie wissen, werden natürlich sehr wenig befriedigt sein, und die Anderen
werden nichts daraus lernen. So war ich denn schon mehrmals daran, das
wenig befriedigende Unternehmen zum Teufel zu werfen. Ich will das Ding
Dir aber zusenden, und Du wirst mir sagen, was am besten zu tun ist, es
beizubehalten oder nicht.

Wöhler und Liebig, Briefe von 1829-1873. Herausgeber: Wilhelm Lewicki. 2. ungekürzte Auflage, Göttingen 1982.

Anhang

Kollegheft Ludwig Thiersch über Liebig-Vorlesung München 1856/57

Übertragen von Dr. Emil Heuser, Leverkusen (Seiten 58/59)

Es ist noch der Stickstoffapparat, bei dem einen Ende A tritt aber jetzt Luft ein. Diese streicht durch die glühende mit Kupferspänen gefüllte Glasröhre hindurch, der Sauerstoff bleibt im Kupfer hängen und der Stickstoff tritt in die große Flasche B ein. – Diese große Flasche B gibt durch einen Hahn ebenso viel Wasser in das graduierte Glas ab, als Stickstoff hineintrat (dem Volumen nach).

Eine andere Methode ist die schon einmal angewendete, mit dem Stück Phosphor in einer Glasröhre, deren Öffnung unter Wasser sich befindet. Nur dauert diese Methode etwas lange (1-2 Tage). So kann man auch ein Bündel Kupferdraht statt des Phosphors nehmen und es mit verdünnter Schwefelsäure benetzen; aber auch damit geht es langsam.

12. Vorlesung Doch wir kommen auf das *spezifische Gewicht des Dampfes* zurück. Wir wollen wissen, wieviel mal ein gegebenes Volumen Dampf bei einer gegebenen Temperatur schwerer oder leichter ist als ein gewisses Volumen Luft bei derselben Temperatur. Dazu müssen wir kennen: Ein gewisses Volumen Luft und ein gewisses Volumen Dampf; es ist einerlei, bei welchem Luftdruck oder bei welcher Temperatur, denn das kann man dann durch Rechnen heraus bringen. – Dieses Gefäß enthält Luft. – Wir wiegen es luftleer, dann wiegen wir es mit Dampf. – Den Dampf erzeugen wir z. B. durch Essigäther. – Wie bringe ich den Essigäther hinein? – Ich erwärme die Glaskugel über der Flamme oder durch bloßes Blasen mit dem Munde (wie Fig. zeigt). So wird etwas Äther hinaufsteigen.

Diese Kugel setze ich in Wasser und erhitze dieses Wasser, es wird die Flüssigkeit verdampfen. Ist keine Flüssigkeit mehr drin, so schmelze ich die Öffnung zu. – Ob keine Flüssigkeit mehr darin ist, merke ich daran, wenn das Gas, was oben heraus kommt, nicht mehr brennt. – Nun wiege ich das Gefäß mit Dampf.

(Die nun folgende Anmerkung ist schlecht zu lesen, zum Verständnis der Zeichnungen auch nicht erforderlich. Sie sind durch obigen Text abgedeckt.)

Liebig an seine Frau (Seite 92)

Mein Theuerstes,   Darmstadt Montag, 4. Nov. 1844
Ich kann morgen (Dienstag) nicht nach Gießen, einer wichtigen Angelegenheit wegen, kommen. Es betrifft den Schiffenberg. Ich habe v. Linde erklärt, ich müßte ihn haben. Heute spricht er selbst mit dem Prinzen E. hierüber und ich gehe morgen selbst zu ihm. Ich hoffe, daß alles gut geht.
Von ganzem Herzen mein Theuerstes, Dein L.
Alles ist hier wohl, das Brautpaar habe ich gesehen, es ist eine Übereilung von Wilhelm. Sie sind aber sehr vergnügt.

Liebig an seinen Verleger Winter (Seite 196)

Herrn C.F. Winter, Verlagsbuchhändler, Leipzig   München, 8. Okt. 56
Ich habe ein Exemplar der Chemischen Briefe nötig und bitte, mir ein solches umgehend zu senden, am liebsten ist mir eines auf Schreibpapier oder geleimten Volumen, so daß ich mit Tinte auf die Blätter schreiben kann; ich bitte vier Exemplare meiner (?) Abhandlung „Das Fleisch" beizufügen.
Die erste Sendung M.S. (Manuskripte, Hrsgb.) für die Chemischen Briefe wird in Ihren Händen sein.
Hochachtungsvoll ganz der Ihre   Dr. Justus Liebig

Beide Autographen stammen aus der Liebigiana-Lewicki, Mannheim, und werden in dieser Liebig-Anthologie erstmals veröffentlicht.

Liebig-Literatur · Auswahl

Eigene Schriften Liebigs

Die (organische) Chemie in ihrer Anwendung auf Agricultur und Physiologie, 1. Auflage Braunschweig 1840. Neudruck Hildesheim 1977. 7. Auflage 1862 (Neubearbeitung: Teil I „Der chemische Prozeß der Ernährung der Vegetabilien", Teil II: „Die Naturgesetze des Feldbaues"). 8. A. 1865, 9. A. 1876.
Die Thier-Chemie oder die organische Chemie in ihrer Anwendung auf Physiologie und Pathologie. Braunschweig, 1. A. 1842, 2. A. 1843, 3., umgearbeitete und sehr vermehrte A. 1847
Chemische Briefe, Heidelberg, 1. A. 1844 (26 Briefe), 3. A. 1851 (33 Briefe), 4. A. 1859 (50), 5., wohlfeile A. 1865
Über Theorie und Praxis in der Landwirtschaft. Braunschweig 1856
Weitere Schriften: Anleitung zur Analyse organischer Körper, Braunschweig 1837 u. 1843. – Chemische Untersuchungen über das Fleisch, Heidelberg 1847. – Untersuchungen über einige Ursachen der Säftebewegung im tierischen Organismus. Braunschweig 1848. – Die Grundsätze der Agricultur-Chemie, mit Rücksicht auf die in England angestellten Untersuchungen. 1. Auflage Braunschweig 1855, 2. A. 1855. – Über Versilberung und Vergoldung von Glas. München 1857. – Alle Veröffentlichungen von Liebigs Forschungsergebnissen in *Annalen der Chemie und Pharmazie*, Verlag Winter, Heidelberg. – Suppe für Säuglinge. Braunschweig 1866. – Über Gärung, Quelle der Muskelkraft und Ernährung. Heidelberg 1870. – Reden und Abhandlungen. Postum veröffentlicht von Dr. Georg Liebig und M. Carrière. Heidelberg 1874. Neudruck Wiesbaden 1965.

Briefwechsel

Justus von Liebig und...
Theodor Reuning (landwirtschaftliche Fragen, 1854-1873), Dresden 1884
Ch. Schönbein (1853-1868), Leipzig 1900
König Max II. von Bayern, vorgel. von M. Spindler. Bayr. Akademie d. Wissensch., Sitzungsber. 1964, Heft 5. München 1964
Minister Reinhard von Dalwigk (1851-1868). Darmstadt 1903
Friedrich Mohr (1843-1870). Leipzig 1904
E.L.F. Güssefeld (1862-66). Leipzig 1907
J.J. Berzelius (1831-1845). München 1893
Friedrich Wöhler (1829-1873). Braunschweig 1888. Neuausgabe herausgegeb. von Wilhelm Lewicki, Göttingen 1982
Georg von Cotta. Briefe und die anonymen Beiträge zur *Augsburger Allgemeinen Zeitung*. Herausgegeb. von A. Kleinert. Mannheim u. Heidelberg 1979
Vieweg. Herausgeb. Margarete u. Wolfgang Schneider. Braunschweig 1986
August Wilhelm Hofmann. Nachträge 1845-1869. Herausgegeb. von Emil Heuser u. Regine Zott. – Emil Erlenmeyer (1861-1872). Herausgegeb. von Emil Heuser. Mannheim 1988

Biographien, Bibliographien

Autobiographische Aufzeichnungen. Herausgegeb. von Dr. Georg von Liebig. Leipzig 1891
Kohut, Adolf: Justus von Liebig. Sein Leben und Wirken. Gießen 1904
Volhard, Jakob: Justus von Liebig. Leipzig 1909
Blunck, Richard: Justus von Liebig. Die Lebensgeschichte eines Chemikers. Berlin 1938. 2. A. Hamburg 1946
Theodor Heuss: Justus von Liebig. Vom Genius der Forschung. Hamburg 1942
Moulton, F.R.: Liebig and after Liebig – a Century of progress in Agricultural Chemistry. Washington D.C. 1942
Paoloni, Carlos: Justus von Liebig. Eine Bibliographie sämtlicher Veröffentlichungen. Heidelberg 1968
Liebigs Experimentalvorlesung. Vorlesungsbuch und Kekulés Mitschrift. Herausgeb. O. Krätz u. C. Priesner, Weinheim 1983
Liebig: Es ist ja dies die Spitze meines Lebens. Herausgegeb. von Wolfgang v. Haller, 2. A. Kaiserslautern 1986
Heilenz, S.: Das Liebig-Museum in Gießen

Namen- und Sachregister

Im Einklang mit der Natur

Justus von Liebig an seinem Arbeitstisch
im Chemischen Staatslabor München, nach einem Holzschnitt, 1866
(Deutsches Museum München)

Einladung zum Besuch des

Liebig-Museum

D-6300 Gießen, Liebigstraße 12, Pf 110 352
(nahe dem Bahnhof)

Geöffnet:
Dienstags bis Sonntags von 10 bis 16 Uhr

Gesellschaft Liebig-Museum e.V. Gießen
Telefon (06 41) 7 63 92